W0012899

*Rez. UP - Heft 5/84*

MAYER · DIE DEUTSCHEN CABRIOLETS

Ⓡ Jä 1 B hinten

A-Technik + Verkehr

Liste 16

Hans W. Mayer

# DIE DEUTSCHEN CABRIOLETS

## 1945 bis heute

Motorbuch Verlag Stuttgart

Einband und Schutzumschlag: Siegfried Horn
Das Titelbild zeigt das Cockpit eines Borgward Isabella TS Cabriolets

ISBN 3-87943-983-4

1. Auflage 1984
Copyright © by Motorbuch Verlag, Postfach 1370, 7000 Stuttgart 1
Eine Abteilung des Buch- und Verlagshauses Paul Pietsch GmbH & Co. KG
Sämtliche Rechte der Verbreitung – in jeglicher Form und Technik – sind vorbehalten.
Satz und Druck: Ernst Kieser GmbH, 8900 Augsburg
Bindung: Verlagsbuchbinderei Karl Dieringer, 7000 Stuttgart.
Printed in Germany.

# Inhalt

# Lieber Leser,

irgendwann im Leben steigt fast jeder einmal in ein Cabriolet ein. Spätestens nach einer halben Stunde steht er am Scheideweg: Entweder er kauft künftig nur noch offene Autos und fährt auch an trockenen Novembertagen mit zurückgeklapptem Dach oder er betritt nie mehr ein solches Oben-Ohne-Mobil.

Cabriolets, Roadster, Spider – sie sind das Salz in der Suppe automobilen Einerleis, Autos für Individualisten. Die Masse der Limousinen-Fahrer nennt sie freilich nicht Individualisten, sondern Spinner, Angeber oder Playboys. Die jahrelang geheuchelte Sorge um die Sicherheit dieser Spinner hätte ums Haar Erfolg gehabt. In den siebziger Jahren schien der Exitus der echten offenen Wagen (die Targa-Modelle klammern wir hier einmal aus) unmittelbar bevorzustehen. Die Gegner frohlockten: Hatten sie's nicht immer schon gewußt?

Aber wie es mitunter so geht im Leben: Der schon totgesagte Patient genas wider Erwarten und kam plötzlich zu neuen Kräften. Ausgelöst hatten diese Trendumkehr kleine amerikanische Spezialfirmen, vor allem in Kalifornien, die Limousinen und Coupés in Cabriolets verwandelten. Und zwar in Cabriolets pur. Die neue Modewelle schwappte schon bald nach Europa über. Auch in Deutschland wagten zunächst nur einige Kleinbetriebe, Limousinen vom Blechdach zu befreien. Sie lösten schließlich bei den großen Herstellern die Erkenntnis aus, daß ein neuer Trend im Kommen war. Man trug wieder Cabriolet.

Vergessen waren über Nacht die Sicherheitsvorschriften (die in Wahrheit niemals existierten, auch in den USA nicht), die den Bau von Cabriolets angeblich zu einem aussichtslosen Unterfangen machten. Selbst in Zuffenhausen, wo man mit ähnlichen Argumenten die Targa-Mode kreiert hatte, nahmen die Marketingexperten plötzlich Witterung auf und beteiligten sich mit einer besonders wirksamen Waffe am allgemeinen Wettrüsten.

Ein offenes Auto erzeugt nicht von selbst Freude am Fahren, es setzt sie voraus. Nur wer diese Faszination kennt, wird auch bereit sein, die nicht zu leugnenden Nachteile in Kauf zu nehmen: Ein Cabriolet ist teurer, langsamer, beengter, klappert schneller und rostet früher als eine Limousine oder ein Coupé. Den Connaisseur läßt's kalt.

Zur Sache: Ich habe mich nach bestem Wissen bemüht, alle offenen Wagen in Wort und Bild zusammenzutragen, die nach dem Krieg von deutschen Automobilherstellern und Karosseriefirmen gebaut wurden, Einzelstücke und mancherlei

7

Prototypen eingeschlossen. Ohne die tatkräftige Mithilfe von Firmen, Verbänden, Oldtimer-Clubs und vielen Privatpersonen hätte dieses Projekt nicht verwirklicht werden können. Ihnen allen gilt mein besonderer Dank.

Da niemand perfekt ist, mag es sein, daß sich allem redlichen Bemühen zum Trotz in die Fülle der Daten auch einmal ein Fehler eingeschlichen hat. Für entsprechende Hinweise aufmerksamer Leser bin ich dankbar. In diesem Zusammenhang noch ein Wort zu den technischen Angaben. Die Verbrauchswerte sind Durchschnittswerte, wie sie im normalen Fahrbetrieb realisierbar sind, und liegen daher fast immer über den Werksangaben. Die Werte für Höchstgeschwindigkeit und Beschleunigung entsprechen in der Regel den Herstellerangaben. Wo diese nicht verfügbar waren, wurden die in der Fachliteratur angegebenen Zahlen übernommen. Die Preisangaben umfassen den Zeitraum zwischen Produktionsbeginn und Produktionsende des jeweiligen Modells. Die redaktionelle Bearbeitung wurde im Mai 1983 abgeschlossen.

# Kleines Fachvokabular:
# Offene Autos und ihre Bezeichnungen

Im Volksmund dient die Bezeichnung Cabriolet – oder eingedeutscht: Kabriolett – schlechthin für alles, was da mit mehr oder weniger offenem Dach daherkommt. Über die Herkunft des Wortes herrschen Zweifel, wenngleich das renommierte Nachschlagewerk ›Meyers Enzyklopädisches Lexikon‹ den Wortursprung im französischen ›cabriole‹ richtig geortet zu haben glaubt. ›Cabriole‹ heißt zu deutsch nichts anderes als Luftsprung. Wobei man darüber grübeln kann, ob dieses Wort nun Assoziationen zur luftigen Fortbewegungsart oder zur mangelhaften Verwindungssteifigkeit wecken soll.

Für den Kenner ist längst nicht jeder Wagen mit abnehmbarem Dach ein Cabriolet. Er differenziert vielmehr feinsinnig nach sechs Gruppen:

**Cabriolet:** Cabriolets sind zwei- oder viertürige Autos mit dicht schließendem gepolsterten Stoffverdeck, das in geöffnetem Zustand hinter den Rücksitzen sofalehnenartig auf der Karosserie aufliegt. Typische Vertreter dieser Kategorie: VW Käfer, VW Golf, Mercedes-Benz 170 S und 220.

**Cabrio-Limousine:** Sie ist gewissermaßen ein Zwitter zwischen Limousine und Cabriolet. Türen und Seitenfenster mit Rahmen entsprechen dem Limousinen-Pendant, das Stoffverdeck kann nach Konservendosenart zusammengerollt werden und liegt hinten auf der Karosserie auf. Typische Vertreter: Opel Olympia und Opel Rekord.

**Roadster:** Der Roadster verfügt nur über ein ungefüttertes Verdeck, das in geöffnetem Zustand vollkommen hinter den Sitzen verschwindet. Die Türen sind tief ausgeschnitten, die Seitenfenster werden im Bedarfsfall aufgesteckt. Klassische Roadster wie MGA, Morgan oder Triumph TR 3 gab es nach dem Krieg in Deutschland streng genommen gar nicht, obwohl mehrere Modelle, wie z. B. Mercedes-Benz 300 S oder Auto Union 1000 Sp, werksseitig so bezeichnet wurden.

**Spider:** Ein Spider ist ein etwas kultivierterer Roadster. Sein ungefüttertes Verdeck verschwindet vollständig unter einer flachen Abdeckplane, die seitlichen Kurbelfenster sind voll versenkbar. Typische Vertreter dieser Bauart waren und sind die SL-Typen von Daimler-Benz, Glas 1300 GT und 1700 GT oder NSU Wankel-Spider.

**Speedster:** Der Speedster ist das offenste aller offenen Autos. Sein Notverdeck besitzt eigentlich nur eine Alibifunktion, denn es vermag in geschlossenem Zustand die embryoähnlich darunter kauernden Insassen nur sehr unzulänglich vor Regen und Wind zu schützen. Ein Speedster-Verdeck sollte nach dem Willen seiner Schöpfer samt der dazugehörigen Steckfenster möglichst ganzjährig im Kofferraum verbannt bleiben. Typisches Speedster-Kennzeichen ist die abgeflachte Windschutzscheibe. Einziger Vertreter dieser Spezies in Deutschland war der Porsche 356.

**Targa:** Ein Targa ist ein Kompromiß. Sein Dach ist eine abnehmbare Plastikplatte, die sich im Kofferraum verstauen läßt. Hinter dem in die Karosserie integrierten breiten Überrollbügel befindet sich entweder ein Faltverdeck oder eine fest installierte Heckscheibe. Vorteile dieser von Porsche initiierten Konstruktion sind vor allem wesentlich verbesserte Überschlag-Sicherheit und weitgehende Verwindungsfreiheit. Außerdem übersteht ein Targa auch problemlos eine Fahrt durch die Waschanlage. Anhänger der reinen Cabrio-Lehre finden ihn allerdings zu steril. Typische deutsche Vertreter sind Porsche 911 und die BMW-Modelle der 3er-Reihe. Im Ausland wurde die Targa-Mode vor allem von den Italienern kopiert (Fiat X1/9, Lancia Beta Spider und Montecarlo, Ferrari 308 GTS u. a.).

Definitionsprobleme in der Cabrio-Terminologie gibt es nicht nur an Stammtischen, sondern offensichtlich auch bei manchen Herstellern. Da wurde – und wird noch heute – so mancher Spider als Roadster bezeichnet oder ein Targa mutiert in der offiziellen Diktion zum Cabriolet. Dem Kraftfahrbundesamt freilich sind solche feinen Unterschiede fremd. Im Kraftfahrzeugbrief gibt es unter der Rubrik ›Aufbauart‹ nur zwei Sorten von Automobilen: geschlossene und offene.

# Deutsche Cabriolets nach 1945

## Amphicar

Zwei berühmte Namen standen Pate bei der Geburt des einzigen in Serie gebauten deutschen Nachkriegs-Schwimmwagens: Harald Quandt und Hanns Trippel. Quandt schloß 1960 als Vorstandsvorsitzender der Industriewerke Karlsruhe mit der Amphicar Corporation in New York einen Vertrag, der den Export deutscher Schwimmwagen in die USA vorsah. Konstrukteur war der Darmstädter Ingenieur Hanns Trippel, der bereits 1934 erste Versuche mit schwimmfähigen Geländewagen unternommen hatte. Ab 1941 lief unter seiner Regie im ehemaligen Bugatti-Werk in Molsheim der Schwimmgeländewagen SG 6 für die deutsche Wehrmacht vom Band. (Für die Franzosen Grund genug, Trippel im Frühjahr 1946 zu fünf Jahren Haft zu verurteilen.)
Die Produktion des Amphicar begann im Juni 1961. Etwa ein Drittel der Fahrzeuge wurde im Werk Lübeck-Schlutup gebaut, die restlichen zwei Drittel entstanden bei der Deutschen Waggon- und Maschinenfabriken GmbH in Berlin. Im Oktober 1961 lief der Export in die USA an. 1962 demonstrierte ein Amphicar seine Seetauglichkeit mit der Überquerung des Ärmelkanals. Ab September 1962 erfolgte die Montage ausschließlich in Berlin, aus Lübeck kamen nur noch die Karosserien. Zum Jahresende wurde in Wuppertal die Amphicar-Vertriebs GmbH gegründet mit dem Ziel, das Fahrzeug auch in andere Länder zu exportieren. 1965 lief die Produktion aus. Rund die Hälfte aller Fahrzeuge war in die USA exportiert worden.

### Amphicar Typ 770 (1961–1965)

Zweisitziges Cabriolet mit schwimmfähiger Ganzstahlkarosserie (Wasserantrieb durch zwei Heckschrauben) und Motor vom Triumph Herald 1200. Von Juni 1961 bis 1965 entstanden über 3000 Exemplare. Der Preis in Deutschland betrug zunächst DM 10500, ab April 1963 DM 8385.

Schon 1959 hatte Amphicar-Konstrukteur Hanns Trippel diesen Prototyp namens ›Alligator‹ auf dem Genfer Automobilsalon vorgestellt.

Der Amphicar war das einzige deutsche Cabriolet, mit dem man auf Wunsch auch ›baden‹ gehen konnte. Die Höchstgeschwindigkeit im nassen Element lag bei 12 km/h.

**Amphicar Typ 770**
**1961 – 1965**

**Karosserie**                          Selbsttragende Ganzstahlkarosserie, schwimmfähig

**Motor**                               Reihenmotor (Triumph Herald) im Heck
Zylinder                                4
Bohrung × Hub                           69,3 × 76 mm
Hubraum                                 1147 ccm
Leistung                                38 PS bei 4750 U/min
Verdichtung                             1 : 8
max. Drehmoment                         7,8 mkp bei 2500 U/min
Gemischaufbereitung                     Solex B 30 PSEI
Ventile                                 hängend
Nockenwelle                             ohv
Kurbelwellenlager                       3
Batterie                                12 V 32 Ah
Lichtmaschine                           160 W

**Kraftübertragung**                    Hinterradantrieb
Kupplung                                Einscheibentrockenkupplung
Schaltung                               Knüppelschaltung
Getriebe                                4 Gänge, vollsynchronisiert
Übersetzungen                           I. 4,50, II. 2,91, III. 1,75, IV. 1,04
Antriebsübersetzung                     4,72

**Fahrwerk**
Vorderradaufhängung                     Gezogene Kurbellenker, Federbeine mit Schraubenfedern
Hinterradaufhängung                     Gezogene Kurbellenker, Federbeine mit Schraubenfedern
Bremsanlage                             Trommelbremsen vorn und hinten
Felgen                                  $4^1/_2$ K × 13
Reifen                                  6,40 – 13
Lenkung                                 Schneckenlenkung

**Weitere Daten**
Abmessungen (L × B × H)                 4330 × 1565 × 1520 mm
Radstand                                2100 mm
Spurweite vorn/hinten                   1212/1260 mm
Wendekreis                              13 m
Leergewicht                             1050 kg
Zuläss. Gesamtgewicht                   1350 kg
Höchstgeschwindigkeit                   115 km/h
Beschleunigung 0 – 100 km/h             50 sec
Verbrauch auf 100 km                    10 Liter Normal
Tankinhalt                              47 Liter
Ölwanneninhalt                          4,5 Liter
Kühlsystem                              7 Liter

# Audi

Der Markenname Audi war in den dreißiger Jahren ein Synonym für technisch hochwertige und exklusive Autos, die vor allem von Individualisten gefahren wurden. 1909 von August Horch (1868–1951) gegründet – nachdem er unter unschönen Begleitumständen aus seiner gleichnamigen Firma ausgeschieden war –, ging Audi 1932 in der Auto Union auf, baute aber weiter eigenständige Wagen, vor allem auch große, luxuriöse Cabriolets, bis ins Kriegsjahr 1940.
Erst ein Vierteljahrhundert später, im September 1965, holte der VW-Konzern die renommierte Marke wieder aus der Versenkung hervor und präsentierte den er-

**Auf der IAA 1967 stellte Karmann dieses Cabriolet auf Basis des Audi Super 90 vor. Zu einer Serienfertigung kam es jedoch nicht.**

sten Nachkriegs-Audi, dessen Karosserie noch aus der Auto Union-Ära stammte (DKW F 102) und dessen sogenannter Mitteldruckmotor bei Daimler-Benz entwickelt worden war. (Das Ingolstädter Auto Union-Werk war im Herbst 1964 von Daimler-Benz an VW verkauft worden.) Der erste Nachkriegs-Audi litt noch an etlichen Kinderkrankheiten. Der Aufschwung der neuen alten Marke setzte erst 1968 mit dem von Ludwig Kraus entwickelten Audi 100 ein. 1969 wurde die Auto Union in Ingolstadt mit den NSU-Motorenwerken Neckarsulm zur Audi NSU Auto Union GmbH verschmolzen. Seit 1976 erfolgt der Vertrieb sämtlicher Modelle ausschließlich über die Muttergesellschaft VW.

Nach der Wiederbelebung des Namens Audi gewann die traditionsreiche Marke durch progressive Technik, z. B. den ersten serienmäßigen Reihenfünfzylinder-Benzinmotor (1977) oder den allradgetriebenen Audi Quattro (1980), zwar den alten Glanz zurück, auf exklusive Cabriolets oder Roadster dagegen warten die Freunde des Hauses bis heute vergeblich. Lediglich einige Karosseriefirmen – Karmann, Deutsch und Welsch in Mayen – zeigten in den sechziger und siebziger Jahren einige offene Einzelstücke auf Audi-Basis, die leider jedoch nie in Serie gingen.

**Im Gegensatz zum Karmann-Prototyp verschwand bei diesem Audi-Cabriolet das Verdeck nach Roadster-Art vollständig hinter den Sitzen. Das Baujahr ist nicht bekannt. Die Karosserie stammt möglicherweise von der Firma Welsch in Mayen.**

**In Zusammenarbeit mit der britischen Firma Crayford entwickelte Deutsch in Köln 1970 dieses 2/2sitzige Cabriolet auf Basis des Audi 100 LS. Ein weiterer Prototyp (ohne störende Seitenfenster) steht noch heute im Karmann-Werksmuseum in Osnabrück.**

# Bitter

›Deutschlands kleinste Automarke‹ nennt sich die Bitter GmbH & Co. KG in Schwelm. 1971 von Erich Bitter gegründet, verkörpert sie heute in geradezu klassischer Weise das Motto: Klein, aber fein. Ein bis zwei Wagen pro Tag werden in Schwelm montiert. Die Karosserien bezieht Bitter von Baur in Stuttgart. Die Antriebsaggregate stammen traditionell aus der Serienproduktion von Opel, früher vom Diplomat, heute vom Senator.

Erich Bitter, früher ein bekannter Radrennfahrer, stieg in den sechziger Jahren auf vier Räder um und gewann auf NSU, Porsche und Abarth etliche Rennen und sogar die Deutsche Rennsportmeisterschaft. Als ›Rallye-Bitter‹ machte er sich zugleich einen Namen als Importeur von Abarth-Modellen und exclusivem Autozubehör. 1969 übernahm er zusätzlich die Vertretung der kleinen italienischen Marke ›Intermeccanica‹, die damals ein großes elegantes Cabriolet baute, das allerdings seine Käufer durch gravierende Verarbeitungsmängel nervte.

Auf Bitters Initiative baute Intermeccanica später den Indra, unter dessen Haube der bullige V 8-Motor des Opel-Diplomat seine Arbeit verrichtete. Auch der Indra war ein zwar sehr schöner, aber nicht gerade solide verarbeiteter Traumwagen. 1971 hatte Bitter schließlich die Nase voll und beschloß, selbst Autos zu bauen. Das Ergebnis war das Bitter CD-Coupé, das auf der IAA 1973 in Frankfurt debütierte: ein großer Wagen mit zeitlos elegantem Design und problemloser Opel-Mechanik. Bitter kehrte von der IAA mit 176 Kaufverträgen heim. Ein Erfolg, an den er nicht im Traum gedacht hatte.

Rund 400 Exemplare des noblen Coupés mit der ruhigen, harmonischen Linienführung fanden betuchte Käufer, darunter Sportprominenz wie Paul Breitner, Rosi Mittermaier und Didi Thurau, aber auch Stars des internationalen Showgeschäfts wie Ireen Sheer oder Howard Carpendale. 1981 lief der CD aus, weil abzusehen war, daß irgendwann einmal Nachschubprobleme auf dem Motorensektor auftreten würden. Schließlich hatte Opel den Diplomat bereits 1977 aus dem Programm genommen.

Im Dezember 1980 begann die Serienfertigung des Bitter SC, eines viersitzigen Coupés auf Basis des Opel Senator. Die Karosserie hatte wieder Erich Bitter selbst entworfen. Sie zeichnete sich durch den hervorragenden cW-Wert von 0,34 aus. Seit 1981 ist das SC-Coupé auf Wunsch auch mit Allradantrieb der britischen Firma Ferguson lieferbar (Typenbezeichnung: Bitter SC-4WD Ferguson).

Auf der Basis des SC baute Bertone nach Bitters Entwürfen ein viersitziges Cabriolet, das auf der IAA 1981 in Frankfurt präsentiert wurde und seit 1982 in kleiner Serie gebaut wird. Zur Serienausstattung gehören u. a. Lederausstattung, Klimaanlage, elektrische Fensterheber, Zentralverriegelung und eine Stereoanlage.

Bitter-Autos zeichnen sich durch robuste Mechanik und gute Verarbeitung aus. Unter Kennern genießen sie einen ähnlichen Ruf wie die Produkte des Schweizers Peter Monteverdi: exklusive, elegante automobile ›Maßanzüge‹ für zahlungskräftige Kunden, die weniger Wert auf hochkarätige Technik als auf problemlosen Alltagsbetrieb legen.

**Bitter SC Cabriolet (ab 1982)**

Vorgestellt auf der IAA 1981 in Frankfurt. Viersitziges Vollcabriolet ohne Überrollbügel. Karosserie von Bertone. Das mit zwei Schnellverschlüssen fixierte, gefüt-
terte Stoffverdeck verschwindet in geöffnetem Zustand in einem mit einer Leder-
plane abgedeckten Stahlblechfach. Durch Längs- und Querträger verstärkter Aufbau, dadurch 85 Kilogramm schwerer als das Coupé. Aufwendige Serienausstattung u. a. mit Klimaanlage, Lederausstattung, Zentralverriegelung und Stereoanlage.
Preis: DM 115000,–

**Bitter SC Cabriolet ab 1982**

| **Karosserie** | Ganzstahlkarosserie |
|---|---|
| **Motor** | Reihenmotor (Opel-Senator) |
| Zylinder | 6 |
| Bohrung × Hub | 95 × 69,8 mm |
| Hubraum | 2968 ccm |
| Leistung | 180 PS bei 5800 U/min |
| Verdichtung | 9,4 :1 |
| max. Drehmoment | 24,8 mkp bei 4500 U/min |
| Gemischaufbereitung | Bosch L-Jetronic-Einspritzanlage |
| Ventile | hängend |
| Nockenwelle | ohc |
| Kurbelwellenlager | 7 |
| Batterie | 12 V 55 Ah |
| Lichtmaschine | Drehstrom 900 W |
| **Kraftübertragung** | Hinterradantrieb |
| Kupplung | Einscheibentrockenkupplung |
| Schaltung | Knüppelschaltung |
| Getriebe | Automatik, wahlweise 5 Gänge, vollsynchronisiert |
| Übersetzungen | Automatik: I. 2,40, II. 1,48, III. 1,00 |
| | Mechan. Getriebe: I. 3,822, II. 2,223, III. 1,398, IV. 1,000, V. 0,872 |
| Antriebsübersetzung | 3,45 |
| **Fahrwerk** | |
| Vorderradaufhängung | McPherson-Federbeine |
| Hinterradaufhängung | Schräglenker |
| Bremsanlage | Scheibenbremsen vorn und hinten, Zweikreis-Bremssystem |
| Felgen | vorn 7 J × 15, hinten 8 J × 15 |
| Reifen | vorn 215/60 VR 15, hinten 235/55 VR 15 |
| Lenkung | Kugelumlauflenkung mit Servo |
| **Weitere Daten** | |
| Abmessungen (L × B × H) | 4850 × 1820 × 1350 mm |
| Radstand | 2683 mm |
| Spurweite vorn/hinten | 1467/1514 mm |
| Wendekreis | 10,8 m |
| Leergewicht | 1515 (Automatik: 1535) kg |
| Zuläss. Gesamtgewicht | 1900 kg |
| Höchstgeschwindigkeit | 205 (Automatik: 200) km/h |
| Beschleunigung 0–100 km/h | 10 (Automatik: 11,5) sec |
| Verbrauch auf 100 km | ca. 13 Liter Super |
| Tankinhalt | 75 Liter |
| Ölwanneninhalt | 5,5 Liter |
| Kühlsystem | 10,2 Liter |

# BMW

Die ›Bayerische Motorenwerke GmbH‹ entstand am 20. Juli 1917 aus der Flugmaschinenfabrik Gustav Otto und der Rapp-Motorenwerke GmbH, die beide am 7. März 1916 in der Bayerischen Flugzeugwerke AG aufgegangen waren. Auf die flugtechnische Vergangenheit von BMW weist noch heute das Firmenzeichen hin: die blau-weißen Kreissegmente sind nichts anderes als zwei stilisierte rotierende Propellerflügel. Am 13. August 1918 erfolgte die Umwandlung in eine Aktiengesellschaft. Das Grundkapital betrug 12 Millionen Mark.

Der Flugmotorenbau verschaffte dem jungen Unternehmen schon bald einen guten Ruf. Bis zum Ende des Zweiten Weltkriegs gehörten BMW-Flugmotoren zu den bevorzugten Antriebsaggregaten im militärischen und zivilen Bereich. Die weltberühmte Ju 52 wurde ebenso von BMW-Motoren angetrieben wie zahlreiche Modelle von Dornier, Focke-Wulff, Messerschmitt und Heinkel. Als erstes Strahlturbinen-Flugzeug der Welt startete im September 1944 eine Arado 234 mit dem BMW-003-Einwellen-Triebwerk.

Ab 1923 tauchte das blau-weiße Markenzeichen auch auf der Straße auf. Das erste BMW-Motorrad, die 8,5 PS starke R 32, wurde bereits von jenem Zweizylinder-Boxer angetrieben, der im Prinzip unverändert noch heute in den BMW-Zweirädern seinen Dienst versieht, wenn auch in sechs Jahrzehnten ständig verbessert und zu höchster Reife entwickelt.

1929 präsentierte BMW den nach Austin-Lizenz gebauten Kleinwagen 3/15. In den dreißiger Jahren erschienen dann in rascher Folge zahlreiche Sechszylinder-Modelle, deren Krönung der schon legendäre 328 mit zwei Liter Hubraum und 80 PS war. Von 1936 bis 1940 dominierte er auf den europäischen Rennstrecken. Überlebende Exemplare waren noch lange nach dem Krieg für vordere Plätze gut.

1951 wurde auf der Frankfurter Automobilausstellung mit dem 501 das erste Nachkriegsmodell, eine große, viertürige Reiselimousine, vorgestellt. Als Antrieb diente der gleiche Motor, der vor dem Krieg den Typen 326, 327 und 328 zu damals überdurchschnittlichen Fahrleistungen verholfen hatte. 1954 folgten die ersten Cabriolets von Baur und Autenrieth. Im selben Jahr erschien der BMW 502, der erste deutsche Achtzylinder-Personenwagen nach dem Krieg. Sein V 8-Leichtmetallmotor zählt längst zu den Klassikern des Motorenbaus. In verschiedenen Leistungsstufen zwischen 95 und 160 PS trieb er die bis 1965 produzierten ›Großwagen‹ (so die interne Werksbezeichnung) an, darunter auch die Cabriolets 502, 503 und 507.

Durch seine extreme Modellpolitik – einerseits technisch aufwendige und teure Achtzylinder, andererseits hubraumschwache Primitivmodelle (Isetta und BMW 600) geriet das Münchener Unternehmen Ende der fünfziger Jahre in eine schwere Krise. Auf der denkwürdigen Hauptversammlung vom 9. Dezember 1959 verhinderte nur der erbitterte Widerstand der Kleinaktionäre, angeführt von dem Frankfurter Rechtsanwalt Dr. Friedrich Mathern, daß BMW von Daimler-Benz geschluckt wurde.

Die auch danach noch prekäre Finanzlage besserte sich erst, als auf der IAA 1961 der BMW 1500 präsentiert wurde, ein viertüriger Mittelklassewagen, der exakt die Lücke füllte, die Borgwards Isabella TS hinterlassen hatte. Allen Kinderkrankheiten zum Trotz wurden der BMW 1500 und seine späteren Schwestertypen 1600, 1800 und 1800 TI zum Rückgrat des Münchener Unternehmens. 1966 kam die 02-Serie hinzu, die maßgeblich dazu beitrug, das BMW-Image zu prägen: schnelle Wagen mit fortschrittlicher Technik für passionierte Fahrer.

Am 1. Januar 1967 übernahm BMW die Hans Glas GmbH in Dingolfing, wo seit 1973 vor allem die Modelle der 5er-Reihe gebaut werden. Die Unternehmensphilosophie hat sich im Laufe der Jahre etwas gewandelt: Priorität haben nicht mehr die Fahrleistungen – die immer noch überdurchschnittlich gut sind –, sondern hochwertige Technik in Verbindung mit Komfort und Eleganz. Nach wie vor sind BMW-Wagen typische ›Fahrerautos‹.

Von der ehemaligen Vielfalt an Oben-ohne-Modellen blieben als Relikt nur die Targa-Versionen der 3er-Reihe, die bei Baur in Stuttgart gebaut werden. Das lang erwartete 635 CSi-Vollcabriolet, das in kleiner Auflage im Werk Dingolfing gebaut werden soll, wird frühestens 1984 kommen.


## BMW 501 A, 501, 502 (1954–1955)

Ab Frühjahr 1954 begann bei Baur in Stuttgart die Produktion des 501 A Cabriolets. Außer etwa 220 zweitürigen Exemplaren gab es rund 50 Stück mit vier Türen. Auch die Darmstädter Karosseriefirma Autenrieth stellte in geringer Stückzahl Cabriolets her, darunter auch ein Einzelstück, das große Ähnlichkeit mit dem Typ 503 aufwies. Der Aufbau bei Baur kostete damals rund 9000 Mark, bei Autenrieth etwa 12000 Mark. 1955 lief die Kleinserie aus. Autenrieth baute allerdings bis etwa 1960 noch einige Einzelexemplare.

Preise: 501   Cabriolet zweitürig:            DM 17950,–
        501 A Cabriolet zwei- oder viertürig:  DM 18200,–
        502   Cabriolet zwei- oder viertürig:  DM 21900,–


## BMW 503 (1956–1959)

Das 503 Cabriolet, ebenso wie das Coupé ein Entwurf des deutsch-amerikanischen Designers Albrecht Graf Goertz, wurde auf der IAA 1955 in Frankfurt vorgestellt. Die Karosserie bestand aus Aluminium, die Verdeckbetätigung erfolgte elektrisch. Von Mai 1956 bis März 1959 wurden insgesamt 412 Coupés und Cabriolets hergestellt. Der elegante Wagen mit der harmonischen Linienführung stand stets im Schatten des Vollbluts 507, nicht zuletzt auch deshalb, weil er 3000 Mark teurer war.

Preis: DM 29500,–

## BMW 507 (1956–1959)

Daß der 507 ein Klassiker unter den Sportwagen war, trat eigentlich erst dann richtig zutage, als er längst nicht mehr gebaut wurde.

Der von Albrecht Graf Goertz entworfene Roadster, für den es auch ein maßgeschneidertes Hardtop gab, wurde zusammen mit dem 503 auf der IAA 1955 in Frankfurt präsentiert. Im Gegensatz zu jenem wurde er auch bei Rennen und Rallies eingesetzt. Obwohl er sich dabei als ernstzunehmender Gegner des Mercedes-Benz 300 SL erwies und diesen mehr als einmal schlug, kam er nur auf sehr bescheidene Stückzahlen. Von November 1956 bis März 1959 wurden ganze 252 Exemplare gebaut (zum Vergleich 300 SL: 1 858). Heute gehört der 507 zu den gesuchten und entsprechend hoch gehandelten Sportwagen-Klassikern wie Austin-Healey 3000, Mercedes-Benz 300 SL oder Jaguar E-Type.

Parallel zum Entwurf des Grafen Goertz hatte der inzwischen in BMW-Diensten stehende ehemalige Veritas-Chef Ernst Loof ebenfalls einen Roadster gebaut, unter dessen handgearbeiteter Aluminiumkarosserie sich Motor und Fahrgestell des BMW 502 verbargen. Obwohl Loofs Prototyps 1954 bei einem Schönheitswettbewerb in Bad Neuenahr auf Anhieb eine Goldmedaille und den ›Goldenen Kranz‹ als höchste Auszeichnung für Linie, Form und Ausstattung errang, entschied die Unternehmensleitung, das Goertz-Modell zu bauen. Das von Loof gebaute Einzelstück existiert noch heute.

Preis: DM 26 500,–

## BMW 700 (1961–1964)

Von dem 1959 präsentierten Coupé, dessen Karosserie von Michelotti entworfen wurde, gab es ab September 1961 auch eine offene Version, die bei Baur in Stuttgart gebaut wurde. Das hübsche zweisitzige Cabriolet war mit dem 40 PS-Motor des Sport-Coupés ausgerüstet. Bis zur Produktionseinstellung im November 1964 wurden 2597 Exemplare hergestellt, von denen heute nur noch wenige existieren dürften.

Preis: DM 6 950,–

## BMW 1600/2002 (1967–1975)

Eineinhalb Jahre nach der Vorstellung der zweitürigen Limousine 1600-2 wurde im September 1967 auch ein von Baur karossiertes Cabriolet mit voll versenkbarem Verdeck präsentiert. Die Freude an der hübschen Karosserie wurde jedoch durch den recht verwindungsfreudigen Aufbau getrübt. Insgesamt wurden 1938 Cabriolets vom Typ 1600 und zuletzt noch 200 vom Typ 2002 gebaut. Der immer mehr in Mode kommende Trend zum integrierten Überrollbügel führte dazu, daß das 1600er Cabriolet im April 1971 durch das nicht gerade elegante, dafür aber verwindungssteifere Targamodell auf der Basis des 2002 ersetzt wurde. Mit der Einstellung der 02-Baureihe im Sommer 1975 entschlief auch dieses Modell, nachdem es rund 2000mal gebaut worden war.

Preise: 1600-2 Cabriolet:   DM 11 980,– bis 13 253,–
         2002   Cabriolet:   DM 14 208,–
         2002   Targa:       DM 14 985,– bis 17 880,–

## BMW 315, 316, 318, 318 i, 320, 320 i, 323 i (ab 1978)

Erst drei Jahre nach der Markteinführung der 3er-Reihe gab es wieder eine offene Version. Wie der 1975 ausgelaufene 2002 Targa entstand sie bei Baur in Stuttgart. Die Dachkonstruktion glich der des Vorgängermodells: ein abnehmbares Hartdach über den Vordersitzen und ein versenkbares Stoffverdeck über den Fondsitzen. Die Bezeichnung ›Cabriolet‹ stimmt genaugenommen nicht, denn es handelt sich um ein typisches Targa-Modell.
Ab 1978 waren die Modelle 316, 318, 320 und 323 i als Cabriolet lieferbar. Die Preise lagen rund DM 6000,– über denen der entsprechenden Limousinen. Ab Frühjahr 1981 kam das 315 Cabriolet hinzu. Bis Ende 1982 stellte Baur etwa 5000 Cabriolets der 3er-Reihe her.
Auch vom neuen Modelljahrgang gibt es seit Anfang 1983 eine offene Ausführung, die die Bezeichnung ›Top-Cabriolet‹ trägt. Im Unterschied zum alten 3er-Cabriolet liegt bei den 83er Modellen das Faltverdeck flach auf der Hutablage auf, wodurch die Sicht nach hinten verbessert wurde. Auch im geschlossenen Zustand wirkt das neue Modell wesentlich harmonischer.

Preise: BMW 315   Cabriolet   DM 21 990,– bis 22 850,– (Ende 1982)
         BMW 316   Cabriolet   DM 21 156,– bis 24 300,– (Ende 1982)
         BMW 318   Cabriolet   DM 22 164,– bis 23 326,– (Sommer 1980)
         BMW 318 i Cabriolet   DM 25 120,– bis 26 500,– (Ende 1982)
         BMW 320   Cabriolet   DM 24 186,– bis 28 700,– (Ende 1982)
         BMW 323 i Cabriolet   DM 26 577,– bis 31 800,– (Ende 1982)

         Modelle '83:
         BMW 316   Cabriolet   DM 25 950,–
         BMW 318 i Cabriolet   DM 28 550,–
         BMW 320 i Cabriolet   DM 31 550,–
         BMW 323 i Cabriolet   DM 34 400,–

| | BMW 501 A / 501 Cabriolet<br>1954 – 1955 | BMW 502 Cabriolet<br>1954 – 1955 |
|---|---|---|
| **Karosserie** | Ganzstahlkarosserie (Baur) | Ganzstahlkarosserie (Baur) |
| **Motor** | Reihenmotor | V 8 (Leichtmetallblock) |
| Zylinder | 6 | 8 |
| Bohrung × Hub | 66 × 96 (ab April 55: 68 × 96) mm | 74 × 75 mm |
| Hubraum | 1971 (ab April 55: 2077) ccm | 2580 ccm |
| Leistung | 72 PS bei 4400 (4500) U/min | 100 PS bei 4800 U/min |
| Verdichtung | 1 : 6,8 (7) | 1 : 7 |
| max. Drehmoment | 13,3 (13,8) mkp bei 2500 U/min | 18,4 mkp bei 2500 U/min |
| Gemischaufbereitung | Solex 30 PAAJ (32 PAJTA) | Solex 30 PAAJ |
| Ventile | hängend | hängend |
| Nockenwelle | ohv | ohv |
| Kurbelwellenlager | 4 | 5 |
| Batterie | 12 V 50 Ah | 12 V 56 Ah |
| Lichtmaschine | 160 W | 160 W |
| **Kraftübertragung** | Hinterradantrieb | Hinterradantrieb |
| Kupplung | Einscheibentrockenkupplung | Einscheibentrockenkupplung |
| Schaltung | Lenkradschaltung | Lenkradschaltung |
| Getriebe | 4 Gänge, vollsynchronisiert | 4 Gänge, vollsynchronisiert |
| Übersetzungen | I. 4,24, II. 2,35, III. 1,49, IV. 1,00 | I. 3,78, II. 2,35, III. 1,49, IV. 1,00 |
| Antriebsübersetzung | 4,225 (ab April 55 wahlweise 4,551) | 4,225 |
| **Fahrwerk** | | |
| Vorderradaufhängung | Doppelte Querlenker | Doppelte Querlenker |
| Hinterradaufhängung | Starrachse mit Dreiecksschublenkern | Starrachse mit Dreiecksschublenkern |
| Bremsanlage | Trommelbremsen vorn und hinten | Trommelbremsen vorn und hinten |
| Felgen | 4,00 E × 16 (ab April 55 auch 4$^1/_2$ K × 15) | 4$^1/_2$ K × 15 |
| Reifen | 5,50 – 16 (6,40 – 15) | 6,40 – 15 |
| Lenkung | Kegelradlenkung | Kegelradlenkung |
| **Weitere Daten** | | |
| Abmessungen (L × B × H) | 4730 × 1780 × 1530 mm | 4730 × 1780 × 1530 mm |
| Radstand | 2835 mm | 2835 mm |
| Spurweite vorn/hinten | 1322/1408 mm | 1330/1416 mm |
| Wendekreis | 12 m | 12 m |
| Leergewicht | 1340 kg | 1440 kg |
| Zuläss. Gesamtgewicht | 1725 kg | 1900 kg |
| Höchstgeschwindigkeit | 145 km/h | 160 km/h |
| Beschleunigung 0 – 100 km/h | 23 sec | 17,5 sec |
| Verbrauch auf 100 km | 13 Liter Super | 14,5 Liter Super |
| Tankinhalt | 58 Liter | 70 Liter |
| Ölwanneninhalt | 4,5 Liter | 6,5 Liter |
| Kühlsystem | 7,25 Liter | 10 Liter |

BMW 502 Cabriolet zweitürig (Karosserie Baur) 1954

BMW 501 A Cabriolet viertürig (Karosserie Baur) 1954

BMW 501 A/B Cabrio-
let zweitürig (Karos-
serie Baur) 1954

Das viertürige BMW
502 Cabriolet bot
Platz für 5–6 Perso-
nen

Der sogenannte ›Voll-
schutzrahmen‹ des
BMW 501

24

BMW 502 Cabriolet
zweitürig (Karosserie
Autenrieth) 1955

BMW 502 Cabriolet
zweitürig (Karosserie
Autenrieth) 1960

BMW 502 Cabriolet
zweitürig (Karosserie
Autenrieth) 1955

BMW 501 Cabriolet
zweitürig (Karosserie
Wendler) 1954

25

|  | **BMW 503 Cabriolet**<br>**1956 – 1959** | **BMW 507 Roadster**<br>**1956 – 1959** |
|---|---|---|
| **Karosserie** | Leichtmetallkarosserie | |
| **Motor** | V 8 (Leichtmetallblock) | |
| Zylinder | 8 | |
| Bohrung × Hub | 82 × 75 mm | |
| Hubraum | 3168 ccm | |
| Leistung | 140 PS bei 4800 U/min | 150 PS bei 5000 U/min |
| Verdichtung | 1 : 7,3 | 1 : 7,8 |
| max. Drehmoment | 22 mkp bei 3800 U/min | 24 mkp bei 4000 U/min |
| Gemischaufbereitung | 2 Doppelvergaser Zenith 32 NDIX | |
| Ventile | hängend | |
| Nockenwelle | ohv | |
| Kurbelwellenlager | 5 | |
| Batterie | 12 V 56 Ah | |
| Lichtmaschine | 200 W | |
| **Kraftübertragung** | Hinterradantrieb | Hinterradantrieb |
| Kupplung | Einscheibentrockenkupplung | Einscheibentrockenkupplung |
| Schaltung | Lenkradschaltung<br>(ab Sept. 57: Knüppelschaltung) | Knüppelschaltung |
| Getriebe | 4 Gänge, vollsynchronisiert | 4 Gänge, vollsynchronisiert |
| Übersetzungen | I. 3,78, II. 2,35, III. 1,49, IV. 1,00 oder:<br>I. 3,540, II. 2,202, III. 1,395, IV. 1,000 | I. 3,387, II. 2,073, III. 1,364, IV. 1,00 |
| Antriebsübersetzung | 3,90 oder 3,42 | 3,90 oder 3,70 oder 3,42 |
| **Fahrwerk** | | |
| Vorderradaufhängung | Doppelte Querlenker | Doppelte Querlenker |
| Hinterradaufhängung | Starrachse mit Dreiecksschublenkern | Starrachse mit Zug- und Schubstreben |
| Bremsanlage | Servo-Trommelbremsen vorn und hinten | Servo-Trommelbremsen vorn und hinten |
| Felgen | 4,50 E × 16 | 4,50 E × 16 |
| Reifen | 6,00 H 16 | 6,00 H 16 |
| Lenkung | Kegelradlenkung | Kegelradlenkung |
| **Weitere Daten** | | |
| Abmessungen (L × B × H) | 4750 × 1710 × 1440 mm | 4380 × 1650 × 1300 mm |
| Radstand | 2835 mm | 2480 mm |
| Spurweite vorn/hinten | 1400/1420 mm | 1445/1425 mm |
| Wendekreis | 12 m | 10,7 m |
| Leergewicht | 1500 kg | 1330 kg |
| Zuläss. Gesamtgewicht | 1800 kg | 1500 kg |
| Höchstgeschwindigkeit | 190 km/h | je nach Hinterachse 190 – 225 km/h |
| Beschleunigung 0 – 100 km/h | 12,5 sec | je nach Hinterachse 9 – 12 sec |
| Verbrauch auf 100 km | 16 Liter Super | 17 Liter Super |
| Tankinhalt | 75 Liter | 65 (wahlweise 110) Liter |
| Ölwanneninhalt | 6,5 Liter | 6,5 Liter |
| Kühlsystem | 10 Liter | 10 Liter |

BMW 503 Cabriolet 1956

Dieses 1962 gebaute BMW 3200 CS-Cabriolet war eine Sonderanfertigung für Herbert Quandt und blieb ein Einzelstück. Das Verdeck ließ sich elektrisch öffnen und schließen.

Der 1954 von Ernst Loof entworfene Vorläufer des BMW 507 ging nicht in Serie. Die Karosserie entstand bei Baur in Stuttgart.

27

BMW 507, einer der großen deutschen Klassiker

## BMW 700 Cabriolet
## 1961–1964

| | |
|---|---|
| **Karosserie** | Selbsttragende Ganzstahlkarosserie (Baur) |
| | |
| **Motor** | Boxermotor im Heck |
| Zylinder | 2 |
| Bohrung × Hub | 78 × 73 mm |
| Hubraum | 697 ccm |
| Leistung | 40 PS bei 5700 U/min |
| Verdichtung | 1 : 9 |
| max. Drehmoment | 5,2 mkp bei 4500 U/min |
| Gemischaufbereitung | 2 Solex 34 PCI |
| Ventile | hängend |
| Nockenwelle | ohv |
| Kurbelwellenlager | 3 |
| Batterie | 12 V 24 Ah |
| Lichtmaschine | 130 W |
| | |
| **Kraftübertragung** | Hinterradantrieb |
| Kupplung | Einscheibentrockenkupplung |
| Schaltung | Knüppelschaltung |
| Getriebe | 4 Gänge, vollsynchronisiert |
| Übersetzungen | I. 3,54, II. 1,94, III. 1,27, IV. 0,839 |
| Antriebsübersetzung | 5,43 |
| | |
| **Fahrwerk** | |
| Vorderradaufhängung | Geschobene Längsschwingen mit Schraubenfedern |
| Hinterradaufhängung | Schräglenker mit Schraubenfedern |
| Bremsanlage | Trommelbremsen vorn und hinten |
| Felgen | 3,50 × 12 |
| Reifen | 5,20 – 12 (ab Herbst 1963: 5,50 – 12) |
| Lenkung | Zahnstangenlenkung |
| | |
| **Weitere Daten** | |
| Abmessungen (L × B × H) | 3540 × 1480 × 1290 mm |
| Radstand | 2120 mm |
| Spurweite vorn/hinten | 1270/1200 mm |
| Wendekreis | 10,1 m |
| Leergewicht | 685 kg |
| Zuläss. Gesamtgewicht | 910 kg |
| Höchstgeschwindigkeit | 135 km/h |
| Beschleunigung 0 – 100 km/h | 20 sec |
| Verbrauch auf 100 km | 7,5 Liter Super |
| Tankinhalt | 33 Liter |
| Ölwanneninhalt | 2 Liter |
| Kühlsystem | Luftkühlung |

**BMW 700 Cabrio (Karosserie Baur) 1961–1964**

|  | **BMW 1600 Cabriolet**<br>**1967 – 1971** | **BMW 2002 Cabriolet**<br>**1971 – 1975** |
|---|---|---|
| **Karosserie** | Selbsttragende Ganzstahlkarosserie (Baur) | |
| | | |
| **Motor** | Reihenmotor | |
| Zylinder | 4 | 4 |
| Bohrung × Hub | 84 × 71 mm | 89 × 80 mm |
| Hubraum | 1573 ccm | 1990 ccm |
| Leistung | 85 PS bei 5700 U/min | 100 PS bei 5500 U/min |
| Verdichtung | 1 : 8,6 | 1 : 8,5 |
| max. Drehmoment | 12,6 mkp bei 3000 U/min | 16 mkp bei 3500 U/min |
| Gemischaufbereitung | Solex 38 PDSI | Solex 40 PDSI |
| Ventile | hängend | hängend |
| Nockenwelle | ohc | ohc |
| Kurbelwellenlager | 5 | 5 |
| Batterie | 12 V 36 Ah | 12 V 44 Ah |
| Lichtmaschine | Drehstrom 490 W | Drehstrom 630 W |
| | | |
| **Kraftübertragung** | Hinterradantrieb | Hinterradantrieb |
| Kupplung | Einscheibentrockenkupplung | Einscheibentrockenkupplung |
| Schaltung | Knüppelschaltung | Knüppelschaltung |
| Getriebe | 4 Gänge, vollsynchronisiert | 4 oder 5 Gänge, vollsynchronisiert |
| Übersetzungen | I. 3,835, II. 2,053, III. 1,345, IV. 1,000 | I. 3,764, II. 2,020, III. 1,320, IV. 1,000 oder<br>I. 3,368, II. 2,160, III. 1,579, IV. 1,241,<br>V. 1,000 |
| Antriebsübersetzung | 4,11 | 3,64 |
| | | |
| **Fahrwerk** | | |
| Vorderradaufhängung | McPherson-Federbeine und Schraubenfedern | |
| Hinterradaufhängung | Schräglenker mit Schraubenfedern | |
| Bremsanlage | vorne Scheiben-, hinten Trommelbremsen, Servo, Zweikreishydraulik | |
| Felgen | 4¹/₂ J × 13 (ab Sept. 73: 5 J × 13) | |
| Reifen | 165 SR 13 | |
| Lenkung | Schneckenlenkung | |
| | | |
| **Weitere Daten** | | |
| Abmessungen (L × B × H) | 4230 × 1590 × 1360 mm | 4230 × 1590 × 1360 mm |
| Radstand | 2500 mm | 2500 mm |
| Spurweite vorn/hinten | 1330/1330 mm | 1330/1330 (ab Sept. 73: 1342/1342) mm |
| Wendekreis | 10,4 m | 10,4 m |
| Leergewicht | 980 kg | 1040 kg |
| Zuläss. Gesamtgewicht | 1320 kg | 1390 kg |
| Höchstgeschwindigkeit | 160 km/h | 175 km/h |
| Beschleunigung 0 – 100 km/h | 13 sec | 10,5 sec |
| Verbrauch auf 100 km | 11,5 Liter Super | 12 Liter Super |
| Tankinhalt | 46 Liter | 46 (ab Sept. 73: 50) Liter |
| Ölwanneninhalt | 4,25 Liter | 4,25 Liter |
| Kühlsystem | 7 Liter | 7 Liter |

1965 stellte Baur diese Studie eines BMW 2000 Cabriolets vor. Der Wagen sollte einen Gitterrohrrahmen mit Kunststoffkarosserie haben.

Dieser Vorläufer des BMW 1600-Cabriolets war ein werkseigener Entwurf (›Studentenwagen‹)

BMW 1600 Cabriolet (Karosserie Baur) 1967–1971

BMW 2002 Cabriolet (Karosserie Baur) 1971–1975

32

## BMW 315 Cabriolet (Baur)
## 1981 – 1982

| | |
|---|---|
| **Karosserie** | Selbsttragende Ganzstahlkarosserie |
| | |
| **Motor** | Reihenmotor |
| Zylinder | 4 |
| Bohrung × Hub | 84 × 71 mm |
| Hubraum | 1573 ccm |
| Leistung | 75 PS bei 5800 U/min |
| Verdichtung | 1 : 9,5 |
| max. Drehmoment | 11,2 mkp bei 3200 U/min |
| Gemischaufbereitung | Pierburg 1 B 2 |
| Ventile | hängend |
| Nockenwelle | ohc |
| Kurbelwellenlager | 5 |
| Batterie | 12 V 36 Ah |
| Lichtmaschine | 630 W |
| | |
| **Kraftübertragung** | Hinterradantrieb |
| Kupplung | Einscheibentrockenkupplung |
| Schaltung | Knüppelschaltung |
| Getriebe | 4 Gänge, vollsynchronisiert |
| Übersetzungen | I. 3,76, II. 2,04, III. 1,32, IV. 1,00 |
| Antriebsübersetzung | 4,11 |
| | |
| **Fahrwerk** | |
| Vorderradaufhängung | Querlenker mit Federbeinen, Stabilisator |
| Hinterradaufhängung | Schräglenker mit Federbeinen |
| Bremsanlage | vorne Scheiben-, hinten Trommelbremsen, Servo, Zweikreis-System |
| Felgen | 5 J × 13 |
| Reifen | 165 SR 13 |
| Lenkung | Zahnstangenlenkung |
| | |
| **Weitere Daten** | |
| Abmessungen (L × B × H) | 4355 × 1610 × 1380 mm |
| Radstand | 2563 mm |
| Spurweite vorn/hinten | 1364/1377 mm |
| Wendekreis | 10,3 m |
| Leergewicht | 1000 kg |
| Zuläss. Gesamtgewicht | 1440 kg |
| Höchstgeschwindigkeit | 155 km/h |
| Beschleunigung 0 – 100 km/h | 15 sec |
| Verbrauch auf 100 km | 10 Liter Super |
| Tankinhalt | 58 Liter |
| Ölwanneninhalt | 4,25 Liter |
| Kühlsystem | 7 Liter |

Leider nur ein Einzelstück blieb dieser von der Kölner Karosseriefirma Deutsch gebaute Prototyp eines offenen BMW 2800 CS.

Die Produktion des ursprünglich von Tropic entwickelten BMW 635 CSi Cabriolets wird demnächst im BMW-Werk Dingolfing anlaufen.

| | BMW 316 Cabriolet (Baur) | | |
|---|---|---|---|
| | **1978 – 1980** | **1980 – 1982** | **ab 1983** |
| **Karosserie** | | Selbsttragende Ganzstahlkarosserie | |
| **Motor** | | Reihenmotor | |
| Zylinder | | 4 | |
| Bohrung × Hub | 84 × 71 mm | 89 × 71 mm | 89 × 71 mm |
| Hubraum | 1573 ccm | 1766 ccm | 1766 ccm |
| Leistung | 90 PS bei 6000 U/min | 90 PS bei 5500 U/min | 90 PS bei 5500 U/min |
| Verdichtung | 1 : 8,3 | 1 : 9,5 | 1 : 9,5 |
| max. Drehmoment | 12,5 mkp bei 4000 U/min | 14,3 mkp bei 4000 U/min | 14,3 mkp bei 4000 U/min |
| Gemischaufbereitung | Solex DIDTA 32/32 | Solex 2 B 4 | Solex 2 B 4 |
| Ventile | | hängend | |
| Nockenwelle | | ohc | |
| Kurbelwellenlager | | 5 | |
| Batterie | | 12 V 36 Ah (ab 1983: 44 Ah) | |
| Lichtmaschine | | 630 W (ab 1983: 910 W) | |
| **Kraftübertragung** | | Hinterradantrieb | |
| Kupplung | | Einscheibentrockenkupplung | |
| Schaltung | | Knüppelschaltung | |
| Getriebe | | 4 Gänge, vollsynchronisiert | |
| Übersetzungen | I. 3,76, II. 2,02, III. 1,32, IV. 1,00 | I. 3,76, II. 2,04, III. 1,32, IV. 1,00 | I. 3,76, II. 2,04, III. 1,32, IV. 1,00 |
| Antriebsübersetzung | 4,10 | 3,91 | 3,64 |
| **Fahrwerk** | | | |
| Vorderradaufhängung | | Querlenker mit Federbeinen, Stabilisator | |
| Hinterradaufhängung | | Schräglenker mit Federbeinen (ab 1983: Schraubenfedern), Stabilisator | |
| Bremsanlage | | vorne Scheiben-, hinten Trommelbremsen, Servo, Zweikreissystem | |
| Felgen | 5 J × 13 | 5½ J × 13 | 5 J × 14 |
| Reifen | 165 SR 13 | 165 SR 13 | 175/70 HR 14 |
| Lenkung | Zahnstangenlenkung | Zahnstangenlenkung | Zahnstangenlenkung |
| **Weitere Daten** | | | |
| Abmessungen (L × B × H) | 4355 × 1610 × 1380 mm | 4355 × 1610 × 1380 mm | 4325 × 1645 × 1380 mm |
| Radstand | 2563 mm | 2563 mm | 2570 mm |
| Spurweite vorn/hinten | 1364/1377 mm | 1387/1396 mm | 1407/1415 mm |
| Wendekreis | 10,3 m | 10,3 m | 10,5 m |
| Leergewicht | 1010 kg | 1020 kg | 990 kg |
| Zuläss. Gesamtgewicht | 1440 kg | 1450 kg | 1450 kg |
| Höchstgeschwindigkeit | 163 km/h | 163 km/h | 170 km/h |
| Beschleunigung 0 – 100 km/h | 13 sec | 13 sec | 12,5 sec |
| Verbrauch auf 100 km | 11 Liter Normal | 10 Liter Super | 9,5 Liter Super |
| Tankinhalt | 58 Liter | 58 Liter | 55 Liter |
| Ölwanneninhalt | 4,25 Liter | 4,25 Liter | 4,25 Liter |
| Kühlsystem | 7 Liter | 7 Liter | 7 Liter |

35

|  | BMW 318<br>Cabriolet (Baur)<br>1978–1980 | BMW 318 i<br>Cabriolet (Baur)<br>1980–1982 | BMW 318 i<br>Cabriolet (Baur)<br>ab 1983 |
|---|---|---|---|
| **Karosserie** | | Selbsttragende Ganzstahlkarosserie | |
| **Motor** | | Reihenmotor | |
| Zylinder | | 4 | |
| Bohrung × Hub | | 89 × 71 mm | |
| Hubraum | | 1766 ccm | |
| Leistung | 98 PS bei 5800 U/min | 105 PS bei 5800 U/min | 105 PS bei 5800 U/min |
| Verdichtung | 1 : 8,3 | 1 : 10 | 1 : 10 |
| max. Drehmoment | 14,5 mkp bei 4000 U/min | 14,8 mkp bei 4500 U/min | 14,8 mkp bei 5400 U/min |
| Gemischaufbereitung | Solex DIDTA 32/32 | Bosch K-Jetronic | Bosch K-Jetronic |
| Ventile | | hängend | |
| Nockenwelle | | ohc | |
| Kurbelwellenlager | | 5 | |
| Batterie | | 12 V 36 Ah (ab 1983: 44 Ah) | |
| Lichtmaschine | | 630 W (ab 1983: 910 W) | |
| **Kraftübertragung** | | Hinterradantrieb | |
| Kupplung | | Einscheibentrockenkupplung | |
| Schaltung | | Knüppelschaltung | |
| Getriebe | | 4 Gänge, vollsynchronisiert | |
| Übersetzungen | I. 3,76, II. 2,02, III. 1,32,<br>IV. 1,00 | I. 3,76, II. 2,04, III. 1,32,<br>IV. 1,00 | I. 3,76, II. 2,04, III. 1,32,<br>IV. 1,00 |
| Antriebsübersetzung | 4,10 | 3,91 | 3,64 |
| **Fahrwerk** | | | |
| Vorderradaufhängung | | Querlenker mit Federbeinen, Stabilisator | |
| Hinterradaufhängung | | Schräglenker mit Federbeinen (ab 1983: Schraubenfedern), Stabilisator | |
| Bremsanlage | | vorne Scheiben-, hinten Trommelbremsen, Servo, Zweikreis-System | |
| Felgen | 5 J × 13 | 5$^1/_2$ J × 13 | 5 J × 14 |
| Reifen | 165 SR 13 | 165 SR 13 | 175/70 HR 14 |
| Lenkung | Zahnstangenlenkung | Zahnstangenlenkung | Zahnstangenlenkung |
| **Weitere Daten** | | | |
| Abmessungen (L × B × H) | 4355 × 1610 × 1380 mm | 4355 × 1610 × 1380 mm | 4325 × 1645 × 1380 mm |
| Radstand | 2563 mm | 2563 mm | 2570 mm |
| Spurweite vorn/hinten | 1364/1377 mm | 1387/1396 mm | 1407/1415 mm |
| Wendekreis | 10,3 m | 10,3 m | 10,5 m |
| Leergewicht | 1020 kg | 1030 kg | 1000 kg |
| Zuläss. Gesamtgewicht | 1450 kg | 1460 kg | 1460 kg |
| Höchstgeschwindigkeit | 170 km/h | 172 km/h | 180 km/h |
| Beschleunigung 0–100 km/h | 12 sec | 11,5 sec | 11 sec |
| Verbrauch auf 100 km | 11 Liter Normal | 9,5 Liter Super | 9,5 Liter Super |
| Tankinhalt | 58 Liter | 58 Liter | 55 Liter |
| Ölwanneninhalt | 4,25 Liter | 4,25 Liter | 4,25 Liter |
| Kühlsystem | 7 Liter | 7 Liter | 10,5 Liter |

| | BMW 320 Cabriolet (Baur) | | BMW 320 i Cabriolet (Baur) |
| | 4-Gang 1978–1982 | 5-Gang 1980–1982 | ab 1983 |
|---|---|---|---|
| **Karosserie** | Selbsttragende Ganzstahlkarosserie | | |
| | | | |
| **Motor** | Reihenmotor | | |
| Zylinder | 6 | | |
| Bohrung × Hub | 80 × 66 mm | | |
| Hubraum | 1990 ccm | | |
| Leistung | 122 PS bei 6000 U/min | | 125 PS bei 5800 U/min |
| Verdichtung | 1 : 9,2 | | 1 : 9,8 |
| max. Drehmoment | 16,3 mkp bei 4000 U/min | | 17,3 mkp bei 4000 U/min |
| Gemischaufbereitung | Solex 4 A 1 | | Bosch LE-Jetronic |
| Ventile | hängend | | |
| Nockenwelle | ohc | | |
| Kurbelwellenlager | 7 | | |
| Batterie | 12 V 44 Ah | | |
| Lichtmaschine | Drehstrom 780 W (ab 1983: 910 W) | | |
| | | | |
| **Kraftübertragung** | Hinterradantrieb | | |
| Kupplung | Einscheibentrockenkupplung | | |
| Schaltung | Knüppelschaltung | | |
| Getriebe | 4 Gänge, vollsynchr. | 5 Gänge, vollsynchr. | 5 Gänge, vollsynchr. |
| Übersetzungen | I. 3,76, II. 2,02, III. 1,32, IV. 1,00 | I. 3,68, II. 2,00, III. 1,33, IV. 1,00, V. 0,80 oder Sportgetriebe: I. 3,76, II. 2,32, III. 1,61, IV. 1,22, V. 1,00 | I. 3,72, II. 2,02, III. 1,32, IV. 1,00, V. 0,81 |
| Antriebsübersetzung | 3,64 | 3,64 | 3,45 |
| | | | |
| **Fahrwerk** | | | |
| Vorderradaufhängung | Querlenker mit Federbeinen, Stabilisator | | |
| Hinterradaufhängung | Schräglenker mit Federbeinen (ab 1983: Schraubenfedern), Stabilisator | | |
| Bremsanlage | vorne Scheiben-, hinten Trommelbremsen, Servo, Zweikreis-System | | |
| Felgen | $5^1/_2$ J × 13 | $5^1/_2$ J × 13 | $5^1/_2$ J × 14 |
| Reifen | 185/70 HR 13 | 185/70 HR 13 | 195/60 HR 14 |
| Lenkung | Zahnstangenlenkung | Zahnstangenlenkung | Zahnstangenlenkung |
| | | | |
| **Weitere Daten** | | | |
| Abmessungen (L × B × H) | 4355 × 1610 × 1380 mm | 4355 × 1610 × 1380 mm | 4325 × 1645 × 1380 mm |
| Radstand | 2563 mm | 2563 mm | 2570 mm |
| Spurweite vorn/hinten | 1386/1399 mm | 1386/1399 mm | 1407/1415 mm |
| Wendekreis | 10,3 m | 10,3 m | 10,4 m |
| Leergewicht | 1150 kg | 1150 kg | 1120 kg |
| Zuläss. Gesamtgewicht | 1550 kg | 1550 kg | 1510 kg |
| Höchstgeschwindigkeit | 181 km/h | 180 (Sportgetr.: 182) km/h | 195 km/h |
| Beschleunigung 0–100 km/h | 10 sec | 10,7 (Sportgetr.: 10,3) sec | 9,8 sec |
| Verbrauch auf 100 km | 13 Liter Super | 13,8 (Sportgetr.: 14) Liter Super | 11,5 Liter Super |
| Tankinhalt | 58 Liter | 58 Liter | 55 Liter |
| Ölwanneninhalt | 4,25 Liter | 4,25 Liter | 4,25 Liter |
| Kühlsystem | 7 Liter | 7 Liter | 12 Liter |

| | BMW 323 i Cabriolet (Baur) | | |
|---|---|---|---|
| | **4-Gang**<br>**1978 – 1982** | **5-Gang**<br>**1980 – 1982** | **ab 1983** |
| **Karosserie** | Selbsttragende Ganzstahlkarosserie | | |
| **Motor** | Reihenmotor | | |
| Zylinder | 6 | | |
| Bohrung × Hub | 80 × 76,8 mm | | |
| Hubraum | 2315 ccm | | |
| Leistung | 143 PS bei 5800 U/min | | 139 PS bei 5300 U/min |
| Verdichtung | 1 : 9,5 | | 1 : 9,8 |
| max. Drehmoment | 19,4 mkp bei 4500 U/min | | 20,9 mkp bei 4000 U/min |
| Gemischaufbereitung | Bosch K-Jetronic | | Bosch LE-Jetronic |
| Ventile | hängend | | |
| Nockenwelle | ohc | | |
| Kurbelwellenlager | 7 | | |
| Batterie | 12 V 55 Ah (ab 1983: 50 Ah) | | |
| Lichtmaschine | Drehstrom 780 W (ab 1983: 910 W) | | |
| **Kraftübertragung** | Hinterradantrieb | | |
| Kupplung | Einscheibentrockenkupplung | | |
| Schaltung | Knüppelschaltung | | |
| Getriebe | 4 Gänge, vollsynchr. | 5 Gänge, vollsynchr. | 5 Gänge, vollsynchr. |
| Übersetzungen | I. 3,76, II. 2,02, III. 1,32,<br>IV. 1,00 | I. 3,68, II. 2,00, III. 1,33,<br>IV. 1,00, V. 0,80<br>oder Sportgetriebe:<br>I. 3,76, II. 2,32, III. 1,61,<br>IV. 1,22, V. 1,00 | I. 3,83, II. 2,20, III. 1,40,<br>IV. 1,00, V. 0,81 |
| Antriebsübersetzung | 3,45 | 3,45 | 3,25 |
| **Fahrwerk** | | | |
| Vorderradaufhängung | Querlenker mit Federbeinen, Stabilisator | | |
| Hinterradaufhängung | Schräglenker mit Federbeinen (ab 1983: Schraubenfedern), Stabilisator | | |
| Bremsanlage | Scheibenbremsen vorn und hinten, Servo, Zweikreis-System | | |
| Felgen | $5^1/_2$ J × 13 | $5^1/_2$ J × 13 | $5^1/_2$ J × 14 |
| Reifen | 185/70 HR 13 | 185/70 HR 13 | 195/60 VR 14 |
| Lenkung | Zahnstangenlenkung | Zahnstangenlenkung | Zahnstangenlenkung |
| **Weitere Daten** | | | |
| Abmessungen (L × B × H) | 4355 × 1610 × 1380 mm | 4355 × 1610 × 1380 mm | 4325 × 1645 × 1380 mm |
| Radstand | 2563 mm | 2563 mm | 2570 mm |
| Spurweite vorn/hinten | 1386/1399 mm | 1386/1399 mm | 1407/1415 mm |
| Wendekreis | 10,3 m | 10,3 m | 10,4 m |
| Leergewicht | 1180 kg | 1180 kg | 1170 kg |
| Zuläss. Gesamtgewicht | 1570 kg | 1570 kg | 1540 kg |
| Höchstgeschwindigkeit | 202 km/h | 199 (Sportgetr.: 202) km/h | 202 km/h |
| Beschleunigung 0 – 100 km/h | 8,5 sec | 8 (Sportgetr.: 8,4) sec | 8,8 sec |
| Verbrauch auf 100 km | 13 Liter Super | 11,4 (Sportgetr.: 12,3) Liter<br>Super | 12 Liter Super |
| Tankinhalt | 58 Liter | 58 Liter | 55 Liter |
| Ölwanneninhalt | 4,25 Liter | 4,25 Liter | 4,25 Liter |
| Kühlsystem | 7 Liter | 7 Liter | 10,5 Liter |

38

BMW 316-323i Cabriolet (Karosserie Baur) 1978–1982

BMW 316-323i Cabriolet (Karosserie Baur) ab 1983

Die Styling-Garage in Pinneberg liefert die 3er-Reihe von BMW auch als Vollcabriolet.
Ein ähnlicher Wagen wurde bei Karmann als Prototyp gebaut, ging aber nicht in Serie. Er
steht heute im Osnabrücker Werksmuseum.

# Borgward, Goliath, Lloyd

Carl F. W. Borgward (1890–1963), passionierter Autobauer, Ingenieur und Stylist in einer Person, unternahm seine ersten Gehversuche in der Branche 1924 mit dem dreirädrigen ›Blitzkarren‹, der auf Anhieb ein Erfolg wurde. 1931 erwarben er und sein Kompagnon Wilhelm Tecklenborg die Aktienmehrheit der Hansa-Lloyd-Werke, womit Borgwards Traum, ›richtige‹ Autos zu bauen, greifbare Gestalt annahm. Bis zum Ausbruch des Krieges entstanden zahlreiche leistungsfähige und attraktive Modelle, z. B. Hansa 1100, 1700, 2000 und 3500, der Roadster Hansa 1700 Sport oder – schon mit dem Namen Borgward über dem Kühlergrill – die Cabrio-Limousine 2300.

1944 wurden die zum Rüstungsbetrieb umfunktionierten Borgward-Werke Hastedt und Sebaldsbrück durch Luftangriffe fast völlig zerstört. Trotzdem entstanden unter der Leitung des Treuhänders und späteren Verkaufsdirektors Wilhelm Schindelhauer schon 1946 aus unter den Trümmern liegenden Restbeständen und Ersatzteilen die ersten Lastwagen. Carl Borgward, von den Amerikanern jahrelang interniert, hatte seine Haftzeit dazu benutzt, einen völlig neuen Personenwagen mit Pontonkarosserie zu entwerfen, der 1949 auf dem Genfer Automobilsalon sein vielbeachtetes Debut gab.

Für Borgward, der mit 58 Jahren nochmals ganz von vorne anfing, begann damit erneut der Aufstieg. Im August 1948 hatte er die Goliath-Werke GmbH gegründet, wo schon bald darauf der gleichnamige Dreirad-Lieferwagen vom Band lief, im Februar 1949 die Lloyd Maschinenfabrik GmbH (1950 umbenannt in Lloyd Motoren Werke GmbH), die viele Jahre lang das Rückgrat der Borgward-Gruppe bildete (Lloyd lag von 1955 bis 1957 hinter VW und Opel an dritter Stelle der deutschen Neuzulassungen).

Carl Borgward, der hemdsärmelige Individualist, ließ seine Mitarbeiter – in der Blütezeit weit über 20000 – nie im unklaren, wer im Haus das Sagen hatte. Das galt auch – und besonders – für Fragen des Designs. Die meisten Borgward-, Goliath- und Lloyd-Karosserien hatte er selbst entworfen oder zumindest entscheidend mitgestaltet. Selbst seine zahlreichen Kritiker räumten ein, daß er ein untrügliches Formgefühl hatte. Modelle wie Isabella Coupé und Cabriolet bestätigen das noch heute. Daß Carl Borgward zeit seines Lebens Konstrukteur aus Passion, an kaufmännischen Fakten dagegen weit weniger interessiert war, dürfte wesentlich zu den Finanzierungsschwierigkeiten beigetragen haben, in die seine Firmengruppe im Herbst 1960 geriet. Hinzu kamen seine Experimentierfreudigkeit (neue Modelle kamen meist unausgereift auf den Markt), die große Modellvielfalt (neben drei Personenwagenmarken ein umfangreiches Nutzfahrzeugprogramm) sowie die wenig effiziente Dreiteilung in völlig autonome Firmen (Borgward, Goliath und Lloyd hatten bis 1960 jeweils eigene Konstruktions-, Forschungs- und Entwicklungs-, Vertriebs- und Verwaltungsbereiche. Eine Kooperation fand praktisch nicht statt). Ein weiteres Problem stellte der hohe Exportanteil – über 60 Prozent – dar, mit dem der Borgward-Gruppe wegen der damals vor allem in den USA herrschenden Absatzflaute immer höhere Autohalden beschert wurden.

Den Rest erhielt der in die Krise geschlitterte Konzern schließlich durch die dilettantischen Rettungsversuche des Bremer Senats, der den als Wundersanierer gepriesenen Wirtschaftsprüfer Dr. Johannes Semler – damals Aufsichtsratsvorsitzender bei BMW – zu Hilfe holte. Semler und das aus Bremer Beamten bestehende Führungsgremium der im Februar 1961 als Auffanggesellschaft gegründeten Borgward-Werke AG – den Eigentümer Carl Borgward hatte man durch die Hintertür enteignet – versetzten dem angeschlagenen Konzern innerhalb weniger Monate den Todesstoß: Im Herbst 1961 meldeten zunächst die Carl F. W. Borgward GmbH und die Goliath-Werke GmbH Konkurs an, wenige Wochen später gingen die Lloyd Motoren Werke GmbH und die neugegründete Borgward-Werke AG den gleichen Weg.

Unter der umsichtigen Leitung der Konkursverwalter lief die Produktion bei Borgward und Goliath in kleinen Stückzahlen bis 1962, bei Lloyd sogar bis 1963 weiter. Der Verkauf der Fertigungsanlagen, Werkzeuge und Gebäude sowie der Erlös aus den weiterproduzierten Ersatzteilen führten dazu, daß bis 1967 sämtliche Gläubigerforderungen zu 100 Prozent befriedigt werden konnten. Bitteres Fazit: Borgward war überhaupt nicht pleite. Die schon vorher kursierende Dolchstoß-Legende erhielt neue Nahrung. Nur allzu leicht wurde darüber vergessen, daß Borgwards verfehlte Unternehmenspolitik, vor allem seine fast pathologische Angst, von Banken abhängig zu werden, über kurz oder lang ohnehin das Ende seiner Firmengruppe eingeläutet hätte. Der Bremer Senat hatte das Desaster lediglich kräftig beschleunigt.

Die Marken-Geschichte war damit freilich noch nicht beendet. Ende 1967 lief im mexikanischen Monterrey die Produktion des Borgward 230 GL an. Dort hatte der millionenschwere Fuhrunternehmer Gregorio Ramirez mit Hilfe von Staatskrediten die Fabrica Nacional de Automoviles Borgward S. A. (FANASA) aus dem Boden gestampft. Schon etliche Jahre zuvor waren die für 14 Millionen DM erworbenen Produktionseinrichtungen aus Bremen nach Mexiko verschifft worden. Geldmangel und mexikanische Mentalität hatten jedoch dazu geführt, daß die Produktion des P 100-Nachfolgers erst mit mehrjähriger Verspätung anlief. Einige Dutzend ehemaliger Borgward-Mitarbeiter leisteten dabei Geburtshilfe. Nach etwa zwei Jahren, in denen rund 2 500 Fahrzeuge produziert worden waren, stellte man die Bänder wegen mangelnder Rentabilität ab. Die ebenfalls geplant gewesene Isabella-Produktion kam gar nicht erst zustande.

Carl F. W. Borgward war zweifellos ein hervorragender Konstrukteur, aber auch ein unbequemer und unnachgiebiger Unternehmer der alten Schule, der beim Bremer Senat sicher nicht viele Freunde hatte. Politisches Fingerspitzengefühl und vorsichtiges Taktieren waren ihm fremd. Das tragische Ende seines Imperiums förderte noch die kultähnliche Verehrung, die Borgward-Fahrer damals wie heute den zeitlos schönen Wagen mit dem Rhombus im Kühlergrill entgegenbringen.

## Borgward Hansa 1500 / Borgward Hansa 1800 (1950–1954)

Nur wenige Monate, nachdem mit dem Hansa 1500 die erste deutsche Ponton-Limousine vom Band lief, präsentierte die Karosseriefirma Hebmüller bereits ein viersitziges Cabriolet. Fahrgestell und 52 PS-Motor wurden unverändert von der Limousine übernommen. Zusätzlich gab es bald darauf eine Sportversion mit verkürztem Radstand, flacherer Karosserie und 66 PS-Motor. Ab Frühjahr 1953 erhielt dieses 2/2 sitzige Hansa 1500 Sport-Cabriolet den sogenannten Carrera-Motor mit 80 PS, der für immerhin 165 km/h Spitze sorgte.
Ab Sommer 1952 lösten das Hansa 1800 Cabriolet und das Hansa 1800 Sportcabriolet die 1500er-Modelle ab. Die Karosserien blieben unverändert, als Antrieb diente bei beiden Versionen das normale 60 PS-Aggregat aus der Serienlimousine. Ein spezieller Hochleistungsmotor wurde nicht mehr angeboten. Im Mai 1954 lief die Produktion aus. Die genauen Stückzahlen liegen nicht vor.

Preise: Hansa 1500 Cabriolet (Hebmüller)      DM 10500,– bis 11400,–
        Hansa 1500 Sportcabriolet (66 PS)     DM 12300,–
        Hansa 1500 Sportcabriolet (80 PS)     DM 14950,–
        Hansa 1800 Cabriolet (Hebmüller)      DM 12400,–
        Hansa 1800 Sportcabriolet             DM 12950,–

## Borgward Isabella / Isabella TS (1955–1961)

Die 1954 präsentierte Isabella gab es ab 1955 als 2/2 sitziges Cabriolet (Karosserie Deutsch), kurze Zeit darauf auch wahlweise mit dem stärkeren TS-Motor. Von der zweiten Isabella-Serie ab August 1958 – kenntlich am kleineren Rhombus im Kühlergrill und an den schmalen Heckleuchten – gab es das Cabriolet nur noch in der TS-Version. Die Stückzahl ist nicht bekannt.
Zwischen 1957 und 1960 stellte Deutsch außerdem ca. 20 Cabriolets auf Isabella-Coupé-Basis her, nach Ansicht vieler Fachleute das schönste Borgward-Modell überhaupt. Bei Autenrieth entstanden möglicherweise ebenfalls ein oder zwei Exemplare.

Preise: Isabella Cabriolet                   DM  9950,–
        Isabella TS Cabriolet                 DM 10950,– bis 12535,–
        Isabella TS Cabriolet (Coupé-Basis)   DM 15600,–

## Borgward 1500 RS (1958)

Eigentlich gehört dieser Wagen gar nicht in dieses Buch, da es sich um einen reinrassigen Wettbewerbswagen handelt, der nicht an private Kunden verkauft wurde. Da er jedoch in der Renngeschichte der fünfziger Jahre eine wichtige Rolle spielte, soll er hier kurz vorgestellt werden. Vorläufer waren der Hansa 1500 Typ ›Inka‹, der 1950 in Montlhèry zwölf internationale Rekorde brach, und der Rennsportwagen Hansa 1500 RS, mit dem Hans Hugo Hartmann 1953 um ein Haar die Carrera Panamericana gewonnen hätte.

Der 1957 vorgestellte Borgward 1500 RS hatte einen völlig neuen, von Karl Ludwig Brandt entwickelten Hochleistungsmotor mit zwei obenliegenden Nockenwellen, vier Ventilen pro Zylinder und Benzineinspritzung. Hans Herrmann und Joakim Bonnier wurden mit diesem Fahrzeug 1957 und 1958 jeweils europäische Vizebergmeister, Bonnier zusätzlich 1958 Zweiter in der Deutschen Sportwagenmeisterschaft. Drei Wagen wurden insgesamt gebaut, der letzte besaß eine Leichtmetallkarosserie aus Elektron. Alle drei existieren noch heute.

## Goliath GP 700 / GP 700 E (1951–1955)

Den Goliath GP 700 gab es ab 1951 sowohl als Cabrio-Limousine als auch – in ganz geringer Stückzahl – als viersitziges Vollcabriolet mit serienmäßiger Lederausstattung. Ferner stellte die Berliner Karosseriefirma Buhne 1951 einen hübschen zweisitzigen GP 700 Roadster vor. Es blieb jedoch bei diesem Einzelstück. Ab 1953 gab es nur noch die Cabrio-Limousine, wahlweise mit Vergaser- oder Einspritzmotor. Wieviele Exemplare zwischen 1951 und 1955 entstanden, läßt sich nicht mehr ermitteln.

Preise: GP 700  Luxus-Cabriolet       DM 8 690,–
        GP 700  Cabrio-Limousine      DM 6 640,– bis 5 315,–
        GP 700 E Cabrio-Limousine     DM 7 135,– bis 6 025,–

## Goliath 1100 / Hansa 1100 (1957–1959)

Vom Viertaktmodell Goliath 1100 gab es ab 1957 auch wieder eine Cabrio-Limousine, ebenso wie vom stilistisch überarbeiteten Nachfolgermodell Hansa 1100. Seltsamerweise waren die Offen-Versionen nur mit der 40 PS-Maschine erhältlich, während Limousine und Coupé wahlweise auch mit dem stärkeren 55 PS-Aggregat lieferbar waren.
Die Reutlinger Karosseriefirma und Goliath-Vertretung Herbert Wiesenfarth baute ab 1958 auf Basis des Hansa 1100 Coupé ein elegantes 2/2sitziges Vollcabriolet. Rund ein Dutzend Exemplare fanden zwischen 1958 und 1960 einen Käufer.

Preise: Goliath 1100 Cabrio-Limousine        DM 6 585,–
        Hansa 1100 Cabrio-Limousine          DM 6 585,–
        Hansa 1100 Cabriolet (Kar. Wiesenfarth) DM 8 900,–

## Goliath Jagdwagen (1954–1960)

Der Goliath-Geländewagen Typ 31 (Werksbezeichnung: Jagdwagen) war seinerzeit – ebenso wie die Konkurrenzmodelle von DKW und Porsche – im Hinblick auf den kommenden Bedarf der Bundeswehr entwickelt worden. Das Rennen machte nach ausgiebigen Test- und Versuchsfahrten der Militärs bekanntlich der DKW, der den robustesten Gesamteindruck hinterließ. Schwachstellen des Goliath waren vor allem Getriebe und Achsantrieb. 1957 löste der Typ 34 den Typ 31 ab. Als Antriebsaggregat diente zunächst der 40 PS starke Viertaktmotor aus der 1100er Limousine. Schon nach wenigen Monaten ersetzte man ihn durch den stärkeren Coupé-Motor, der allerdings auf 50 PS gedrosselt wurde. Das selbstentwickelte Fünfganggetriebe machte einem ZF-Vierganggetriebe mit Vorgelege Platz. Trotz dieser Verbesserungen blieb der Verkaufserfolg aus. Nach einem guten Dutzend Vorserienwagen entstanden von 1956 bis 1960 ganze 95 Exemplare. Der Preis betrug DM 10075,– für die Normal- und DM 12025,– für die NATO-Ausführung.

### Lloyd LC 400 / LC 600 (1955–1957)

Der spezielle Aufbau der kleinen Lloyd-Limousine in Schalenbauweise, der auch in der Ganzstahl-Ära fortgeführt wurde, erleichterte die Produktion von Sondermodellen ganz erheblich. Die im August 1955 vorgestellte Cabrio-Limousine LC 400 war im Grunde nichts anderes als die normale Limousine, bei der man das Stahldach durch ein Cabrio-Verdeck ersetzt hatte. Alle anderen Bauteile waren absolut mit den entsprechenden Limousinenteilen identisch. Das Ergebnis sah gar nicht mal schlecht aus und konnte aufgrund der simplen Konstruktion konkurrenzlos billig angeboten werden: DM 300,– mehr als die Limousine.
Der LC 600, der kurz darauf auf den Markt kam, unterschied sich vom Schwestermodell hauptsächlich durch das stärkere Viertakt-Aggregat. Trotz des günstigen Preises fand der offene Lloyd nicht allzu viele Käufer. Die genaue Stückzahl ließ sich jedoch nicht mehr ermitteln.

Preise: Lloyd LC 400   DM 3680,–
         Lloyd LC 600   DM 3980,–

44

|  | Borgward Hansa 1500<br>Cabriolet<br>1950–1952 | Borgward Hansa 1500<br>Sport-Cabriolet<br>1950–1953 |
|---|---|---|
| **Karosserie** | Ganzstahlkarosserie | |
| **Motor** | Reihenmotor | |
| Zylinder | 4 | |
| Bohrung × Hub | 72 × 92 mm | |
| Hubraum | 1498 ccm | |
| Leistung | 52 PS bei 4200 U/min | 66 PS bei 4400 U/min |
| Verdichtung | 1:6,3 | 1:7,2 |
| max. Drehmoment | 10,6 mkp bei 2300 U/min | 11 mkp bei 2900 U/min |
| Gemischaufbereitung | Solex 32 PBJ | 2 Solex 32 PBIC |
| Ventile | hängend | |
| Nockenwelle | ohv | |
| Kurbelwellenlager | 3 | |
| Batterie | 6 V 75 Ah | |
| Lichtmaschine | 130 W | |
| **Kraftübertragung** | Hinterradantrieb | |
| Kupplung | Einscheibentrockenkupplung | |
| Schaltung | Knüppelschaltung, ab Jan. 1951 Lenkradschaltung | |
| Getriebe | 4 Gänge, III. und IV. synchronisiert | |
| Übersetzungen | I. 3,66, II. 2,30, III. 1,57, IV. 1,00 | |
| Antriebsübersetzung | 4,28 (Sport-Cabriolet: 3,75) | |
| **Fahrwerk** | | |
| Vorderradaufhängung | Querlenker oben, 1 Querfeder unten | |
| Hinterradaufhängung | Pendelachse mit Schublenkern, 1 Querfeder | |
| Bremsanlage | Trommelbremsen vorn und hinten | |
| Felgen | 4½ K × 15 (Sport-Cabriolet: 4 J × 15) | |
| Reifen | 6,40 – 15 bzw. 5,90 – 15 | |
| Lenkung | Schneckenlenkung | |
| **Weitere Daten** | | |
| Abmessungen (L × B × H) | 4450 × 1620 × 1600 mm | 4175 × 1620 × 1440 mm |
| Radstand | 2600 mm | 2400 mm |
| Spurweite vorn/hinten | 1250/1300 mm | 1250/1300 mm |
| Wendekreis | 11 m | 10 m |
| Leergewicht | 1240 kg | 1155 kg |
| Zuläss. Gesamtgewicht | 1530 kg | 1415 kg |
| Höchstgeschwindigkeit | 120 km/h | 150 km/h |
| Beschleunigung 0 – 100 km/h | 27 sec | nicht bekannt |
| Verbrauch auf 100 km | 10 Liter Normal | 10,5 Liter Normal |
| Tankinhalt | 40 Liter | 40 Liter |
| Ölwanneninhalt | 4 Liter | 4 Liter |
| Kühlsystem | 7 Liter | 7 Liter |

Borgward Hansa 1500 Sport-Cabriolet 2/2sitzig 1950–1953

Borgward Hansa 1500 Cabriolet viersitzig (Karosserie Hebmüller) 1950–1952

Borgward Isabella Cabriolet 1955

|  | Borgward Hansa 1800 Cabriolet 1952–1953 | Borgward Hansa 1800 Sport-Cabriolet 1953–1954 |
| --- | --- | --- |
| **Karosserie** | Ganzstahlkarosserie | |
| | | |
| **Motor** | Reihenmotor | |
| Zylinder | 4 | |
| Bohrung × Hub | 78 × 92 mm | |
| Hubraum | 1758 ccm | |
| Leistung | 60 PS bei 4200 U/min | |
| Verdichtung | 1 : 6,35 | |
| max. Drehmoment | 12,8 mkp bei 2100 U/min | |
| Gemischaufbereitung | Solex 32 PBIC | |
| Ventile | hängend | |
| Nockenwelle | ohv | |
| Kurbelwellenlager | 3 | |
| Batterie | 6 V 75 Ah | |
| Lichtmaschine | 130 W | |
| | | |
| **Kraftübertragung** | Hinterradantrieb | Hinterradantrieb |
| Kupplung | Einscheibentrockenkupplung | Einscheibentrockenkupplung |
| Schaltung | Lenkradschaltung | Lenkradschaltung |
| Getriebe | 3 Gänge, II. und III. synchronisiert | 4 Gänge, vollsynchronisiert |
| Übersetzungen | I. 3,015, II. 1,470, III. 1,000 | I. 4,18, II. 2,32, III. 1,47, IV. 1,00 |
| Antriebsübersetzung | 4,28 | 3,88 |
| | | |
| **Fahrwerk** | | |
| Vorderradaufhängung | Querlenker oben, 1 Querfeder unten | |
| Hinterradaufhängung | Pendelachse mit Schublenkern, 1 Querfeder | |
| Bremsanlage | Trommelbremsen vorn und hinten | |
| Felgen | 4$^1/_2$ K × 15 (Sport-Cabriolet: 4 J × 15) | |
| Reifen | 6,40 – 15 bzw. 5,90 – 15 | |
| Lenkung | Schneckenlenkung | |
| | | |
| **Weitere Daten** | | |
| Abmessungen (L × B × H) | 4450 × 1620 × 1600 mm | 4165 × 1630 × 1380 mm |
| Radstand | 2600 mm | 2400 mm |
| Spurweite vorn/hinten | 1250/1300 mm | 1250/1300 mm |
| Wendekreis | 11 m | 10 m |
| Leergewicht | 1270 kg | 1175 kg |
| Zuläss. Gesamtgewicht | 1570 kg | 1435 kg |
| Höchstgeschwindigkeit | 135 km/h | 147 km/h |
| Beschleunigung 0 – 100 km/h | 24 sec | nicht bekannt |
| Verbrauch auf 100 km | 10 Liter Normal | 10 Liter Normal |
| Tankinhalt | 40 Liter | 40 Liter |
| Ölwanneninhalt | 4 Liter | 4 Liter |
| Kühlsystem | 7 Liter | 7 Liter |

|  | Borgward Isabella Cabriolet 1955–1957 | Borgward Isabella TS Cabriolet 1955–1957 | Borgward Isabella TS Cabriolet 1958–1961 |
|---|---|---|---|
| **Karosserie** | | Selbsttragende Ganzstahlkarosserie | |
| **Motor** | | Reihenmotor | |
| Zylinder | | 4 | |
| Bohrung × Hub | | 75 × 84,5 mm | |
| Hubraum | | 1493 ccm | |
| Leistung | 60 PS bei 4700 U/min | 75 PS bei 5200 U/min | |
| Verdichtung | 1 : 6,8 | 1 : 8,2 | |
| max. Drehmoment | 11 mkp bei 2400 U/min | 11,7 mkp bei 3000 U/min | |
| Gemischaufbereitung | Solex 32 PJCB | Solex 32 PAJTA | |
| Ventile | | hängend | |
| Nockenwelle | | ohv | |
| Kurbelwellenlager | | 3 | |
| Batterie | | 6 V 84 Ah | |
| Lichtmaschine | | 130 (ab 1957: 160) W | |
| **Kraftübertragung** | | Hinterradantrieb | |
| Kupplung | | Einscheibentrockenkupplung | |
| Schaltung | | Lenkradschaltung | |
| Getriebe | | 4 Gänge, vollsynchronisiert | |
| Übersetzungen | | I. 3,86, II. 2,15, III. 1,36, IV. 1,00 | |
| Antriebsübersetzung | | 3,90 | |
| **Fahrwerk** | | | |
| Vorderradaufhängung | | Doppelte Querlenker mit Schraubenfedern, Stabilisator | |
| Hinterradaufhängung | | Pendelachse mit Schubstreben und Schraubenfedern | |
| Bremsanlage | | Trommelbremsen vorn und hinten | |
| Felgen | | 4$^1/_2$ K × 13 | |
| Reifen | | 5,90–13 | |
| Lenkung | | Schneckenlenkung | |
| **Weitere Daten** | | | |
| Abmessungen (L × B × H) | 4390 × 1705 × 1480 mm | 4390 × 1705 × 1480 mm | 4400 × 1760 × 1500 mm |
| Radstand | 2600 mm | 2600 mm | 2600 mm |
| Spurweite vorn/hinten | 1336/1360 mm | 1336/1360 mm | 1346/1370 mm |
| Wendekreis | 11 m | 11 m | 11 m |
| Leergewicht | 1060 kg | 1080 kg | 1110 kg |
| Zuläss. Gesamtgewicht | 1395 kg | 1395 kg | 1435 kg |
| Höchstgeschwindigkeit | 130 km/h | 150 km/h | |
| Beschleunigung 0–100 km/h | 25 sec | 19 sec | |
| Verbrauch auf 100 km | 10 Liter Normal | 9,5 Liter Super | |
| Tankinhalt | 40 Liter | 40 (ab 1958: 46) Liter | |
| Ölwanneninhalt | 4,4 Liter | 4,4 Liter | |
| Kühlsystem | 7 Liter | 7 Liter | |

48

Borgward Isabella TS Cabriolet (Karosserie Deutsch) 1958–1961

Borgward Isabella Coupé-Cabriolet (Karosserie Deutsch) 1957

Entwurf eines
zweisitzigen Cabriolets
auf Basis des Hansa 1800
(Zeichnung: Helmut
Auschra, 1953)

Entwurf für den ›LB 2000‹
( = Leichter Borgward), ein Cabriolet auf dem
Fahrgestell und mit dem 2,5-Liter-Boxermotor des
legendären ›Traumwagens‹, der 1956 auf einer Probefahrt
in Bremen verunglückte (Zeichnung: Helmut Auschra, 1954).

Mit diesem Wagen nahm der Borgward-Werksfahrer Karl Günter Bechem an mehreren Rennen teil. Es handelte sich um das Fahrgestell des Borgward-Rennsportwagens, auf das man eine von Chefkonstrukteur Erich Übelacker entworfene Kunststoffkarosserie montiert hatte. Angetrieben wurde er von einem 110 PS starken Einspritzmotor. Das 1954 gebaute Fahrzeug verbrannte zwei Jahre später nach einem Unfall auf dem Nürburgring.

| | |
|---|---|
| **Karosserie** | Leichtmetallkarosserie |
| | |
| **Motor** | Reihenmotor |
| Zylinder | 4 |
| Bohrung × Hub | 80 × 74 mm |
| Hubraum | 1488 ccm |
| Leistung | 154 PS bei 7500 U/min |
| Verdichtung | 1 : 10,2 |
| max. Drehmoment | 14,7 mkp bei 6500 U/min |
| Gemischaufbereitung | Bosch-Einspritzpumpe |
| Ventile | 16 Ventile, hängend |
| Nockenwelle | 2 ohc |
| Kurbelwellenlager | 5 |
| Batterie | 12 V |
| Lichtmaschine | nicht bekannt |
| | |
| **Kraftübertragung** | Hinterradantrieb |
| Kupplung | Zweischeibentrockenkupplung |
| Schaltung | Knüppelschaltung |
| Getriebe | 5 Gänge, II.–V. synchronisiert |
| Übersetzungen | nicht bekannt |
| Antriebsübersetzung | 3,75, 4,28, 6,00 u. a. |
| | |
| **Fahrwerk** | |
| Vorderradaufhängung | Doppelte Querlenker mit Schraubenfedern, Stabilisator |
| Hinterradaufhängung | De-Dion-Achse mit Längslenkern und Dreieckstrebe, Schraubenfedern |
| Bremsanlage | Trommelbremsen vorn und hinten, Zweikreis-System |
| Felgen | nicht bekannt |
| Reifen | vorn: 5,00 – 16     hinten: 5,90 – 15 |
| Lenkung | Gemmerlenkung |
| | |
| **Weitere Daten** | |
| Abmessungen (L × B × H) | 3665 × 1445 × 950 mm |
| Radstand | 2200 mm |
| Spurweite vorn/hinten | 1250 / 1250 mm |
| Wendekreis | nicht bekannt |
| Leergewicht | 630 kg |
| Zuläss. Gesamtgewicht | – |
| Höchstgeschwindigkeit | je nach Antriebsübersetzung bis max. 260 km/h |
| Beschleunigung 0 – 100 km/h | nicht bekannt |
| Verbrauch auf 100 km | je nach Antriebsübersetzung 20 – 30 Liter Super |
| Tankinhalt | nicht bekannt |
| Ölwanneninhalt | 10 Liter (Trockensumpf) |
| Kühlsystem | Wasserkühlung (Menge nicht bekannt) |

Zur Gewichtserleichterung hatte man den Rohrrahmen des Borgward Hansa RS von 1952 mit mehr als 2000 Löchern versehen.

Ob bei der Carrera Panamericana oder beim Flugplatzrennen in Wien-Aspern (am Steuer Fritz Jüttner) – zwischen 1954 und 1958 machte der Borgward RS der Konkurrenz mehr als einmal das Siegen schwer.

Das Rucksack-Heck des letzten Borgward RS war von Prof. Henrich Focke entwickelt worden. Die Karosserie bestand aus Elektron. 1979 setzte ihn sein damaliger Besitzer, Karl E. Ludvigsen, bei einem Oldtimer-Rennen in Watkins Glen/USA ein, wo dieses Foto entstand.

| | Goliath GP 700 Cabriolet<br>1951–1952<br>Goliath GP 700 Cabrio-Limousine<br>1951–1955 | Goliath GP 700 E<br>Cabrio-Limousine<br>1953–1955 |
|---|---|---|
| **Karosserie** | Ganzstahlkarosserie | |
| **Motor** | Zweitakt-Reihenmotor | |
| Zylinder | 2 | 2 |
| Bohrung × Hub | 74 × 80 mm | 74 × 80 mm |
| Hubraum | 688 ccm | 688 ccm |
| Leistung | 24 PS bei 4000 U/min | 29 PS bei 4000 U/min |
| Verdichtung | 1 : 6,4 | 1 : 7,6 |
| max. Drehmoment | 5,2 mkp bei 2750 U/min | 5,9 mkp bei 2400 U/min |
| Gemischaufbereitung | Solex 30 BFLH | Bosch-Einspritzpumpe |
| Ventile | – | – |
| Nockenwelle | – | – |
| Kurbelwellenlager | 3 | 3 |
| Batterie | 6 V 75 Ah | 6 V 84 Ah |
| Lichtmaschine | 130 W | 130 W |
| **Kraftübertragung** | Frontantrieb | Frontantrieb |
| Kupplung | Einscheibentrockenkupplung | Einscheibentrockenkupplung |
| Schaltung | Krückstockschaltung | Krückstockschaltung |
| Getriebe | 4 Gänge, unsynchronisiert | 4 Gänge, vollsynchronisiert |
| Übersetzungen | I. 3,33, II. 1,74, III. 1,12, IV. 0,83 | I. 3,28, II. 1,86, III. 1,22, IV. 0,82 |
| Antriebsübersetzung | 6,17 | 6,17 |
| **Fahrwerk** | | |
| Vorderradaufhängung | 2 Querfedern | |
| Hinterradaufhängung | Starrachse mit Halbfedern | |
| Bremsanlage | Trommelbremsen vorn und hinten | |
| Felgen | 3,25 D × 16 (ab 1954: 4 J × 15) | |
| Reifen | 5,00 – 16 (ab 1954: 5,60 – 15) | |
| Lenkung | Zahnstangenlenkung | |
| **Weitere Daten** | | |
| Abmessungen (L × B × H) | 4115 × 1580 × 1420 (Cabriolet: 4080 × 1500 × 1460) mm | |
| Radstand | 2300 mm | |
| Spurweite vorn/hinten | 1250/1250 mm | |
| Wendekreis | 11 m | |
| Leergewicht | 920 (Cabriolet: 925) kg | |
| Zuläss. Gesamtgewicht | 1315 (Cabriolet: 1320) kg | |
| Höchstgeschwindigkeit | 100 km/h | 110 km/h |
| Beschleunigung 0 – 100 km/h | nicht bekannt | 60 sec |
| Verbrauch auf 100 km | 8,5 Liter Gemisch | 7,5 Liter Gemisch |
| Tankinhalt | 30 Liter | 30 Liter |
| Ölwanneninhalt | – | – |
| Kühlsystem | 9 Liter | 9 Liter |

53

Goliath GP 700 Luxus-Cabriolet (mit serienmäßiger Lederausstattung) 1951

Goliath GP 900 E Cabrio-Limousine 1957

Die Reutlinger Karosseriefirma Herbert Wiesenfarth baute ab 1958 dieses Hansa 1100-Cabriolet

Ein Einzelstück blieb dieses 1951 bei der Berliner Karosseriefirma Heinrich Buhne gebaute GP 700-Cabriolet

54

|  | **Goliath 1100**<br>**Cabrio-Limousine**<br>**1957–1958** | **Hansa 1100**<br>**Cabrio-Limousine**<br>**1958–1959** |
| --- | --- | --- |
| **Karosserie** | Ganzstahlkarosserie | |
| **Motor** | Boxermotor | |
| Zylinder | 4 | |
| Bohrung × Hub | 74 × 64 mm | |
| Hubraum | 1093 ccm | |
| Leistung | 40 PS bei 4250 U/min | |
| Verdichtung | 1:7,3 | |
| max. Drehmoment | 8 mkp bei 2750 U/min | |
| Gemischaufbereitung | Goliath: Solex 32 PICB    Hansa: Solex 28 PCI | |
| Ventile | hängend | |
| Nockenwelle | ohv | |
| Kurbelwellenlager | 3 | |
| Batterie | 6 V 84 Ah | |
| Lichtmaschine | 160 W | |
| **Kraftübertragung** | Frontantrieb | |
| Kupplung | Einscheibentrockenkupplung | |
| Schaltung | Krückstockschaltung | |
| Getriebe | 4 Gänge, vollsynchronisiert | |
| Übersetzungen | I. 4,00, II. 2,30, III. 1,40, IV. 0,87 | |
| Antriebsübersetzung | 4,714 | |
| **Fahrwerk** | | |
| Vorderradaufhängung | 1 Querfeder oben, Querlenker unten | |
| Hinterradaufhängung | Starrachse mit Halbfedern | |
| Bremsanlage | Trommelbremsen vorn und hinten | |
| Felgen | 4 J × 13 | |
| Reifen | 5,60 – 13 | |
| Lenkung | Zahnstangenlenkung | |
| **Weitere Daten** | | |
| Abmessungen (L × B × H) | Goliath: 4020 × 1630 × 1450 mm    Hansa: 4090 × 1630 × 1450 mm | |
| Radstand | 2270 mm | |
| Spurweite vorn/hinten | 1290/1250 mm | |
| Wendekreis | 10,7 m | |
| Leergewicht | 900 kg | |
| Zuläss. Gesamtgewicht | 1225 kg | |
| Höchstgeschwindigkeit | 125 km/h | |
| Beschleunigung 0–100 km/h | 26 sec | |
| Verbrauch auf 100 km | 10 Liter Normal | |
| Tankinhalt | 45 Liter | |
| Ölwanneninhalt | 3 Liter | |
| Kühlsystem | 8 Liter | |

| | Goliath Jagdwagen | |
|---|---|---|
| | **Typ 31**<br>**1954 – 1956** | **Typ 34**<br>**1957 – 1960** |
| **Karosserie** | Ganzstahlkarosserie | Ganzstahlkarosserie |
| **Motor** | Zweitakt-Reihenmotor | Boxermotor |
| Zylinder | 2 | 4 |
| Bohrung × Hub | 84 × 80 mm | 74 × 64 mm |
| Hubraum | 886 ccm | 1093 ccm |
| Leistung | 40 PS bei 4000 U/min | 50 PS bei 4000 U/min |
| Verdichtung | 1 : 7,7 | 1 : 7,9 |
| max. Drehmoment | 7,5 mkp bei 2750 U/min | 8,1 mkp bei 4000 U/min |
| Gemischaufbereitung | Bosch-Einspritzpumpe | Zenith 32 NDIX |
| Ventile | – | hängend |
| Nockenwelle | – | ohv |
| Kurbelwellenlager | 3 | 3 |
| Batterie | 12 V 45 Ah | 12 V 45 Ah |
| Lichtmaschine | 160 W | 160 W |
| **Kraftübertragung** | Allradantrieb (Heckantrieb abschaltbar) | permanenter Allradantrieb |
| Kupplung | Einscheibentrockenkupplung | Einscheibentrockenkupplung |
| Schaltung | Knüppelschaltung | Knüppelschaltung |
| Getriebe | 5 Gänge, vollsynchronisiert | 4 Gänge, vollsynchronisiert, mit zuschaltbarem Vorgelege |
| Übersetzungen | I. 7,40, II. 4,45, III. 2,75, IV. 1,73, V. 1,07 | I. 4,90, II. 2,72, III. 1,50, IV. 0,97<br>(mit Vorgelege: I. 6,848, II. 3,290, III. 2,200, IV. 1,350) |
| Antriebsübersetzung | 5,833 | 6,33 |
| **Fahrwerk** | | |
| Vorderradaufhängung | Einzelradaufhängung, unten Querlenker, oben Querfeder | |
| Hinterradaufhängung | Starrachse mit Halbfedern | |
| Bremsanlage | Trommelbremsen vorn und hinten | |
| Felgen | 5,00 F × 16 | |
| Reifen | 6,00 – 16 | |
| Lenkung | Zahnstangenlenkung | |
| **Weitere Daten** | | |
| Abmessungen (L × B × H) | 3780 × 1600 × 1780 mm | 3735 × 1580 × 1680 mm |
| Radstand | 2150 mm | 2150 mm |
| Spurweite vorn/hinten | 1320/1320 mm | 1320/1320 mm |
| Wendekreis | 10,8 m | 10,8 m |
| Leergewicht | 1150 kg | 1150 kg |
| Zuläss. Gesamtgewicht | 1600 kg | 1600 kg |
| Höchstgeschwindigkeit | 90 km/h | 95 km/h |
| Beschleunigung 0 – 100 km/h | – | – |
| Verbrauch auf 100 km | 13 Liter Gemisch | 12 Liter Super |
| Tankinhalt | 45 Liter | 45 Liter |
| Ölwanneninhalt | – | 3 Liter |
| Kühlsystem | 8,5 Liter | 10 Liter |

1954 entstand dieser
Prototyp eines Go-
liath-Geländewagens

Goliath-Jagdwagen
0,25 t gl (Typ 31)
1954–1956

|  | Lloyd LC 400<br>Cabrio-Limousine<br>1955–1957 | Lloyd LC 600<br>Cabrio-Limousine<br>1955–1957 |
|---|---|---|
| **Karosserie** | Ganzstahlkarosserie in Schalenbauweise | |
| **Motor** | Zweitakt-Reihenmotor | Viertakt-Reihenmotor |
| Zylinder | 2 | 2 |
| Bohrung × Hub | 62 × 64 mm | 77 × 64 mm |
| Hubraum | 386 ccm | 596 ccm |
| Leistung | 13 PS bei 3750 U/min | 19 PS bei 4500 U/min |
| Verdichtung | 1 : 6,85 | 1 : 6,6 |
| max. Drehmoment | 2,9 mkp bei 2750 U/min | 3,9 mkp bei 2500 U/min |
| Gemischaufbereitung | Solex 30 BFRH | Solex 28 VFIS |
| Ventile | – | hängend |
| Nockenwelle | – | ohc |
| Kurbelwellenlager | 3 | 3 |
| Batterie | 6 V 50 Ah | 6 V 50 Ah |
| Lichtmaschine | 90 W | 130 W |
| **Kraftübertragung** | Frontantrieb | |
| Kupplung | Einscheibentrockenkupplung | |
| Schaltung | Krückstockschaltung | |
| Getriebe | 3 Gänge, unsynchronisiert | |
| Übersetzungen | I. 4,58, II. 2,19, III. 1,31 | |
| Antriebsübersetzung | LC 400: 4,87     LC 600: 4,18 | |
| **Fahrwerk** | | |
| Vorderradaufhängung | 2 Querfedern | |
| Hinterradaufhängung | Pendelachse mit Halbfedern | |
| Bremsanlage | Trommelbremsen vorn und hinten | |
| Felgen | 2,50 C × 15 | |
| Reifen | 4,25 – 15 | |
| Lenkung | Zahnstangenlenkung | |
| **Weitere Daten** | | |
| Abmessungen (L × B × H) | 3355 × 1410 × 1400 mm | |
| Radstand | 2000 mm | |
| Spurweite vorn/hinten | 1050/1100 mm | |
| Wendekreis | 11 m | |
| Leergewicht | 510 kg | 540 kg |
| Zuläss. Gesamtgewicht | 820 kg | 850 kg |
| Höchstgeschwindigkeit | 75 km/h | 100 km/h |
| Beschleunigung 0 – 100 km/h | – | 60 sec |
| Verbrauch auf 100 km | 6 Liter Gemisch | 7 Liter Normal |
| Tankinhalt | 25 Liter | 25 Liter |
| Ölwanneninhalt | – | 1,8 Liter |
| Kühlsystem | Luftkühlung | Luftkühlung |

Lloyd LC 600 Cabrio-Limousine
1955–1957

Dieses zweisitzige Cabriolet auf Basis
des Lloyd LP 600 war eine Sonderanfertigung für einen der Borgward-Söhne.

Eigenbau eines hessischen Bastlers:
Lloyd Arabella Cabriolet

## Champion/Maico

Der Urahn des Champion entstand bereits im ersten Nachkriegsjahr bei der renommierten Getriebefabrik ZF in Friedrichshafen. Der 1946 von Oberingenieur Albert Maier konstruierte winzige Roadster besaß vier Motorradräder und im Heck einen 200 ccm-Zweitakter von Triumph. Für den Eigenbedarf von ZF wurden fünf Exemplare gebaut. Im Januar 1949 erwarb der frühere BMW-Versuchsingenieur Hermann Holbein von ZF die Lizenz zum Nachbau des Champion.
Nach einigen Vorserienwagen lief im März 1950 in Herrlingen bei Ulm die Serienproduktion des Typs 250 an. Im November desselben Jahres gründete Holbein gemeinsam mit der Bielefelder Stahlfirma Benteler die Champion Automobilwerke GmbH und siedelte nach Paderborn über.
Noch vier Monate lang wurde dort der Roadster weitergebaut, dann bereitete man den Start der Cabrio-Limousine Champion 400 vor. Erste Entwürfe waren bereits 1949 bei den Karosseriewerken Weinsberg entstanden. Die Produktion begann im Mai 1951. Die Karosserien kamen allerdings nicht aus Weinsberg, sondern von Drauz in Heilbronn. Querelen mit seinen Partnern führten dazu, daß sich Holbein im Sommer 1952 aus dem Unternehmen zurückzog und anschließend im Auftrag der Deutschen Fiat AG in Heilbronn maßgeblich an der Entwicklung des Topolino-Nachfolgers beteiligt war. Die Produktion des Champion lief im September 1952 aus, nachdem zuletzt ein Verlust von rund DM 400 pro Wagen entstanden war.
Diese Tatsache konnte freilich den größten deutschen Champion-Händler Hennhöfer & Co. in Ludwigshafen/Rhein nicht schrecken. Voller Optimismus gründete er die Rheinische Automobilfabrik Hennhöfer & Co. OHG, kaufte die Produktionsanlagen in Paderborn und begann im Dezember 1952 mit dem Bau einer neuen Vorserie. Im April 1953 lief dann die Serienproduktion an. Als Antriebsaggregat diente jetzt ein Heinkel-Motor. Obwohl der Champion zu diesem Zeitpunkt ein recht passabler Kleinwagen war, kam man bei weitem nicht auf die erhofften Stückzahlen. Der Trend ging eindeutig in Richtung Viersitzer. Schon im November 1953 mußte die Rheinische Automobilfabrik ihre Tore schließen.
Der nächste Wiederbelebungsversuch fand im Sommer 1954 statt. Der Däne Henning Thorndal ließ die Produktion wieder anlaufen und senkte den Preis. Dennoch war der Champion kaum billiger als ein VW Standard und noch teurer als der Lloyd LP 400 S. Im November standen in Ludwigshafen die Bänder abermals still.
Nun traten die Pfäffinger Maico-Werke auf den Plan. Im Juni 1955 übernahmen sie für rund DM 300 000 sämtliche Montageeinrichtungen, Werkzeuge und Lagervorräte. Die zweisitzige Cabrio-Limousine trug jetzt die Typenbezeichnung Maico MC 400/H. Auf der IAA 1955 präsentierte man zusätzlich eine viersitzige Limousine, die bis August 1958 gebaut wurde. Auf deren Chassis baute 1957 die Schweizer Karosseriefirma Beutler in Thun vier Roadster mit Kunststoffkarosserie. Dieser Maico 500 Sport ging jedoch nicht mehr in Serie. Im Frühjahr 1958 mußte Maico Konkurs anmelden, überlebte aber als Motorradhersteller.

### Champion 250 / 250 S (1948 – 1951)

Zweisitziger Roadster mit Motorradrädern und gebläsegekühltem Triumph-Motor im Heck. Nach einigen Prototypen wurden von März 1950 bis März 1951 insgesamt 267 Stück gebaut. Der Preis betrug DM 2650,– für die 6-PS-Ausführung und DM 2750,– für das 10 PS starke Modell 250 S, das von einem Triumph-Doppelkolbenmotor angetrieben wurde.

### Champion 400 / Champion 400 H / Maico MC 400/H (1951 – 1956)

Zweisitzige Cabrio-Limousine (Karosserie Drauz) mit relativ guter Ausstattung und annehmbaren Fahrleistungen. Als Antriebsaggregate dienten Motoren von Ilo (bis 1953), später von Heinkel. Trotz solider Konstruktion und relativ guter Verarbeitung kam der 400er vor allem wegen des vergleichsweise hohen Preises nicht auf kostendeckende Stückzahlen. Von Februar 1951 bis Juni 1956 wurden in Paderborn, Ludwigshafen und Pfäffingen insgesamt 5247 Einheiten gebaut. Die Preise lagen zwischen DM 3750,– und 3995,–.

Champion 250 Roadster, 1948 – 1951

|  | **Champion 250/250 S**<br>**Roadster**<br>**1948–1951** | **Champion 400**<br>**Cabrio-Limousine**<br>**1951–1952** |
| --- | --- | --- |
| **Karosserie** | Ganzstahlkarosserie | Ganzstahlkarosserie |
| **Motor** | Zweitaktmotor (Triumph) | Zweitakt-Reihenmotor (Ilo) |
| Zylinder | 1 (250 S: Doppelkolben) | 2 |
| Bohrung × Hub | 66 × 70 (250 S: 60 × 55) mm | 61 × 68 mm |
| Hubraum | 248 (250 S: 300) ccm | 398 ccm |
| Leistung | 6 PS bei 4700  (250 S: 10 PS bei 4200) U/min | 14 PS bei 4000 U/min |
| Verdichtung | 1 : 6,1 (250 S: 6,3) | 1 : 6,85 |
| max. Drehmoment | 1,2 mkp bei 4200 bzw. 1,8 mkp bei 3600 U/min | 3,2 mkp bei 2000 U/min |
| Gemischaufbereitung | Bing | Solex 26 VFIS |
| Ventile | – | – |
| Nockenwelle | – | – |
| Kurbelwellenlager | 2 | 3 |
| Batterie | 6 V 18 Ah | 6 V 50 Ah |
| Lichtmaschine | 90 W | 110 W |
| **Kraftübertragung** | Heckantrieb | Heckantrieb |
| Kupplung | Einscheibentrockenkupplung | Einscheibentrockenkupplung |
| Schaltung | Knüppelschaltung | Knüppelschaltung |
| Getriebe | 3 Gänge, unsynchronisiert | 3 Gänge, unsynchronisiert |
| Übersetzungen | I. 2,90, II. 2,20, III. 1,15 | I. 3,90, II. 2,13, III. 1,30 |
| Antriebsübersetzung | 2,85 | 3,88 |
| **Fahrwerk** |  |  |
| Vorderradaufhängung | vorn und hinten gezogene Längsschwingarme | Doppelte Querlenker |
| Hinterradaufhängung | mit Drehstabfederung | Pendelachse |
| Bremsanlage | Trommelbremsen vorn und hinten | Trommelbremsen vorn und hinten |
| Felgen | nicht bekannt | 2,50 C × 15 |
| Reifen | 3,25 – 16 | 4,25 – 15 |
| Lenkung | Zahnbogenlenkung | Zahnstangenlenkung |
| **Weitere Daten** |  |  |
| Abmessungen (L × B × H) | 2850 × 1360 × 1280 mm | 3180 × 1470 × 1300 mm |
| Radstand | 1800 mm | 1800 mm |
| Spurweite vorn/hinten | 1200/1200 mm | 1200/1150 mm |
| Wendekreis | 7,5 m | 9,5 m |
| Leergewicht | 260 kg | 520 kg |
| Zuläss. Gesamtgewicht | 435 kg | 750 kg |
| Höchstgeschwindigkeit | 65 (250 S: 75) km/h | 90 km/h |
| Beschleunigung 0–100 km/h | – | – |
| Verbrauch auf 100 km | 4 Liter Gemisch | 6 Liter Gemisch |
| Tankinhalt | 8 Liter | 24 Liter |
| Ölwanneninhalt | – | – |
| Kühlsystem | Luftkühlung | 5 Liter |

Oben: Bei der Firma ZF in Friedrichshafen entstanden einige Exemplare dieses Roadsters. – Darunter: Maico MC 400/H, 1955–1956

Champion-Entwurf der
Karosseriewerke
Weinsberg (Zeichnung:
Karl Fischer) 1949

63

| | Champion 400 H/Maico MC 400/H Cabrio-Limousine 1953–1956 | Maico 500 Sport Cabriolet 1957–1958 |
|---|---|---|
| **Karosserie** | Ganzstahlkarosserie | Kunststoffkarosserie (Beutler) |
| **Motor** | Zweitakt-Reihenmotor (Heinkel) | Zweitakt-Reihenmotor (Heinkel) |
| Zylinder | 2 | 2 |
| Bohrung × Hub | 62 × 66 mm | 66 × 66 mm |
| Hubraum | 396 ccm | 452 ccm |
| Leistung | 15 PS bei 4000 U/min | 20 PS bei 4500 U/min |
| Verdichtung | 1 : 7,25 | 1 : 7,2 |
| max. Drehmoment | 3,2 mkp bei 2000 U/min | 3,7 mkp bei 3200 U/min |
| Gemischaufbereitung | Solex 28 JVS | Bing 1/24 |
| Ventile | – | – |
| Nockenwelle | – | – |
| Kurbelwellenlager | 3 | 3 |
| Batterie | 6 V 50 Ah | 12 V 24 Ah |
| Lichtmaschine | 110 W | 130 W |
| **Kraftübertragung** | Heckantrieb | Heckantrieb |
| Kupplung | Einscheibentrockenkupplung | Einscheibentrockenkupplung |
| Schaltung | Knüppelschaltung | Knüppelschaltung |
| Getriebe | 3 Gänge, unsynchronisiert | 4 Gänge, unsynchronisiert |
| Übersetzungen | I. 3,90, II. 2,13, III. 1,30 | I. 2,07, II. 1,15, III. 0,715, IV. 0,484 |
| Antriebsübersetzung | 4,43 | 4,43 |
| **Fahrwerk** | | |
| Vorderradaufhängung | Doppelte Querlenker | Doppelte Querlenker |
| Hinterradaufhängung | Pendelachse | Pendelachse |
| Bremsanlage | Trommelbremsen vorn und hinten | Trommelbremsen vorn und hinten |
| Felgen | 3,00 D × 15 | 3,50 × 12 |
| Reifen | 4,80 – 15 | 5,20 – 12 |
| Lenkung | Zahnstangenlenkung | Schneckenlenkung |
| **Weitere Daten** | | |
| Abmessungen (L × B × H) | 3180 × 1470 × 1300 mm | 3750 × 1520 × 1250 mm |
| Radstand | 1800 mm | 2070 mm |
| Spurweite vorn/hinten | 1200/1150 mm | 1200/1150 mm |
| Wendekreis | 9,5 m | 11 m |
| Leergewicht | 520 kg | 550 kg |
| Zuläss. Gesamtgewicht | 800 kg | 850 kg |
| Höchstgeschwindigkeit | 90 km/h | 110 km/h |
| Beschleunigung 0 – 100 km/h | – | ohne Angabe |
| Verbrauch auf 100 km | 5,5 Liter Gemisch | 5,5 Liter Gemisch |
| Tankinhalt | 24 Liter | 26 Liter |
| Ölwanneninhalt | – | – |
| Kühlsystem | 5 Liter | 3,5 Liter |

64

Oben: Ein Einzelstück blieb dieses 1958 bei Wendler gebaute Maico-Sportcabriolet. Die Karosserie bestand aus Aluminium, die Sitze (Mitte) erinnerten an Campingmöbel.

Die Schweizer Karosseriefabrik Beutler in Thun baute 1957 vier Exemplare des Maico 500 Sport. Eine Serienproduktion kam nicht zustande.

# Daimler-Benz

Der Dreirad-Motorwagen, den Carl Benz (1844–1929) 1885 in Mannheim baute, gilt heute als der Welt erstes Automobil. Unabhängig und fast zeitgleich mit ihm stellte Gottlieb Daimler (1834–1900) in Cannstatt bei Stuttgart seinen ersten Prototyp fertig: eine herkömmliche vierrädrige Kutsche, die statt von Pferden von einem Verbrennungsmotor mit Glührohrzündung angetrieben wurde. Das Ziel von Daimler und Benz war das gleiche. Beide wollten ein Fahrzeug schaffen, das sich mit eigener Kraft fortbewegte. Ihre Konzeption dagegen war unterschiedlich: Während Benz um den in seiner Motorenfabrik gebauten Einzylinder herum ein völlig neues Fahrzeug konstruierte, ging Daimler den umgekehrten Weg und baute den von ihm konstruierten Motor in ein bereits vorhandenes Fahrzeug ein.
Beide Firmen erlebten in den folgenden Jahrzehnten eine stetige Aufwärtsentwicklung. Die technisch fortschrittlicheren Wagen wurden um die Jahrhundertwende unter entscheidender Mitwirkung von Wilhelm Maybach bei Daimler gebaut. Die Bezeichnung ›Mercedes‹ tauchte erstmals 1899 auf, als der französische Daimler-Repräsentant, der Generalkonsul Emil Jellinek aus Nizza, unter dem Pseudonym ›Monsieur Mercedes‹ mit Daimler-Wagen erfolgreich an Rennen teilnahm. Auf den spanischen Mädchennamen Mercedes war auch seine 1889 geborene Tochter getauft worden. Ab 1900 verkaufte Jellinek die Daimler-Wagen unter der Bezeichnung Mercedes, zwei Jahre später ließ er sie sich als Markennamen schützen.
Im Jahr 1924 gründeten die Daimler-Motoren-Gesellschaft AG und die Benz & Cie. Rheinische Automobil- und Motorenfabrik AG eine Interessengemeinschaft. Am 29. Juni 1926 fusionierten beide Unternehmen zur Daimler-Benz AG mit Sitz in Berlin. Ihre Produktion trugen künftig die einheitliche Markenbezeichnung Mercedes-Benz.
Von 1926 an begann die Blütezeit der Hochleistungs- und Kompressor-Sportwagen (SSK und SSKL), eine Epoche, die ihren Höhe- und Schlußpunkt in den letzten Jahren vor Kriegsausbruch erlebte. Unvergessen bleiben der Grand Prix-Rennwagen W 125 mit 646 PS und der 736 PS starke Zwölfzylinder-Weltrekordwagen, mit dem Rudolf Caracciola 1938 auf der Autobahn Frankfurt – Darmstadt mit 432,7 km/h einen noch heute gültigen internationalen Klassenrekord fuhr. Wahre Dinosaurier waren auch die sogenannten ›Großen Mercedes‹ mit 7,7 Litern Hubraum und Kompressor, die bis 1943 als Dienstwagen für die obersten Nazigrößen in geringer Stückzahl gebaut wurden. Hitler, Göring und Himmler bevorzugten bei ihren Propagandaauftritten den siebensitzigen offenen Tourenwagen mit gepanzerter Karosserie. Der Reihenachtzylinder mit zwei Roots-Gebläsen und rund 400 PS verhalf dem fast 5 Tonnen schweren Monstrum zu immerhin 180 km/h Spitze.
Wesentlich weniger spektakulär präsentierten sich auf der Berliner Automobil-Ausstellung von 1936 der 260 D als erster Personenwagen mit Dieselmotor und der 170 V, der in den Nachkriegsjahren fast unverändert weitergebaut wurde. Im Verlauf des Krieges wurden die Werke Untertürkheim und Sindelfingen, wo inzwi-

66

schen Lastwagen und Flugzeugmotoren gebaut wurden, ebenso wie die übrigen Daimler-Benz-Werke schwer beschädigt.

Als erster Personenwagen lief 1947 wieder der 170 V vom Band, den es zwei Jahre später auch als Cabriolet zu kaufen gab. Mit Beginn der fünfziger Jahre knüpfte Daimler-Benz mit zahlreichen offenen Varianten wieder an die ruhmreiche Vorkriegszeit an, in der Cabriolets und Roadster wie Pilze aus dem Boden geschossen waren. Den Typ 230 beispielsweise hatte es nicht nur als zweisitziges und viersitziges Cabriolet sowie zusätzlich als Roadster, sondern auch noch als sechssitzigen offenen Tourenwagen und als Landaulet gegeben. Diese Vielfalt hatte das schwäbische Unternehmen schon Ende der zwanziger Jahre zu einer firmeneigenen Nomenklatur veranlaßt, die bis Anfang der sechziger Jahre beibehalten wurde. Dannach gab es 5 Arten von Mercedes-Benz-Cabriolets:

| | | | |
|---|---|---|---|
| Cabriolet A: | 2 Türen | 2 Fenster | 2 Sitze + 1 Notsitz |
| Cabriolet B: | 2 Türen | 4 Fenster | 4–5 Sitze |
| Cabriolet C: | 2 Türen | 2 Fenster | 2 Sitze + 2 Notsitze |
| Cabriolet D: | 4 Türen | 4 Fenster | 4–5 Sitze |
| Cabriolet F: | 4 Türen | 6 Fenster | 6–7 Sitze |

Auch im Motorsport setzte Daimler-Benz in den fünfziger Jahren seine erfolgreiche Tradition fort. Juan Manuel Fangio wurde 1954 und 1955 mit dem W 196 zweimal hintereinander Weltmeister. 1955 gewann das Werk zusätzlich die Europa-Tourenwagenmeisterschaft und mit dem 300 SLR auch die Markenweltmeisterschaft der Konstrukteure.

Zu den technischen Meilensteinen gehörten die serienmäßige Benzineinspritzung beim 300 SL und vor allem zahlreiche Sicherheitsdetails, die entweder selbst von Daimler-Benz entwickelt oder zumindest in die Serie übernommen wurden, so das bereits 1949 eingeführte Sicherheitstürschloß, die zehn Jahre später präsentierte Sicherheitskarosserie mit vorderer und hinterer Knautschzone, das Sicherheitslenkrad mit gepolstertem Pralltopf oder das ABS-Bremssystem, um nur einige Beispiele zu nennen. Trotz dieses beispielhaften Sicherheitsdenkens bewies man in Untertürkheim Augenmaß und produzierte selbst dann noch unverdrossen Roadster ohne Überrollbügel, als alle Welt schon vom bevorstehenden Exitus offener Autos orakelte.

Die Firmenphilosophie, technisch hochwertige, leistungsfähige und erstklassig verarbeitete Automoile anzubieten, deren Karosserien nie modisch, aber immer elegant und dezent wirken, hat sich über Jahrzehnte hinweg bewährt. Daimler-Benz, die älteste Automobilfabrik der Welt und mit 148 000 Mitarbeitern (1981) eines der größten deutschen Industrieunternehmen, verzeichnet selbst in den vom anhaltenden Konjunkturtief geprägten achtziger Jahren noch steigende Umsätze und Erträge. In den elf deutschen Werken (Untertürkheim, Sindelfingen, Mannheim, Gaggenau, Berlin-Marienfelde, Bad Homburg, Düsseldorf, Wörth, Bremen, Hamburg und Kassel) entstehen neben Personenwagen und Nutzfahrzeugen aller Gewichtsklassen auch Schiffs- und Industriemotoren mit dem dreizackigen Stern als Markenzeichen.

**Mercedes-Benz 170 V, 170 DA OTP (W 136) (1946–1952)**

Schon 1946 stellte Daimler-Benz wieder die ersten Cabriolets her: Auf dem Fahrgestell des 170 V gab es einen viersitzigen offenen Polizei-Streifenwagen, der
statt der Türen Segeltuchvorhänge besaß. Etwas komfortabler war der ab 1949
gebaute 170 DA OTP (D für Diesel, A für A-Cabriolet, OTP für Offener Tourenwagen Polizei), der vier normale Türen hatte, mit 100 km/h Höchstgeschwindigkeit
zur Verfolgung flüchtiger Bankräuber aber nur bedingt geeignet war. An heißen
Tagen konnte man die vier seitlichen Steckscheiben abnehmen und die Windschutzscheibe umklappen. Der 170 DA OTP wurde bis 1952 gebaut, anfangs ausschließlich für die Polizei, später auch für zivile Kunden. Die genaue Stückzahl
und der Preis sind nicht mehr festzustellen.

**Mercedes-Benz 170 S (W 136) (1949–1951)**

Im offiziellen Verkaufsprogramm erschien als erstes Mercedes-Cabriolet nach
dem Krieg 1949 der Typ 170 S. Sowohl das zweisitzige A-Cabriolet als auch das
viersitzige B-Cabriolet entsprachen stilistisch weitgehend ihren Vorgängermodel-
len aus der Vorkriegszeit. Von Mai 1949 bis November 1951 wurden insgesamt
2453 A- und B-Cabriolets gebaut. Die Preise lagen zwischen DM 15800 und
DM 16100 beim A-Cabriolet und zwischen DM 12500 und DM 12800 beim
B-Cabriolet.

**Mercedes-Benz 220 (W 187) (1951–1955)**

Fahrwerk und Karosserie des auf der IAA 1951 vorgestellten Typs 220 waren bis
auf Scheinwerfer und Rückleuchten identisch mit dem 170 S, neu war dagegen
der Sechszylindermotor. Das B-Cabriolet lief von Juli 1951 bis Mai 1954 vom
Band, das A-Cabriolet bis August 1955. (In geringer Stückzahl gab es ab Mai 1954
auch ein zweisitziges Coupé.) Die exakten Produktionszahlen sind nicht mehr
aufzuschlüsseln. Die Gesamtzahl aller 220-Cabriolets und -Coupés betrug 2360
Stück. Preise: A-Cabriolet DM 18300 bis 21500, B-Cabriolet DM 14600 bis 15150.

**Mercedes-Benz 300 (W 186 / W 189) (1951–1962)**

Der Typ 300 war die erste echte Neukonstruktion von Daimler-Benz nach dem
Krieg. Das damalige Untertürkheimer Flaggschiff war viele Jahre lang das Stan-
dardfahrzeug hoher Regierungsbeamter und erfolgreicher Unternehmer. Vom
D-Cabriolet (wie auch von der Limousine) gab es vier verschiedene Serien:

300 und 300 b (W 186): Von November 1951 bis Juli 1955 entstanden insgesamt
591 D-Cabriolets. Die Preise betrugen zwischen 22 900 und 24 700 DM.

300 c (W 186): Von September 1955 bis Juni 1956 liefen 51 D-Cabriolets vom Band. Preis: 24 700 DM.

300 d (W 189): Leistungsstärkstes und letztes Modell dieser Baureihe. Von Juli 1958 bis Februar 1962 wurden 65 D-Cabriolets gebaut. Preis: 37 000 DM.

### Mercedes-Benz 300 S (W 188) (1952–1958)

Der 300 S stellte den Höhe- und Schlußpunkt der klassischen A-Cabriolets mit Sturmstangen und langgezogenen Kotflügeln dar. Als einziger Mercedes nach dem Krieg war er nicht nur als Cabriolet, sondern auch als Roadster lieferbar (außerdem als Coupé). Neben dem 300 SL gehört der 300 S heute zu den teuersten Mercedes-Raritäten.

Die genaue Stückzahl ist nicht mehr zu ermitteln. Von Juli 1952 bis April 1958 entstanden insgesamt 760 Coupés, A-Cabriolets und Roadster. Die Preise für alle drei Versionen waren gleich und lagen zwischen DM 34 500 und 36 500.

### 190 SL (W 121), 300 SL (W 198) (1955–1963)

Der 300 SL, von Rudolf Uhlenhaut, dem damaligen Leiter der Pkw-Entwicklung, anfangs der fünfziger Jahre zunächst als Rennsportwagen konzipiert, ist zweifellos der Mercedes-Klassiker schlechthin. Die Buchstaben SL, ursprünglich Abkürzung für ›superleicht‹, sind noch heute das Synonym für sämtliche Mercedes-Roadster. Der 300 SL allerdings war zunächst ausschließlich als Coupé lieferbar, dessen Türen sich nach oben öffneten.

Nachdem der Flügeltüren-SL schon 1952 auf Anhieb mehre internatione Rennen gewann; z. B. die 24 Stunden von Le Mans und die Carrera Panamericana, machte sich der amerikanische Daimler-Benz-Generalvertreter Max Hoffmann in New York für den Verkauf in den USA stark und orderte spontan eine größere Stückzahl. Gleichzeitig regte Hoffmann, der eine untrügliche Spürnase für vierrädrige Bestseller besaß, in Untertürkheim den Bau eines kleineren offenen Sportwagens an. Das Ergebnis war der 190 SL, der im Februar 1954 gemeinsam mit dem 300 SL auf der International Motor Sports Show in New York debütierte.

Während der 300 SL ein echter Wettbewerbswagen war, der je nach Hinterachsübersetzung bis zu 260 km/h lief, eignete sich der 190 SL mit seinem vom Typ 180 abgeleiteten anspruchslosen Triebwerk eher zum Boulevard riding und stand deshalb vor allem bei der Damenwelt (und -halbwelt) in hoher Gunst.

Im Februar 1957 löste der 300 SL Roadster das Flügeltürencoupé ab. In den folgenden sechs Jahren wurden insgesamt 1 858 Exemplare dieses hinreißend schönen und schnellen Wagens gebaut, bevor im Februar 1963 die Produktion auslief. Gleichzeitig ging auch die Ära des seit Januar 1955 gebauten 190 SL zu Ende, von dem 25 881 Exemplare hergestellt worden waren.

Preise:  190 SL   DM 16 500,–
         300 SL   DM 32 500,–

**Mercedes-Benz 220 / 220 S (W 180), 220 SE (W 128) (1955–1960)**

Ein völlig neues Modell brachte Daimler-Benz im September 1955 mit dem A/C-Cabriolet des Typs 220 auf den Markt. Sturmstangen und ausladende Kotflügel suchte man vergebens, die Karosserie war der Pontonform der Limousine angeglichen worden. Vom Vorgängermodell übernommen wurde lediglich der in der Leistung geringfügig gesteigerte Sechszylinder.

Ab Juli 1956 stieg die Motorleistung auf 100, ein Jahr später auf 106 PS. Die Typenbezeichnung lautete jetzt 220 S. Im Oktober 1958 kam das Einspritzer-Modell 220 SE (W 128) mit 115 PS hinzu. Die letzte Serie ab August 1959 erhielt bereits die 120 PS-Maschine des Nachfolgemodells W 111.

Die genaue Cabriolet-Stückzahl der Baureihen W 180 und W 128 ist nicht mehr zu ermitteln. Zwischen Juli 1956 und November 1960 wurden insgesamt 5 371 Coupés und Cabriolets 220 S und 220 SE gebaut. Die Preise lagen zwischen DM 21 500,– und 23 200,–.

**220 SE, 250 SE, 280 SE / 280 SE 3.5 (W 111), 300 SE (W 112) (1960–1971)**

Die zehn Jahre lang gebaute Modellreihe W 111 war durch Cabriolets von zeitloser Schönheit gekennzeichnet. In den großen und geräumigen Wagen (Länge: 4,88 m) fanden 4 bis 5 Personen bequem Platz. Das unaufdringlich elegante Fahrzeug bestach vor allem durch die ruhige, harmonische Linienführung, in den hubraumstärkeren Versionen auch durch die Fahrleistungen. Topmodell dieser Baureihe war das sogenannte Flachkühler-Cabriolet 280 SE 3.5, das ab August 1969 gebaut wurde und dank seines V 8-Motors mühelos die 200 km/h-Marke überwand.

| Produktionsdauer: | 220 SE | September 1960 bis Oktober 1965 |
|---|---|---|
| | 250 SE | August 1965 bis Dezember 1967 |
| | 280 SE | November 1967 bis Mai 1971 |
| | 280 SE 3.5 | August 1969 bis Juli 1971 |
| | 300 SE | Februar 1962 bis Dezember 1967 |

Die genauen Stückzahlen sind nicht mehr zu ermitteln. Insgesamt wurden 35 931 Coupés und Cabriolets der aufgeführten Modellreihen gebaut, davon 1 232 Flachkühler-Cabriolets.

| Preise: | 220 SE | Cabriolet | DM 25 500,– |
|---|---|---|---|
| | 250 SE | Cabriolet | DM 26 350,– bis 26 950,– |
| | 280 SE | Cabriolet | DM 28 500,– bis 32 600,– |
| | 280 SE 3.5 | Cabriolet | DM 30 750,– bis 37 351,– |
| | 300 SE | Cabriolet | DM 34 750,– |

**Mercedes-Benz 230 SL, 250 SL, 280 SL (W 113) (1963–1971)**

Der im März 1963 präsentierte 230 SL trat ein schweres Erbe an. Zwar war er im Gegensatz zum eher verspielten 190 SL ein echter Sportwagen mit durchaus angemessenen Fahrleistungen, konnte aber dem verblichenen 300 SL weder leistungsmäßig noch von der Erscheinung her das Wasser reichen. Die anvisierte Käufergruppe war freilich auch eine andere: Daimler-Benz peilte mit ihm einen breiteren Kundenkreis an, der hinsichtlich seiner finanziellen und fahrerischen Potenz deutlich unterhalb der 300 SL-Zielgruppe lag.
Ökonomisch gesehen ging diese Rechnung zweifellos auf. Der bis Januar 1967 gebaute 230 SL fand immerhin 19931 Käufer, die DM 20600,– zuzüglich DM 1600,– für das pagodenähnliche Hardtop für angemessen hielten. Der Nachfolger 250 SL (DM 22800,–) wurde von November 1966 bis Januar 1968 insgesamt nur 5196 mal gebaut. Vom 280 SL dagegen liefen zwischen November 1967 und März 1971 immerhin 23885 Exemplare vom Band. Preis: DM 24300,–.

**Mercedes-Benz 600 Landaulet (W 100) (1965–1981)**

Der auf der Frankfurter IAA im September 1963 vorgestellte Typ 600 war ein Wagen der Superlative, mit dem Daimler-Benz die ruhmreiche Serie der ›Großen Mercedes‹ – zuletzt verkörpert durch das Vorkriegsmodell 770 – fortsetzte. Prestigemäßig nur noch mit Rolls-Royce oder Bentley vergleichbar, war dieses Monument auf Rädern seinem britischen Pendant in den Disziplinen Leistung, Komfort und Fahrverhalten eindeutig überlegen – und das zu einem vergleichsweise wie ein Discount-Angebot wirkenden Einstandspreis.
Der 600 setzte nicht nur neue Maßstäbe in der automobilen Spitzenklasse, sondern war auch in einer ungewöhnlichen Karosserievariante lieferbar: Als einziges deutsches Automobil nach dem Krieg konnte man ihn als Landaulet bestellen. Ein Landaulet ist gewissermaßen ein Zwitter: halb Limousine, halb Cabriolet. Vor dem Krieg, als die besseren Kreise noch mit Chauffeur reisten, waren Landaulets häufiger anzutreffen. Während jener unterm Blechdach am Volant drehte, genoß sein im Fond sitzender Arbeitgeber das Privileg, bei schönem Wetter mit heruntergeklapptem Stoffverdeck durch die Lande zu rollen.
Das 600er Landaulet, mit 6,24 Metern Länge und an die 3 Tonnen Eigengewicht ein wahres Monster, zierte – und ziert noch heute – so manchen Fuhrpark der Großen dieser Welt. Von 1965 bis 1981 entstanden 59 Exemplare dieses komplett in Handarbeit gefertigten Fahrzeugs. In der offiziellen Preisliste wurde das Landaulet nicht angeführt. Gepanzerte und mit vielerlei Sonderzubehör ausgestattete Wagen kamen mühelos auf einige hunderttausend Mark.

## Mercedes-Benz 350 SL, 450 SL (W 107) (1971–1980)

Als Nachfolger des ziemlich kantigen 280 SL präsentierte Daimler-Benz im Frühjahr 1971 den wieder etwas rundlicheren Roadster 350 SL. Als Antriebsaggregat
diente der 200 PS starke V 8-Motor, der schon seit 1969 auf Wunsch für das
280 SE-Cabriolet (und einige andere Modelle) lieferbar war. Nur wenige Monate
später erschien der 450 SL, der zwar kaum schneller war, dessen Motor aber
dank des bulligen Drehmoments die harmonischere Antriebsquelle darstellte. Daß
diese Charakteristik ganz im Sinne der Kunden war, belegten eindeutig die Verkaufszahlen:
Der 350 SL wurde zwischen April 1971 und März 1980 insgesamt 15 304 mal verkauft, der 450 SL zwischen Juli 1971 und November 1980 dagegen 66 298 mal. Die
Preise lagen zwischen DM 29 970,– und 43 143,– (350 SL) bzw. zwischen
DM 36 630,– und 48 092,– (450 SL).

## Mercedes-Benz 280 SL, 380 SL (W 107), 500 SL (W 500) (ab 1974)

Zu dem bereits seit 1974 angeboten 280 SL mit dem altgedienten Reihensechszy-
linder kamen im Frühjahr 1980 als Nachfolger des 350 SL/450 SL die Modelle
380 SL und 500 SL hinzu, die von einem neu entwickelten Leichtmetall-V 8-Motor
angetrieben werden. Im Vergleich zu dem – nicht zuletzt dank des mechanischen
Fünfganggetriebes – ausgesprochen agilen und zugleich sparsamen 280 SL wirkt
der 380 SL trotz nominell stärkerer Leistung etwas schwerfällig und unharmo-
nisch. In der Beschleunigung ist er ihm sogar unterlegen. Schuld an dieser Dis-
krepanz ist vor allem die beim 380 SL – und auch beim 500 SL – obligatorische
Viergang-Automatik.

Produktionszahlen: 280 SL Juli 1974 bis 31. 12. 1982    15 676 Stück
                   380 SL Febr. 1980 bis 31. 12. 1982    22 743 Stück
                   500 SL April 1980 bis 31. 12. 1982     2 697 Stück

Preise:  280 SL: DM 32 445,– bis 51 472,–   (Ende 1982)
         380 SL: DM 54 014,– bis 61 416,–   (Ende 1982)
         500 SL: DM 61 924,– bis 70 625,–   (Ende 1982)

## Mercedes Benz 230 G, 230 GE, 280 GE, 240 GD, 300 GD (ab 1979)

Die G-Modelle von Daimler-Benz erwarben sich schon bald nach Produktionsauf-
nahme einen ausgezeichneten Ruf. Nach Ansicht vieler Fachleute stellen sie
einen hervorragenden Kompromiß zwischen einem leistungsfähigen Off-Road-
Fahrzeug und einem alltagstauglichen Gebrauchswagen dar. Bis September 1981
wurde die G-Reihe von der Geländefahrzeug-Gesellschaft mbH (GFG) in Graz gebaut, einer gemeinsamen Tochter von Daimler-Benz und Steyr-Daimler-Puch. Seit
Oktober 1981 werden die Fahrzeuge bei Steyr-Daimler-Puch im Lohnauftrag
montiert.

Zunächst gab es nur die offenen Ausführungen der Typen 230 G und 240 GD. Stufenweise kamen weitere Modelle hinzu. Zu den offenen Geländewagen (nur mit kurzem Radstand erhältlich) gesellten sich ein geschlossener viertüriger Stationswagen mit langem Radstand sowie zwei Kastenwagen-Modelle mit kurzem oder langem Radstand. Ferner gab es Prototypen eines offenen Wagens mit vier Türen und langem Radstand. 1983 waren insgesamt 25 verschiedene Varianten lieferbar.

Konstruiert und entwickelt wurden die G-Modelle bei Daimler-Benz. Auch die Antriebsaggregate mit Ausnahme des von Steyr-Daimler-Puch hergestellten Verteilergetriebes stammen aus Untertürkheim. Zur Zusammenarbeit mit dem österreichischen Unternehmen entschloß man sich einmal aus Kapazitätsgründen, zum anderen aber auch, weil Steyr-Daimler-Puch zu den ältesten und renommiertesten Geländewagenherstellern gehört. Die Grazer Firma vertreibt die G-Modelle unter eigenem Namen in Österreich, der Schweiz, Jugoslawien und im Ostblock, während sie in den restlichen Ländern mit dem Mercedes-Stern am Kühlergrill verkauft werden. Bis Ende 1982 konnte Daimler-Benz insgesamt 4910 offene Exemplare der G-Reihe absetzen.

Preise und Produktionsdauer:

| | |
|---|---|
| Mercedes-Benz 230 G  (Mai 1979 bis Mai 1982) | DM 29736,– bis 38962,– |
| Mercedes-Benz 230 GE (ab Juni 1982) | DM 40454,– (Ende 1982) |
| Mercedes-Benz 280 GE (ab November 1979) | DM 36217,– bis 46330,–  (Ende 1982) |
| Mercedes-Benz 240 GD (ab Mai 1979) | DM 31192,– bis 38872,–  (Ende 1982) |
| Mercedes-Benz 300 GD (ab Januar 1980) | DM 32984,– bis 42827,–  (Ende 1982) |

| | |
|---|---|
| **Karosserie** | Ganzstahlkarosserie |
| | |
| **Motor** | Dieselmotor |
| Zylinder | 4 |
| Bohrung × Hub | 75 × 100 mm |
| Hubraum | 1767 ccm |
| Leistung | 40 PS bei 3200 U/min |
| Verdichtung | 1 : 19 |
| max. Drehmoment | 10,3 mkp bei 2000 U/min |
| Gemischaufbereitung | Bosch-Einspritzpumpe |
| Ventile | hängend |
| Nockenwelle | ohv |
| Kurbelwellenlager | 3 |
| Batterie | 6 V 75 Ah (2 Stück) |
| Lichtmaschine | 130 W |
| | |
| **Kraftübertragung** | Hinterradantrieb |
| Kupplung | Einscheibentrockenkupplung |
| Schaltung | Knüppelschaltung |
| Getriebe | 4 Gänge, synchronisiert |
| Übersetzungen | I. 4,025, II. 2,280, III. 1,420, IV. 1,000 |
| Antriebsübersetzung | 4,125 |
| | |
| **Fahrwerk** | |
| Vorderradaufhängung | zwei Querfedern |
| Hinterradaufhängung | Pendelachse und Schraubenfedern |
| Bremsanlage | Trommelbremsen vorn und hinten |
| Felgen | 4,00 E – 16 |
| Reifen | 6,00 – 16 |
| Lenkung | Schneckenlenkung |
| | |
| **Weitere Daten** | |
| Abmessungen (L × B × H) | 4300 × 1630 × 1650 mm |
| Radstand | 2845 mm |
| Spurweite vorn/hinten | 1310/1342 mm |
| Wendekreis | 11,5 m |
| Leergewicht | 1220 kg |
| Zuläss. Gesamtgewicht | 1700 kg |
| Höchstgeschwindigkeit | 100 km/h |
| Beschleunigung 0 – 100 km/h | nicht bekannt |
| Verbrauch auf 100 km | 7,5 Liter Diesel |
| Tankinhalt | 37 Liter |
| Ölwanneninhalt | 4 Liter |
| Kühlsystem | 9 Liter |

Mercedes-Benz 170
DA-OPT, 1946–1952

Mercedes-Benz 170 S
Cabriolet A,
1949–1951

Mercedes-Benz 170S
Cabriolet B,
1949–1951

75

|  | Mercedes-Benz 170 S<br>Cabriolet A<br>1949–1951 | Mercedes-Benz 170 S<br>Cabriolet B<br>1949–1951 |
|---|---|---|
| **Karosserie** | Ganzstahlkarosserie | |
| **Motor** | Reihenmotor | |
| Zylinder | 4 | |
| Bohrung × Hub | 75 × 100 mm | |
| Hubraum | 1767 ccm | |
| Leistung | 52 PS bei 4000 U/min | |
| Verdichtung | 1 : 6,5 | |
| max. Drehmoment | 11,4 mkp bei 1800 U/min | |
| Gemischaufbereitung | Solex 32 PBJ | |
| Ventile | stehend | |
| Nockenwelle | ohv | |
| Kurbelwellenlager | 3 | |
| Batterie | 6 V 75 Ah | |
| Lichtmaschine | 130 W | |
| **Kraftübertragung** | Hinterradantrieb | |
| Kupplung | Einscheibentrockenkupplung | |
| Schaltung | Knüppelschaltung | |
| Getriebe | 4 Gänge, vollsynchronisiert | |
| Übersetzungen | I. 4,025, II. 2,280, III. 1,420, IV. 1,000 | |
| Antriebsübersetzung | 4,375 | |
| **Fahrwerk** | | |
| Vorderradaufhängung | Doppelte Querlenker mit Schraubenfedern, Stabilisator | |
| Hinterradaufhängung | Pendelachse mit doppelten Schraubenfedern | |
| Bremsanlage | Trommelbremsen vorn und hinten | |
| Felgen | 4$^{1}/_{2}$ K × 15 | |
| Reifen | 6,40 – 15 | |
| Lenkung | Schneckenlenkung | |
| **Weitere Daten** | | |
| Abmessungen (L × B × H) | 4510 × 1684 × 1560 mm | 4455 × 1684 × 1610 mm |
| Radstand | 2845 mm | 2845 mm |
| Spurweite vorn/hinten | 1315/1420 mm | 1315/1420 mm |
| Wendekreis | 11 m | 11 m |
| Leergewicht | 1270 kg | 1310 kg |
| Zuläss. Gesamtgewicht | 1530 kg | 1605 kg |
| Höchstgeschwindigkeit | 122 km/h | 122 km/h |
| Beschleunigung 0–100 km/h | 32 sec | 32 sec |
| Verbrauch auf 100 km | 11 Liter Normal | 11,5 Liter Normal |
| Tankinhalt | 47 Liter | 47 Liter |
| Ölwanneninhalt | 4 Liter | 4 Liter |
| Kühlsystem | 10 Liter | 10 Liter |

Mercedes-Benz 220
Cabriolet A,
1951–1955

Unten: Mercedes-
Benz 220 Cabriolet B,
1951–1954

|  | Mercedes-Benz 220<br>Cabriolet A<br>1951 – 1955 | Mercedes-Benz 220<br>Cabriolet B<br>1951 – 1954 |
|---|---|---|
| **Karosserie** | Ganzstahlkarosserie | |
| **Motor** | Reihenmotor | |
| Zylinder | 6 | |
| Bohrung × Hub | 80 × 72,8 mm | |
| Hubraum | 2195 ccm | |
| Leistung | 80 PS bei 4600 U/min | |
| Verdichtung | 1 : 6,5 | |
| max. Drehmoment | 14,5 mkp bei 2500 U/min | |
| Gemischaufbereitung | Solex 30 PAAJ | |
| Ventile | hängend | |
| Nockenwelle | ohc | |
| Kurbelwellenlager | 4 | |
| Batterie | 6 V 84 Ah | |
| Lichtmaschine | 130 W | |
| **Kraftübertragung** | Hinterradantrieb | |
| Kupplung | Einscheibentrockenkupplung | |
| Schaltung | Lenkradschaltung | |
| Getriebe | 4 Gänge, vollsynchronisiert | |
| Übersetzungen | I. 3,68, II. 2,25, III. 1,42, IV. 1,00 | |
| Antriebsübersetzung | 4,44 | |
| **Fahrwerk** | | |
| Vorderradaufhängung | Doppelte Querlenker mit Schraubenfedern, Stabilisator | |
| Hinterradaufhängung | Pendelachse mit doppelten Schraubenfedern | |
| Bremsanlage | Trommelbremsen vorn und hinten | |
| Felgen | 4$^1/_2$ K × 15 | |
| Reifen | 6,40 – 15 | |
| Lenkung | Schneckenlenkung | |
| **Weitere Daten** | | |
| Abmessungen (L × B × H) | 4538 × 1685 × 1560 mm | 4507 × 1685 × 1610 mm |
| Radstand | 2845 mm | 2845 mm |
| Spurweite vorn/hinten | 1315/1435 mm | 1315/1435 mm |
| Wendekreis | 11 m | 11 m |
| Leergewicht | 1440 kg | 1440 kg |
| Zuläss. Gesamtgewicht | 1680 kg | 1785 kg |
| Höchstgeschwindigkeit | 145 km/h | 140 km/h |
| Beschleunigung 0 – 100 km/h | 21 sec | 21 sec |
| Verbrauch auf 100 km | 12 Liter Normal | 12 Liter Normal |
| Tankinhalt | 65 Liter | 65 Liter |
| Ölwanneninhalt | 6 Liter | 6 Liter |
| Kühlsystem | 15,2 Liter | 15,2 Liter |

| | Mercedes-Benz 300<br>Cabriolet D<br>1951–1954 | Mercedes-Benz 300 b<br>Cabriolet D<br>1954–1955 |
|---|---|---|
| **Karosserie** | Ganzstahlkarosserie | |
| **Motor** | Reihenmotor | |
| Zylinder | 6 | |
| Bohrung × Hub | 85 × 88 mm | |
| Hubraum | 2996 ccm | |
| Leistung | 115 PS bei 4600 U/min | 125 PS bei 4500 U/min |
| Verdichtung | 1:6,4 | 1:7,5 |
| max. Drehmoment | 20 mkp bei 2500 U/min | 22,5 mkp bei 2600 U/min |
| Gemischaufbereitung | 2 Solex 40 PBJC | 2 Solex 32 PAJAT |
| Ventile | hängend | hängend |
| Nockenwelle | ohc | ohc |
| Kurbelwellenlager | 7 | 7 |
| Batterie | 12 V 56 Ah | 12 V 70 Ah |
| Lichtmaschine | 150 W | 150 W |
| **Kraftübertragung** | Hinterradantrieb | Hinterradantrieb |
| Kupplung | Einscheibentrockenkupplung | Einscheibentrockenkupplung |
| Schaltung | Lenkradschaltung | Lenkradschaltung |
| Getriebe | 4 Gänge, vollsynchronisiert | 4 Gänge, vollsynchronisiert |
| Übersetzungen | I. 3,68, II. 2,25, III. 1,42, IV. 1,00 | I. 3,44, II. 2,30, III. 1,53, IV. 1,00 |
| Antriebsübersetzung | 4,44 | 4,67 |
| **Fahrwerk** | | |
| Vorderradaufhängung | Doppelte Querlenker mit Schraubenfedern, Stabilisator | |
| Hinterradaufhängung | Pendelachse mit doppelten Schraubenfedern | |
| Bremsanlage | Trommelbremsen vorn und hinten | |
| Felgen | 5 K × 15 (ab 1954: 5$^{1}/_{2}$ K × 15) | |
| Reifen | 7,10–15 Extra (ab 1954: 7,60–15 Extra) | |
| Lenkung | Kugelumlauflenkung | |
| **Weitere Daten** | | |
| Abmessungen (L × B × H) | 4950 × 1838 × 1640 mm | 5055 × 1838 × 1640 mm |
| Radstand | 3050 mm | 3050 mm |
| Spurweite vorn/hinten | 1480/1525 mm | 1480/1525 mm |
| Wendekreis | 12,6 m | 12,6 m |
| Leergewicht | 1820 kg | 1940 kg |
| Zuläss. Gesamtgewicht | 2185 kg | 2360 kg |
| Höchstgeschwindigkeit | 155 km/h | 163 km/h |
| Beschleunigung 0–100 km/h | 18 sec | 17 sec |
| Verbrauch auf 100 km | 16,5 Liter Normal | 16 Liter Super |
| Tankinhalt | 72 Liter | 72 Liter |
| Ölwanneninhalt | 6,5 Liter | 6,5 Liter |
| Kühlsystem | 20 Liter | 21 Liter |

|  | Mercedes-Benz 300 c<br>Cabriolet D<br>1955–1956 | Mercedes-Benz 300 d<br>Cabriolet D<br>1958–1962 |
|---|---|---|
| **Karosserie** | Ganzstahlkarosserie | |
| **Motor** | Reihenmotor | |
| Zylinder | 6 | |
| Bohrung × Hub | 85 × 88 mm | |
| Hubraum | 2996 ccm | |
| Leistung | 125 PS bei 4500 U/min | 160 PS bei 5300 U/min |
| Verdichtung | 1 : 7,5 | 1 : 8,55 |
| max. Drehmoment | 22,5 mkp bei 2600 U/min | 24,2 mkp bei 4200 U/min |
| Gemischaufbereitung | 2 Solex 32 PAJAT | Bosch-Einspritzpumpe |
| Ventile | hängend | hängend |
| Nockenwelle | ohc | ohc |
| Kurbelwellenlager | 7 | 7 |
| Batterie | 12 V 70 Ah | 12 V 70 Ah |
| Lichtmaschine | 150 W | 300 W |
| **Kraftübertragung** | Hinterradantrieb | |
| Kupplung | Einscheibentrockenkupplung | |
| Schaltung | Lenkradschaltung | |
| Getriebe | 4 Gänge, vollsynchronisiert (auf Wunsch Automatik) | |
| Übersetzungen | I. 3,44, II. 2,30, III. 1,53, IV. 1,00 | |
| Antriebsübersetzung | 4,67 | |
| **Fahrwerk** | | |
| Vorderradaufhängung | Doppelte Querlenker mit Schraubenfedern, Stabilisator | |
| Hinterradaufhängung | Eingelenk-Pendelachse mit Schubstreben, doppelte Schraubenfedern | |
| Bremsanlage | Trommelbremsen vorn und hinten, Servohilfe | |
| Felgen | 5¹/₂ K × 15 | |
| Reifen | 7,60 S 15 | |
| Lenkung | Kegelradlenkung (ab Sept. 1958 auf Wunsch mit Servounterstützung) | |
| **Weitere Daten** | | |
| Abmessungen (L × B × H) | 5055 × 1838 × 1600 mm | 5190 × 1860 × 1620 mm |
| Radstand | 3050 mm | 3150 mm |
| Spurweite vorn/hinten | 1480/1525 mm | 1480/1525 mm |
| Wendekreis | 12,6 m | 12,8 m |
| Leergewicht | 1910 kg | 2000 kg |
| Zuläss. Gesamtgewicht | 2360 kg | 2450 kg |
| Höchstgeschwindigkeit | 160 km/h | 170 km/h |
| Beschleunigung 0–100 km/h | 17 sec | 16 sec |
| Verbrauch auf 100 km | 16 Liter Super | 17 Liter Super |
| Tankinhalt | 72 Liter | 72 Liter |
| Ölwanneninhalt | 6,5 Liter | 6,5 Liter |
| Kühlsystem | 21 Liter | 21 Liter |

80

Mercedes-Benz 300 c
Cabriolet D,
1955–1956

Mercedes-Benz 300 S
Roadster, 1952

Mercedes-Benz
300 Sc Roadster, 1955

81

## Mercedes-Benz 300 S Cabriolet A

|  | 1952–1955 | 1955–1958 |
|---|---|---|
| **Karosserie** | Ganzstahlkarosserie | |
| **Motor** | Reihenmotor | |
| Zylinder | 6 | |
| Bohrung × Hub | 85 × 88 mm | |
| Hubraum | 2996 ccm | |
| Leistung | 150 PS bei 5000 U/min | 175 PS bei 5400 U/min |
| Verdichtung | 1 : 7,8 | 1 : 8,55 |
| max. Drehmoment | 23,5 mkp bei 3800 U/min | 26 mkp bei 4300 U/min |
| Gemischaufbereitung | 3 Solex 40 PBJC | Bosch-Einspritzpumpe |
| Ventile | hängend | hängend |
| Nockenwelle | ohc | ohc |
| Kurbelwellenlager | 7 | 7 |
| Batterie | 12 V 56 Ah | 12 V 70 Ah |
| Lichtmaschine | 150 W | 300 W |
| **Kraftübertragung** | Hinterradantrieb | Hinterradantrieb |
| Kupplung | Einscheibentrockenkupplung | Einscheibentrockenkupplung |
| Schaltung | Lenkradschaltung | Lenkradschaltung |
| Getriebe | 4 Gänge, vollsynchronisiert | 4 Gänge, vollsynchronisiert |
| Übersetzungen | I. 3,68, II. 2,25, III. 1,42, IV. 1,00 | I. 3,44, II. 2,30, III. 1,53, IV. 1,00 |
| Antriebsübersetzung | 4,125 | 4,44 |
| **Fahrwerk** | | |
| Vorderradaufhängung | Doppelte Querlenker mit Schraubenfedern, Stabilisator | |
| Hinterradaufhängung | Pendelachse (ab 1955: Eingelenk-Pendelachse) mit doppelten Schraubenfedern | |
| Bremsanlage | Trommelbremsen vorn und hinten (ab 1954 mit Servohilfe) | |
| Felgen | 5 K × 15 | |
| Reifen | 6,70 – 15 extra (ab 1955: 6,50 – 15 extra) | |
| Lenkung | Kugelumlauflenkung | |
| **Weitere Daten** | | |
| Abmessungen (L × B × H) | 4700 × 1860 × 1510 mm | |
| Radstand | 2900 mm | |
| Spurweite vorn/hinten | 1480/1525 mm | |
| Wendekreis | 12,2 m | |
| Leergewicht | 1740 (Roadster: 1700) kg | 1780 kg |
| Zuläss. Gesamtgewicht | 2000 (Roadster: 1960) kg | 2040 kg |
| Höchstgeschwindigkeit | 175 km/h | 180 km/h |
| Beschleunigung 0 – 100 km/h | 15 sec | 14 sec |
| Verbrauch auf 100 km | 17 Liter Super | 17 Liter Super |
| Tankinhalt | 85 Liter | 85 Liter |
| Ölwanneninhalt | 6,5 Liter | 10 Liter (Trockensumpf) |
| Kühlsystem | 19,5 Liter | 20 Liter |

Mercedes-Benz 300 SL
Roadster 1957–1963.
Auch mit Hardtop büßte
der 300 SL nichts von
seiner Faszination ein.

Der Gitterrohrrahmen
des 300 SL-Roadsters
weist auf seine Abstam-
mung vom reinrassigen
Rennsportwagen hin.

83

|  | Mercedes-Benz 190 SL<br>Roadster<br>1955–1963 | Mercedes-Benz 300 SL<br>Roadster<br>1957–1963 |
|---|---|---|
| **Karosserie** | Ganzstahlkarosserie | Leichtbau-Stahlkarosserie |
| **Motor** | Reihenmotor | Reihenmotor |
| Zylinder | 4 | 6 |
| Bohrung × Hub | 85 × 83,6 mm | 85 × 88 mm |
| Hubraum | 1897 ccm | 2996 ccm |
| Leistung | 105 PS bei 5700 U/min | 215 PS bei 5800 U/min |
| Verdichtung | 1 : 8,5 (ab Sept. 1959 : 8,8) | 1 : 8,55 |
| max. Drehmoment | 14,5 mkp bei 3200 U/min | 28 mkp bei 4600 U/min |
| Gemischaufbereitung | 2 Solex 44 PHH | Bosch-Einspritzpumpe |
| Ventile | hängend | hängend |
| Nockenwelle | ohc | ohc |
| Kurbelwellenlager | 3 | 7 |
| Batterie | 12 V 56 Ah | 12 V 56 Ah |
| Lichtmaschine | 160 W | 150 W |
| **Kraftübertragung** | Hinterradantrieb | Hinterradantrieb |
| Kupplung | Einscheibentrockenkupplung | Einscheibentrockenkupplung |
| Schaltung | Knüppelschaltung | Knüppelschaltung |
| Getriebe | 4 Gänge, vollsynchronisiert | 4 Gänge, vollsynchronisiert |
| Übersetzungen | I. 3,52, II. 2,32, III. 1,52, IV. 1,00 | I. 3,34, II. 1,97, III. 1,385, IV. 1,00 |
| Antriebsübersetzung | 3,90 | 3,64 (auch 3,25, 3,42, 3,89 und 4,11) |
| **Fahrwerk** | | |
| Vorderradaufhängung | Doppelte Querlenker<br>mit Schraubenfedern, Stabilisator | Doppelte Querlenker<br>mit Schraubenfedern, Stabilisator |
| Hinterradaufhängung | Eingelenk-Pendelachse mit<br>Schubstreben und Schraubenfedern | Eingelenk-Pendelachse mit<br>Schraubenfedern |
| Bremsanlage | Trommelbremsen vorn und hinten,<br>ab Mai 1956 mit Servo | Trommelbremsen vorn und hinten<br>mit Servo, ab März 1961<br>Scheibenbremsen vorn und hinten |
| Felgen | 5 K × 13 | 5$^1/_2$ K × 15 B |
| Reifen | 6,40 – 13 Sport | 6,50/6,70 – 15 |
| Lenkung | Kugelumlauflenkung | Kugelumlauflenkung |
| **Weitere Daten** | | |
| Abmessungen (L × B × H) | 4220 × 1740 × 1320 mm | 4570 × 1790 × 1300 mm |
| Radstand | 2400 mm | 2400 mm |
| Spurweite vorn/hinten | 1430/1475 mm | 1398/1448 mm |
| Wendekreis | 11 m | 11,4 m |
| Leergewicht | 1160 kg | 1295 kg |
| Zuläss. Gesamtgewicht | 1400 (ab 1961 : 1440) kg | 1515 kg |
| Höchstgeschwindigkeit | 175 km/h | je nach Antriebsübersetzung<br>zwischen 220 und 250 km/h |
| Beschleunigung 0 – 100 km/h | 14,5 sec | 8 – 10 sec |
| Verbrauch auf 100 km | 12,5 Liter Super | 17 Liter Super |
| Tankinhalt | 65 Liter | 130 Liter |
| Ölwanneninhalt | 4 Liter | 15 Liter (Trockensumpf) |
| Kühlsystem | 10 Liter | 15,5 Liter |

84

9669

**Mercedes-Benz 190 SL Roadster, 1955–1962**

Das Hardtop der ersten Serie wirkte noch etwas hausbacken. Ab 1959 war das Heckfenster weiter ausgeschnitten, wodurch der Wagen wesentlich schnittiger und eleganter wirkte.

| | Mercedes-Benz 220 Cabriolet A/C 1955–1956 | Mercedes-Benz 220 S Cabriolet A/C 1956–1959 | Mercedes-Benz 220 SE Cabriolet A/C 1958–1960 |
|---|---|---|---|
| **Karosserie** | | Selbsttragende Ganzstahlkarosserie | |
| **Motor** | | Reihenmotor | |
| Zylinder | | 6 | |
| Bohrung × Hub | | 80 × 72,8 mm | |
| Hubraum | | 2195 ccm | |
| Leistung | 85 PS bei 4800 U/min | 100 PS bei 4800 U/min (ab Aug. 1957: 106 PS bei 5000 U/min) | 115 PS bei 4800 U/min (ab Aug. 1959: 120 PS bei 4800 U/min) |
| Verdichtung | 1:7,6 | 1:7,6 (ab Aug. 1957: 8,7) | 1:8,7 |
| max. Drehmoment | 16 mkp bei 2400 U/min | 16,5 (ab Aug. 1957: 17,5) mkp bei 3500 U/min | 19 mkp bei 3800 U/min (ab Aug. 1959: 19,3 mkp bei 3900 U/min) |
| Gemischaufbereitung | Solex 32 PAATJ | Solex 32 PAJTA | Bosch-Einspritzpumpe |
| Ventile | | hängend | |
| Nockenwelle | | ohc | |
| Kurbelwellenlager | | 4 | |
| Batterie | | 12 V 56 Ah (220 SE: 60 Ah) | |
| Lichtmaschine | | 160 W (220 SE: 240 W) | |
| **Kraftübertragung** | | Hinterradantrieb | |
| Kupplung | | Einscheibentrockenkupplung (ab Aug. 1957 auf Wunsch automatische Kupplung „Hydrak") | |
| Schaltung | | Lenkradschaltung | |
| Getriebe | | 4 Gänge, vollsynchronisiert | |
| Übersetzungen | | I. 3,52, II. 2,32, III. 1,52, IV. 1,00 | |
| Antriebsübersetzung | | 4,10 | |
| **Fahrwerk** | | | |
| Vorderradaufhängung | | Doppelte Querlenker mit Schraubenfedern, Stabilisator | |
| Hinterradaufhängung | | Eingelenk-Pendelachse mit Schubstreben und Schraubenfedern | |
| Bremsanlage | | Trommelbremsen vorn und hinten mit Servohilfe | |
| Felgen | | 5 K × 13 | |
| Reifen | | 6,70 – 13 (220 S und SE: 6,70 – 13 Sport) | |
| Lenkung | | Kugelumlauflenkung | |
| **Weitere Daten** | | | |
| Abmessungen (L × B × H) | | 4700 × 1790 × 1530 mm | |
| Radstand | | 2700 mm | |
| Spurweite vorn/hinten | | 1430/1470 mm | |
| Wendekreis | | 10,7 m | |
| Leergewicht | 1385 kg | 1385 kg | 1405 kg |
| Zuläss. Gesamtgewicht | 1790 kg | 1790 kg | 1810 kg |
| Höchstgeschwindigkeit | 155 km/h | 160 km/h | 165 km/h |
| Beschleunigung 0 – 100 km/h | 19 sec | 17 sec | 15 sec |
| Verbrauch auf 100 km | 14 Liter Super | 14 Liter Super | 13,5 Liter Super |
| Tankinhalt | 64 Liter | 64 Liter | 62 Liter |
| Ölwanneninhalt | 6 Liter | 6 Liter | 8 Liter |
| Kühlsystem | 11,3 Liter | 11,3 Liter | 11,3 Liter |

Mercedes-Benz 220 S/220 SE Cabriolet A/C, 1956–1960

Das Mercedes-Benz 600-Landaulet (1965–1981) war 70 Zentimeter länger als die Normal-
version des ›Großen Mercedes‹.

|  | Mercedes-Benz 220 SE Cabriolet 1960–1965 | Mercedes-Benz 300 SE Cabriolet 1962–1965 |
|---|---|---|
| **Karosserie** | Selbsttragende Ganzstahlkarosserie | |
| **Motor** | Reihenmotor | |
| Zylinder | 6 | 6 |
| Bohrung × Hub | 80 × 72,8 mm | 85 × 88 mm |
| Hubraum | 2195 ccm | 2996 ccm |
| Leistung | 120 PS bei 4800 U/min | 160 PS bei 5000 U/min (ab Jan. 1964: 170 PS bei 5400 U/min) |
| Verdichtung | 1:8,7 | 1:8,7 |
| max. Drehmoment | 19,3 mkp bei 3900 U/min | 25,6 mkp bei 3800 U/min (ab Jan. 1964: 25,4 mkp bei 4000 U/min) |
| Gemischaufbereitung | Bosch-Einspritzpumpe | Bosch-Einspritzpumpe |
| Ventile | hängend | hängend |
| Nockenwelle | ohc | ohc |
| Kurbelwellenlager | 4 | 7 |
| Batterie | 12 V 60 Ah | 12 V 66 Ah |
| Lichtmaschine | 240 W | 300 W |
| **Kraftübertragung** | Hinterradantrieb | Hinterradantrieb |
| Kupplung | Einscheibentrockenkupplung | Einscheibentrockenkupplung |
| Schaltung | Knüppelschaltung | Lenkrad- oder Knüppelschaltung |
| Getriebe | 4 Gänge, vollsynchronisiert (auf Wunsch Automatik) | 4 Gänge, vollsynchronisiert (auf Wunsch Automatik) |
| Übersetzungen | I. 3,64, II. 2,28, III. 1,53, IV. 1,00 | I. 3,98, II. 2,52, III. 1,58, IV. 1,00 |
| Antriebsübersetzung | 4,10 | 3,92 oder 3,75 |
| **Fahrwerk** | | |
| Vorderradaufhängung | Doppelte Querlenker mit Schraubenfedern, Stabilisator | Doppelte Querlenker, Luftkammer-Federbälge, Stabilisator |
| Hinterradaufhängung | Eingelenk-Pendelachse mit Schubstreben und Schraubenfedern | Eingelenk-Pendelachse mit Schubstreben, Luftkammer-Federbälge |
| Bremsanlage | vorne Scheiben-, hinten Trommelbremsen, Servohilfe | Scheibenbremsen vorn und hinten, Servo, Zweikreissystem |
| Felgen | 5½ JK × 13 | 5½ JK × 13 |
| Reifen | 7,50 – 13 Sport | 7,50 H – 13 |
| Lenkung | Kugelumlauflenkung | Kugelumlauflenkung mit Servounterstützung |
| **Weitere Daten** | | |
| Abmessungen (L × B × H) | 4880 × 1845 × 1430 mm | 4880 × 1845 × 1400 mm |
| Radstand | 2750 mm | 2750 mm |
| Spurweite vorn/hinten | 1482/1485 mm | 1482/1490 mm |
| Wendekreis | 11,9 m | 11,9 m |
| Leergewicht | 1510 kg | 1665 kg |
| Zuläss. Gesamtgewicht | 1980 kg | 2135 kg |
| Höchstgeschwindigkeit | 172 km/h | je nach Motor und Hinterachse zwischen 180 und 200 km/h |
| Beschleunigung 0 – 100 km/h | 14 sec | 12 – 13 sec |
| Verbrauch auf 100 km | 14,5 Liter Super | 17 – 19 Liter Super |
| Tankinhalt | 65 Liter | 65 (ab Jan. 1963: 82) Liter |
| Ölwanneninhalt | 5,5 Liter | 6 Liter |
| Kühlsystem | 11,4 Liter | 16,8 Liter |

88

**Mercedes-Benz 220 SE/250 SE/280 SE Cabriolet, 1961–1969**

**Mercedes-Benz 300 SE Cabriolet, 1962–1967**

**Mercedes-Benz 280 SE 3.5 Cabriolet (Flachkühler-Modell), 1969–1971**

|  | Mercedes-Benz 250 SE<br>Cabriolet<br>1965 – 1967 | Mercedes-Benz 300 SE<br>Cabriolet<br>1965 – 1967 |
|---|---|---|
| **Karosserie** | Selbsttragende Ganzstahlkarosserie | |
| **Motor** | Reihenmotor | |
| Zylinder | 6 | 6 |
| Bohrung × Hub | 82 × 78,8 mm | 85 × 88 mm |
| Hubraum | 2496 ccm | 2996 ccm |
| Leistung | 150 PS bei 5500 U/min | 170 PS bei 5400 U/min |
| Verdichtung | 1 : 9,3 | 1 : 8,8 |
| max. Drehmoment | 22,0 mkp bei 4200 U/min | 25,4 mkp bei 4000 U/min |
| Gemischaufbereitung | Bosch-Einspritzpumpe | Bosch-Einspritzpumpe |
| Ventile | hängend | hängend |
| Nockenwelle | ohc | ohc |
| Kurbelwellenlager | 7 | 7 |
| Batterie | 12 V 55 Ah | 12 V 66 Ah |
| Lichtmaschine | Drehstrom 490 W | Drehstrom 490 W |
| **Kraftübertragung** | Hinterradantrieb | |
| Kupplung | Einscheibentrockenkupplung | |
| Schaltung | Knüppelschaltung | |
| Getriebe | 4 Gänge, vollsynchronisiert (auf Wunsch Automatik) | |
| Übersetzungen | I. 4,05, II. 2,23, III. 1,42, IV. 1,00 | |
| Antriebsübersetzung | 3,92 (300 SE wahlweise auch 3,69) | |
| **Fahrwerk** | | |
| Vorderradaufhängung | Doppelte Querlenker<br>mit Schraubenfedern, Stabilisator | Doppelte Querlenker,<br>Luftkammer-Federbälge, Stabilisator |
| Hinterradaufhängung | Eingelenk-Pendelachse mit<br>Schubstreben und Schraubenfedern | Eingelenk-Pendelachse mit Schub-<br>streben, Luftkammer-Federbälge,<br>Niveau-Ausgleich |
| Bremsanlage | Scheibenbremsen vorn und hinten,<br>Servohilfe | Scheibenbremsen vorn und hinten,<br>Servohilfe |
| Felgen | 6 J × 14 | 6 J × 14 |
| Reifen | 7,75 H 14/195 HR 14 | 7,75 H 14/195 HR 14 |
| Lenkung | Kugelumlauflenkung | Kugelumlauflenkung<br>mit Servounterstützung |
| **Weitere Daten** | | |
| Abmessungen (L × B × H) | 4880 × 1845 × 1435 mm | 4880 × 1845 × 1435 mm |
| Radstand | 2750 mm | 2750 mm |
| Spurweite vorn/hinten | 1482/1485 mm | 1482/1490 mm |
| Wendekreis | 11,8 m | 11,8 m |
| Leergewicht | 1575 kg | 1715 kg |
| Zuläss. Gesamtgewicht | 2045 kg | 2185 kg |
| Höchstgeschwindigkeit | 193 km/h | je nach Hinterachse 190 – 200 km/h |
| Beschleunigung 0 – 100 km/h | 12 sec | 11,5 sec |
| Verbrauch auf 100 km | 15,5 Liter Super | 18 Liter Super |
| Tankinhalt | 82 Liter | 82 Liter |
| Ölwanneninhalt | 5,5 Liter | 6 Liter |
| Kühlsystem | 11,4 Liter | 16,8 Liter |

90

| | Mercedes-Benz 280 SE Cabriolet 1968–1971 | Mercedes-Benz 280 SE 3,5 Cabriolet 1969–1971 |
|---|---|---|
| **Karosserie** | Selbsttragende Ganzstahlkarosserie | Selbsttragende Ganzstahlkarosserie |
| **Motor** | Reihenmotor | V 8-Motor |
| Zylinder | 6 | 8 |
| Bohrung × Hub | 86,5 × 78,8 mm | 92 × 65,8 mm |
| Hubraum | 2778 ccm | 3499 ccm |
| Leistung | 160 PS bei 5500 U/min | 200 PS bei 5800 U/min |
| Verdichtung | 1 : 9,5 | 1 : 9,5 |
| max. Drehmoment | 24,5 mkp bei 4250 U/min | 29,2 mkp bei 4000 U/min |
| Gemischaufbereitung | Bosch-Einspritzpumpe | Bosch-Einspritzpumpe |
| Ventile | hängend | hängend |
| Nockenwelle | ohc | je 1 × ohc |
| Kurbelwellenlager | 7 | 5 |
| Batterie | 12 V 55 Ah | 12 V 66 Ah |
| Lichtmaschine | Drehstrom 490 W | Drehstrom 770 W |
| **Kraftübertragung** | Hinterradantrieb | Hinterradantrieb |
| Kupplung | Einscheibentrockenkupplung | Einscheibentrockenkupplung |
| Schaltung | Knüppelschaltung | Knüppelschaltung |
| Getriebe | 4 (ab Sept. 1969 auf Wunsch 5) Gänge, vollsynchronisiert | 4 Gänge, vollsynchronisiert (auf Wunsch Automatik) |
| Übersetzungen | Bis Sept. 1969: I. 4,05, II. 2,23, III. 1,42, IV. 1,00 Ab Sept. 1969: I. 3,96, II. 2,34, III. 1,43, IV. 1,00 (V. 0,87) | I. 3,96, II. 2,34, III. 1,46, IV. 1,00 |
| Antriebsübersetzung | 3,92 | 3,69 |
| **Fahrwerk** | | |
| Vorderradaufhängung | Doppelte Querlenker mit Schraubenfedern, Stabilisator | |
| Hinterradaufhängung | Eingelenk-Pendelachse mit Schubstreben und Schraubenfedern, hydropneumatischer Niveau-Ausgleich (Typ 3,5 zusätzlich Gummi-Zusatzfedern vorn und hinten) | |
| Bremsanlage | Scheibenbremsen vorn und hinten mit Servohilfe, Zweikreissystem | |
| Felgen | 6 J × 14 HB | |
| Reifen | 185 HR 14 (3,5: 185 VR 14) | |
| Lenkung | Kugelumlauflenkung mit Servounterstützung | |
| **Weitere Daten** | | |
| Abmessungen (L × B × H) | 4880 × 1845 × 1435 mm | 4905 × 1845 × 1420 mm |
| Radstand | 2750 mm | 2750 mm |
| Spurweite vorn/hinten | 1482/1485 mm | 1482/1485 mm |
| Wendekreis | 11,8 m | 11,8 m |
| Leergewicht | 1590 kg | 1650 kg |
| Zuläss. Gesamtgewicht | 2055 kg | 2120 kg |
| Höchstgeschwindigkeit | 193 km/h | 210 km/h |
| Beschleunigung 0–100 km/h | 11 sec | 10 sec |
| Verbrauch auf 100 km | 16 Liter Super | 17 Liter Super |
| Tankinhalt | 82 Liter | 82 Liter |
| Ölwanneninhalt | 5,5 Liter | 6,5 Liter |
| Kühlsystem | 10,5 Liter | 13,25 Liter |

| | Mercedes-Benz 230 SL 1963–1967 | Mercedes-Benz 250 SL 1966–1968 | Mercedes-Benz 280 SL 1968–1971 |
|---|---|---|---|
| **Karosserie** | Selbsttragende Ganzstahlkarosserie | | |
| **Motor** | Reihenmotor | | |
| Zylinder | 6 | 6 | 6 |
| Bohrung × Hub | 80 × 72,8 mm | 82 × 78,8 mm | 86,5 × 78,8 mm |
| Hubraum | 2306 ccm | 2496 ccm | 2778 ccm |
| Leistung | 150 PS bei 5500 U/min | 150 PS bei 5500 U/min | 170 PS bei 5750 U/min |
| Verdichtung | 1 : 9,3 | 1 : 9,5 | 1 : 9,5 |
| max. Drehmoment | 20,0 mkp bei 4200 U/min | 22 mkp bei 4200 U/min | 24,5 mkp bei 4500 U/min |
| Gemischaufbereitung | Bosch-Einspritzpumpe | Bosch-Einspritzpumpe | Bosch-Einspritzpumpe |
| Ventile | hängend | hängend | hängend |
| Nockenwelle | ohc | ohc | ohc |
| Kurbelwellenlager | 4 | 7 | 7 |
| Batterie | 12 V 55 Ah | 12 V 55 Ah | 12 V 55 Ah |
| Lichtmaschine | Drehstrom 490 W | Drehstrom 490 W | Drehstrom 490 W |
| **Kraftübertragung** | Hinterradantrieb | | |
| Kupplung | Einscheibentrockenkupplung | | |
| Schaltung | Knüppelschaltung | | |
| Getriebe | 4 Gänge, vollsynchronisiert (auf Wunsch Automatik) | | |
| Übersetzungen | I. 4,05, II. 2,23, III. 1,40, IV. 1,00 (230 SL bis 1965: I. 4,42, II. 2,28, III. 1,53, IV. 1,00) | | |
| Antriebsübersetzung | 3,92 oder 3,69 (230 SL bis Aug. 1965: 3,75) | | |
| **Fahrwerk** | | | |
| Vorderradaufhängung | Doppelte Querlenker mit Schraubenfedern, Stabilisator | | |
| Hinterradaufhängung | Eingelenk-Pendelachse mit Schubstreben und Schraubenfedern | | |
| Bremsanlage | Scheibenbremsen vorn und hinten (230 SL: hinten Trommelbremsen) mit Servohilfe, Zweikreissystem | | |
| Felgen | 6 J × 14 HB (230 SL: 5$^{1}/_{2}$ J × 14 H) | | |
| Reifen | 185 HR 14 | | |
| Lenkung | Kugelumlauflenkung, auf Wunsch mit Servounterstützung | | |
| **Weitere Daten** | | | |
| Abmessungen (L × B × H) | 4285 × 1760 × 1320 mm | | |
| Radstand | 2400 mm | | |
| Spurweite vorn/hinten | 1485/1485 mm | | |
| Wendekreis | 10,5 m | | |
| Leergewicht | 1300 kg | 1360 kg | 1360 kg |
| Zuläss. Gesamtgewicht | 1650 kg | 1715 kg | 1715 kg |
| Höchstgeschwindigkeit | 200 km/h | 195 km/h | 200 km/h |
| Beschleunigung 0–100 km/h | 11 sec | 12 sec | 11 sec |
| Verbrauch auf 100 km | 15 Liter Super | 16 Liter Super | 16,5 Liter Super |
| Tankinhalt | 65 Liter | 82 Liter | 82 Liter |
| Ölwanneninhalt | 5,5 Liter | 5,5 Liter | 5,5 Liter |
| Kühlsystem | 10,8 Liter | 12,9 Liter | 12,5 Liter |

**Mercedes-Benz 230 SL/250 SL/280 SL, 1963–1971**

**Mit Hardtop (›Pagodendach‹)**

**Mercedes-Benz 600 Pullman Landaulet**
**1965 – 1981**

| | |
|---|---|
| **Karosserie** | Selbsttragende Ganzstahlkarosserie |
| | |
| **Motor** | V 8-Motor |
| Zylinder | 8 |
| Bohrung × Hub | 103 × 95 mm |
| Hubraum | 6329 ccm |
| Leistung | 250 PS bei 4000 U/min |
| Verdichtung | 1 : 9,0 |
| max. Drehmoment | 51 mkp bei 2800 U/min |
| Gemischaufbereitung | Bosch-Einspritzpumpe |
| Ventile | hängend |
| Nockenwelle | 2 ohc |
| Kurbelwellenlager | 5 |
| Batterie | 12 V 88 Ah |
| Lichtmaschine | Drehstrom 490 W (2 Stück) |
| | |
| **Kraftübertragung** | Hinterradantrieb |
| Kupplung | – |
| Schaltung | Wählhebel am Lenkrad |
| Getriebe | Automatik |
| Übersetzungen | I. 3,98, II. 2,52, III. 1,58, IV. 1,00 |
| Antriebsübersetzung | 3,23 |
| | |
| **Fahrwerk** | |
| Vorderradaufhängung | Doppelte Querlenker, Luftkammer-Federbälge, Gummi-Zusatzfedern, Stabilisator |
| Hinterradaufhängung | Eingelenk-Pendelachse mit Schubstreben, Luftkammer-Federbälge, Gummi-Zusatzfedern, Stabilisator |
| Bremsanlage | Scheibenbremsen vorn und hinten mit Servohilfe, Zweikreis-System |
| Felgen | 6$^1/_2$ K × 15 H |
| Reifen | 9,00 H 15 Supersport |
| Lenkung | Kugelumlauflenkung mit Servounterstützung |
| | |
| **Weitere Daten** | |
| Abmessungen (L × B × H) | 6240 × 1950 × 1510 mm |
| Radstand | 3900 mm |
| Spurweite vorn/hinten | 1587/1575 mm |
| Wendekreis | 14,6 m |
| Leergewicht | 2630 kg |
| Zuläss. Gesamtgewicht | 3280 kg |
| Höchstgeschwindigkeit | 200 km/h |
| Beschleunigung 0 – 100 km/h | 12 sec |
| Verbrauch auf 100 km | 21 Liter Super |
| Tankinhalt | 112 Liter |
| Ölwanneninhalt | 6 Liter |
| Kühlsystem | 23 Liter |

| | Mercedes-Benz 350 SL<br>1971–1980 | Mercedes-Benz 450 SL<br>1971–1980 |
|---|---|---|
| **Karosserie** | Selbsttragende Ganzstahlkarosserie | |
| **Motor** | V 8-Motor | |
| Zylinder | 8 | 8 |
| Bohrung × Hub | 92 × 65,8 mm | 92 × 85 mm |
| Hubraum | 3499 ccm | 4520 ccm |
| Leistung | 200 PS bei 5800 U/min<br>(ab März 1976:<br>195 PS bei 5500 U/min) | 225 (ab März 1976: 217) PS<br>bei 5000 U/min |
| Verdichtung | 1:9,5 (ab März 1976: 1:9) | 1:8,8 |
| max. Drehmoment | 29,2 (ab März 1976: 28) mkp<br>bei 4000 U/min | 38,5 mkp bei 3000 U/min<br>(ab März 1976:<br>36,7 mkp bei 3250 U/min) |
| Gemischaufbereitung | Bosch-K-Jetronic | |
| Ventile | hängend | |
| Nockenwelle | 2 ohc | |
| Kurbelwellenlager | 5 | |
| Batterie | 12 V 66 Ah | |
| Lichtmaschine | 770 W | |
| **Kraftübertragung** | Hinterradantrieb | Hinterradantrieb |
| Kupplung | Einscheibentrockenkupplung | |
| Schaltung | Knüppelschaltung | Wählhebel auf Mittelkonsole |
| Getriebe | 4 Gänge, synchronisiert<br>(auf Wunsch Automatik) | Automatik |
| Übersetzungen | I. 3,96, II. 2,34, III. 1,43, IV. 1,00 | I. 2,31, II. 1,46, III. 1,00 |
| Antriebsübersetzung | 3,46 | 3,07 |
| **Fahrwerk** | | |
| Vorderradaufhängung | Doppelte Querlenker, Schraubenfedern, Gummi-Zusatzfedern, Stabilisator | |
| Hinterradaufhängung | Diagonal-Pendelachse, Schraubenfedern, Stabilisator | |
| Bremsanlage | Scheibenbremsen vorn und hinten, Zweikreis-System, Servo | |
| Felgen | 6 ¹/₂ J × 14 | |
| Reifen | 205/70 VR 14 | |
| Lenkung | Kugelumlauflenkung mit Servounterstützung | |
| **Weitere Daten** | | |
| Abmessungen (L × B × H) | 4390 × 1790 × 1300 mm | |
| Radstand | 2460 mm | |
| Spurweite vorn/hinten | 1452/1440 mm | |
| Wendekreis | 10,4 m | |
| Leergewicht | 1540 kg | 1580 kg |
| Zuläss. Gesamtgewicht | 1960 kg | 2000 kg |
| Höchstgeschwindigkeit | 210 km/h | 215 km/h |
| Beschleunigung 0–100 km/h | 9,5 sec | 9,3 sec |
| Verbrauch auf 100 km | ca. 17 Liter Super | ca. 19 Liter Super |
| Tankinhalt | 90 Liter | 90 Liter |
| Ölwanneninhalt | 7,5 Liter | 7,5 Liter |
| Kühlsystem | 14 Liter | 15 Liter |

Mercedes-Benz
350 SL, 1971–1980

Mercedes-Benz
500 SL, ab 1980

Die Styling-Garage in
Hamburg baut das
Mercedes-Benz 280
CE-Coupé zum Ca-
briolet um (Typenbe-
zeichnung: 280
SGS-CE Convertible).
Das Verdeck wird
elektrohydraulisch
betätigt.

Ebenfalls von der Sty-
ling-Garage stammt
dieser 500 SGS-Con-
vertible auf Basis des
Mercedes-Benz 500
SEC-Coupés. Daim-
ler-Benz hat inzwi-
schen durchgesetzt,
daß beide Modelle
nicht das Stern-Em-
blem tragen dürfen.

| | Mercedes-Benz 280 SL<br>ab 1974 | Mercedes-Benz 380 SL<br>ab 1980 | Mercedes-Benz 500 SL<br>ab 1980 |
|---|---|---|---|
| **Karosserie** | Selbsttragende Ganzstahlkarosserie | | |
| **Motor** | Reihenmotor | V 8-Motor | V 8-Motor |
| Zylinder | 6 | 8 | 8 |
| Bohrung × Hub | 86 × 78,8 mm | 88 × 78,9 mm | 96,5 × 85 mm |
| Hubraum | 2746 ccm | 3839 ccm | 4973 ccm |
| Leistung | 185 PS bei 5800 U/min | 204 PS bei 5250 U/min | 231 PS bei 4750 U/min |
| Verdichtung | 1 : 9 | 1 : 9,4 | 1 : 9,2 |
| max. Drehmoment | 24,5 mkp bei 4500 U/min | 31,1 mkp bei 3250 U/min | 41 mkp bei 3000 U/min |
| Gemischaufbereitung | Bosch K-Jetronic | Bosch K-Jetronic | Bosch K-Jetronic |
| Ventile | hängend | hängend | hängend |
| Nockenwelle | 2 ohc | 2 ohc | 2 ohc |
| Kurbelwellenlager | 7 | 5 | 5 |
| Batterie | 12 V 55 Ah | 12 V 66 Ah | 12 V 66 Ah |
| Lichtmaschine | 770 W | 980 W | 980 W |
| **Kraftübertragung** | Hinterradantrieb | Hinterradantrieb | |
| Kupplung | Einscheibentrocken-<br>kupplung | | |
| Schaltung | Knüppelschaltung | | |
| Getriebe | 5 Gänge, vollsynchron. | 4-Gang-Automatik | |
| Übersetzungen | I. 3,82, II. 2,20, III. 1,40,<br>IV. 1,00, V. 0,81 | I. 3,68, II. 2,41, III. 1,44, IV. 1,00 | |
| Antriebsübersetzung | 3,58 | 2,47 (500 SL: 2,24) | |
| **Fahrwerk** | | | |
| Vorderradaufhängung | Doppelte Querlenker, Schraubenfedern, Stabilisator | | |
| Hinterradaufhängung | Diagonal-Pendelachse, Schraubenfedern, Stabilisator | | |
| Bremsanlage | Scheibenbremsen vorn und hinten, Servo, Zweikreis-System,<br>auf Wunsch ABS | | |
| Felgen | 6½ J × 14 | | |
| Reifen | 205/70 VR 14 (280 SL: 195/70 HR 14) | | |
| Lenkung | Kugelumlauflenkung mit Servounterstützung | | |
| **Weitere Daten** | | | |
| Abmessungen (L × B × H) | 4390 × 1790 × 1300 | | |
| Radstand | 2460 mm | | |
| Spurweite vorn/hinten | 1452/1440 mm | | |
| Wendekreis | 10,4 m | | |
| Leergewicht | 1540 kg | 1580 kg | 1580 kg |
| Zuläss. Gesamtgewicht | 1920 kg | 1960 kg | 1960 kg |
| Höchstgeschwindigkeit | 205 km/h | 205 km/h | 220 km/h |
| Beschleunigung 0–100 km/h | 9,5 sec | 9,8 sec | 8 sec |
| Verbrauch auf 100 km | ca. 13 Liter Super | ca. 15 Liter Super | ca. 17 Liter Super |
| Tankinhalt | 85 Liter | 85 Liter | 85 Liter |
| Ölwanneninhalt | 5,5 Liter | 7,5 Liter | 7,5 Liter |
| Kühlsystem | 12 Liter | 12,5 Liter | 12,5 Liter |

| | Mercedes-Benz 230 G 1979–1982 | Mercedes-Benz 230 GE ab 1982 | Mercedes-Benz 280 GE ab 1979 |
|---|---|---|---|
| **Karosserie** | | Ganzstahlkarosserie | |
| **Motor** | | Reihenmotor | |
| Zylinder | 4 | 4 | 6 |
| Bohrung × Hub | 93,7 × 83,6 mm | 95,5 × 80,2 mm | 86 × 78,8 mm |
| Hubraum | 2307 ccm | 2299 ccm | 2746 ccm |
| Leistung | 102 PS bei 5250 U/min (wahlweise 90 PS bei 5000 U/min) | 125 PS bei 5000 U/min | 156 PS bei 5250 U/min |
| Verdichtung | 1:9 (1:8) | 1:9 | 1:8 |
| max. Drehmoment | 17,5 mkp bei 3000 U/min (17 mkp bei 2500 U/min) | 19,6 mkp bei 4000 U/min | 23 mkp bei 4250 U/min |
| Gemischaufbereitung | Stromberg 175 CD | Bosch KA-Jetronic | Bosch K-Jetronic |
| Ventile | hängend | hängend | hängend |
| Nockenwelle | ohc | ohc | 2 ohc |
| Kurbelwellenlager | 5 | 5 | 5 |
| Batterie | 12 V 55 Ah (auf Wunsch: 66 Ah) | 12 V 66 Ah | 12 V 66 Ah |
| Lichtmaschine | | Drehstrom 770 W | |
| **Kraftübertragung** | | Allradantrieb (Vorderradantrieb abschaltbar) | |
| Kupplung | | Einscheibentrockenkupplung | |
| Schaltung | | Knüppelschaltung | |
| Getriebe | | 4 Gänge, vollsynchronisiert, mit Vorgelege | |
| Übersetzungen | | I. 4,628, II. 2,462, III. 1,473, IV. 1,000 (Gelände: I. 9,903, II. 5,268, III. 3,152, IV. 2,140) | |
| Antriebsübersetzung | | 5,33 (280 GE: 4,90) | |
| **Fahrwerk** | | | |
| Vorderradaufhängung | | Starrachse mit Längslenkern und Panhardstab, Schraubenfedern | |
| Hinterradaufhängung | | Starrachse mit Längslenkern und Panhardstab, Schraubenfedern | |
| Bremsanlage | | vorne Scheiben-, hinten Trommelbremsen, Zweikreis-System, Servo, Bremskraftregler | |
| Felgen | | 5$\frac{1}{2}$ JK × 16 | |
| Reifen | | 205 R 16 | |
| Lenkung | | Kugelumlauflenkung (auf Wunsch mit Servounterstützung) | |
| **Weitere Daten** | | | |
| Abmessungen (L × B × H) | | 3945 × 1700 × 2000 mm | |
| Radstand | | 2400 mm | |
| Spurweite vorn/hinten | | 1425/1425 mm | |
| Wendekreis | | 11,9 m | |
| Leergewicht | 1820 kg | 1830 kg | 1895 kg |
| Zuläss. Gesamtgewicht | 2500 kg | 2500 kg | 2500 kg |
| Höchstgeschwindigkeit | 130 km/h | 143 km/h | 155 km/h |
| Beschleunigung 0–100 km/h | 23 sec | ca. 20 sec | 15 sec |
| Verbrauch auf 100 km | ca. 19 Liter Normal (102-PS-Version: Super) | 15 Liter Super | 22 Liter Normal |
| Tankinhalt | 70 (auf Wunsch: 85 oder 100) Liter | 70 (auf Wunsch: 85 oder 100) Liter | 85 (auf Wunsch: 100) Liter |
| Ölwanneninhalt | 7,5 Liter | 6,5 Liter | 5,5 Liter |
| Kühlsystem | 10,5 Liter | 9,5 Liter | 10,5 Liter |

**Mercedes-Benz 230 G mit kurzem Radstand und Stoffverdeck, 1979–1982**

**Das Einspritzer-Modell 230 GE löste im Sommer 1982 die Vergaserversion ab.**

| | Mercedes-Benz 240 GD<br>ab 1979 | Mercedes-Benz 300 GD<br>ab 1980 |
|---|---|---|
| **Karosserie** | Ganzstahlkarosserie | |
| **Motor** | Reihenmotor (Diesel) | |
| Zylinder | 4 | 5 |
| Bohrung × Hub | 90,9 × 92,4 mm | 90,9 × 92,4 mm |
| Hubraum | 2399 ccm | 2998 ccm |
| Leistung | 72 PS bei 4400 U/min | 88 PS bei 4400 U/min |
| Verdichtung | 1 : 21 | 1 : 21 |
| max. Drehmoment | 14 mkp bei 2400 U/min | 17,5 mkp bei 2400 U/min |
| Gemischaufbereitung | Bosch-Vierstempelpumpe | Bosch-Fünfstempelpumpe |
| Ventile | hängend | |
| Nockenwelle | ohc | |
| Kurbelwellenlager | 5 (300 GD : 6) | |
| Batterie | 12 V 88 Ah | |
| Lichtmaschine | Drehstrom 770 W | |
| **Kraftübertragung** | Allradantrieb (Vorderradantrieb abschaltbar) | |
| Kupplung | Einscheibentrockenkupplung | |
| Schaltung | Knüppelschaltung | |
| Getriebe | 4 Gänge, vollsynchronisiert, mit Vorgelege | |
| Übersetzungen | I. 4,628, II. 2,462, III. 1,473, IV. 1,000<br>(Gelände: I. 9,903, II. 5,268, III. 3,152, IV. 2,140) | |
| Antriebsübersetzung | 5,33 | |
| **Fahrwerk** | | |
| Vorderradaufhängung | Starrachse mit Längslenkern und Panhardstab, Schraubenfedern | |
| Hinterradaufhängung | Starrachse mit Längslenkern und Panhardstab, Schraubenfedern | |
| Bremsanlage | vorne Scheiben-, hinten Trommelbremsen, Zweikreis-System, Servo,<br>Bremskraftregler | |
| Felgen | 5$^1$/$_2$ JK × 16 | |
| Reifen | 205 R 16 | |
| Lenkung | Kugelumlauflenkung (auf Wunsch mit Servounterstützung) | |
| **Weitere Daten** | | |
| Abmessungen (L × B × H) | 3945 × 1700 × 2000 mm | |
| Radstand | 2400 mm | |
| Spurweite vorn/hinten | 1425/1425 mm | |
| Wendekreis | 11,9 m | |
| Leergewicht | 1850 kg | 1885 kg |
| Zuläss. Gesamtgewicht | 2500 kg | 2500 kg |
| Höchstgeschwindigkeit | 115 km/h | 130 km/h |
| Beschleunigung 0 – 100 km/h | 38 sec | 26 sec |
| Verbrauch auf 100 km | 16 Liter Diesel | 15 Liter Diesel |
| Tankinhalt | 70 (auf Wunsch: 85 oder 100) Liter | 70 (auf Wunsch: 85 oder 100) Liter |
| Ölwanneninhalt | 6,5 Liter | 7 Liter |
| Kühlsystem | 10,5 Liter | 10,5 Liter |

100

# DKW/Auto Union

Wohl kaum ein anderer Markenname wurde so häufig fehlinterpretiert wie die drei Buchstaben DKW, jahrzehntelang ein Synonym für den Zweitaktmotor. ›Dampf-kraftwagen‹, ›Deutscher Kraftwagen‹ oder auch ›Das kleine Wunder‹ waren die gängigsten Deutungen, die alle eins gemeinsam haben: sie sind falsch. DKW stand ursprünglich für ›Des Knaben Wunsch‹ und war eine Bezeichnung für Spiel-zeugmotoren, die der Däne Jörgen Skafte Rasmussen (1878–1964) in den zwanziger Jahren in Sachsen produzierte. Später baute er Fahrradhilfsmotoren und Motorräder. Den eingeführten Markennamen DKW behielt er bei. Im Dezember 1923 gründete er die Zschopauer Motorenwerke J. S. Rasmussen AG und legte damit den Grundstein zu seinem späteren Zweitakt-Imperium.

Bereits vier Jahre später verfügte Rasmussen über einen Konzern mit 15 000 Be-schäftigten in 12 Unternehmen, die sich vor allem im Erzgebirge konzentrierten. Die für die Herstellung der schon damals berühmten DKW-Motorräder benötigten Teile wurden von der ersten bis zur letzten Schraube in eigener Regie produziert. 1928 präsentierte DKW auf der Leipziger Messe das erste Automobil: einen Zwei-zylinder-Zweitakter mit 16 PS und selbsttragender Sperrholzkarosserie. Im selben Jahr schluckte Rasmussen die Zwickauer Audi-Werke. Am 29. Juni 1932 fusio-nierten DKW und Audi sowie die Firmen Horch und Wanderer zur Auto Union AG. Das Aktienkapital der neuen Gesellschaft betrug 14,5 Millionen Reichsmark. Initia-tor des Zusammenschlusses war Dr. Richard Bruhn, der zusammen mit J. S. Ras-mussen, William Werner (Horch), Claus-Detlof von Oertzen (Wanderer) und Dr. Carl Hahn (DKW) den Vorstand der Auto Union AG bildete. Das Modellprogramm wurde folgendermaßen festgelegt: Horch stellte weiterhin Fahrzeuge der Luxus-klasse her, DKW preisgünstige Kleinwagen, Wanderer und Audi produzierten die Mittelklassetypen. Im Sport sorgte der von Ferdinand Porsche konstruierte Auto Union-16-Zylinder-Rennwagen für weltweite Popularität der sächsischen Marke.

Die neue Unternehmenskonzeption erwies sich als erfolgreich. Innerhalb von vier Jahren erhöhte sich die Gesamtzahl der Arbeitsplätze von 4 300 auf über 20 000. Um die Mitte der dreißiger Jahre erlebte die Auto Union ihre Blütezeit. 1934 hielt sie in Deutschland 22 Prozent Marktanteil, 1936 stieg der Umsatz auf 222 Millio-nen Reichsmark. Die Verwaltungen der vier Werke wurden am neuen Hauptsitz Chemnitz konzentriert. Bis Kriegsende baute DKW fast zwei Millionen Fahrzeug-Zweitaktmotoren.

Die trotz der Kriegsereignisse weitgehend betriebsfähig gebliebenen Produk-tionsanlagen in Zschopau, Chemnitz und Zwickau wurden bis Frühjahr 1946 de-montiert. 1948 folgte die offizielle Enteignung durch die Landesregierung Sach-sen, 1949 wurde der Name Auto Union im Chemnitzer Handelsregister gelöscht. Der volkseigene Betrieb IFA führte die Produktion von DKW-Automobilen weiter.

In der Bundesrepublik scharten noch 1945 die ehemaligen Vorstandsmitglieder Dr. Richard Bruhn und Dr. Carl Hahn frühere Auto Union-Mitarbeiter um sich und gründeten in Ingolstadt die ›Zentraldepot für Auto Union-Ersatzteile GmbH‹ zur Versorgung der in Westdeutschland und im Ausland noch laufenden rund 60 000

DKW-Wagen. Aus dieser Keimzelle entstand am 3. September 1949 die Auto Union GmbH. Noch im selben Jahr wurden die ersten DKW-Motorräder und -Lieferwagen gebaut.

1950 pachtete die Auto Union in Düsseldorf ein Werk der Rheinmetall-Borsig AG und begann dort mit der Personenwagenproduktion. Im Mai 1953 lief in Düsseldorf bereits der 50 000. Nachkriegs-DKW vom Band, der Firmensitz wurde von Ingolstadt an den Rhein verlegt. Ein Jahr später war genug Geld in der Kasse, um das bisher nur gepachtete Werk zu kaufen. Die Besitzerfreude dauerte allerdings nicht lange: 1958 erwarb Daimler-Benz 88 Prozent des Auto Union-Kapitals, ein Jahr darauf auch die restlichen 12 Prozent. 1961 wurde die DKW-Produktion in Ingolstadt konzentriert. Auf den freiwerdenden Düsseldorfer Bändern produzierte Daimler-Benz den eigenen Kleinlaster.

Anfang 1965 verkauften die Untertürkheimer die Auto Union an VW (mit Ausnahme des Düsseldorfer Werkes). Damit war das Ende der berühmten Zweitakter gekommen. Die Modell F 11 und F 12 liefen im Juni 1965 aus, der F 102 wurde noch bis zum Frühjahr 1966 gebaut und lebte anschließend mit Viertaktmotor und modifizierter Karosserie als Audi weiter. Im Munga-Geländewagen überlebte der Zweitakter noch bis Dezember 1968. Dann wurde der Schlußstrich unter ein Stück Motorengeschichte gezogen, das jahrzehntelang erbitterte Gegner wie passionierte Fürsprecher auf den Plan gerufen hatte.

### DKW Meisterklasse (1950–1952)

Vom Typ F 89 P, dem ersten Nachkriegsmodell der wiedergegründeten Auto Union, gab es von August 1950 bis Dezember 1952 ein viersitziges Cabriolet von Karmann sowie von April 1951 bis Ende 1952 ein zweisitziges Cabriolet, das bei Hebmüller gebaut wurde. Die genauen Stückzahlen sind nicht bekannt.

Preise: DKW Meisterklasse Cabriolet viersitzig   DM 7 730,–
        DKW Meisterklasse Cabriolet zweisitzig   DM 9 100,–

### DKW Sonderklasse (1953–1955)

Die Karosserie des Typs F 91 war, von einigen kleinen Retuschen abgesehen, mit der des Vorgängermodells identisch. Eine wesentliche Neuerung verbarg sich dagegen unter der Motorhaube, wo jetzt ein Dreizylinder mit 34 PS für bessere Fahrleistungen sorgte. Von März 1953 bis September 1955 war sowohl das viersitzige Cabriolet lieferbar, dessen Preis von anfangs DM 7 800,– später auf DM 7 440,– gesenkt wurde, als auch das zweisitzige Cabriolet für DM 8 800,–. Die Stückzahlen waren nicht mehr festzustellen.

## DKW 3 = 6 (1955–1956)

Der Typ 3 = 6 war länger, breiter und höher als die Sonderklasse-Baureihe, in der Karosserieform jedoch fast identisch. Mit der Gleichung 3 = 6 suggerierte die DKW-Werbung, der Dreizylinder-Zweitakter komme in bezug auf Laufruhe und Leistungsentfaltung einem Sechszylinder-Viertakter gleich – in der Praxis eher ein frommer Wunsch. 1956 liefen die 3 = 6-Cabriolets (interne Typenbezeichnung: F 93) aus.

Preise: DKW 3 = 6 Cabriolet viersitzig    DM 7 455,–; zweisitzig    DM 8 055,–

## Auto Union Munga (1954–1968)

Daß die Bundeswehr 1956 unter drei Konkurrenten den DKW F 91/4 gl. zum künftigen Standardfahrzeug dieser Klasse auserkor, wurde viele Jahre lang diskutiert – nicht nur in Militärkreisen. Technisch gesehen waren die Geländewagen von Goliath und Porsche sicher nicht schlechter, ganz abgesehen davon, daß ein Zweitakter mit seinem ungünstigen Drehmomentverlauf nicht der ideale Antrieb im Off-Road-Betrieb war. Und seine permanente Abgasfahne trug auch nicht gerade dazu bei, das Kolonnenfahren angenehmer zu machen. Einer der Hauptgründe für die Entscheidung zugunsten der Auto Union war sicher die Tatsache, daß sie allein eine ausreichende Fertigungskapazität anbieten konnte.
Die Leistung des Munga (Abkürzung für: Mehrzweck-Universal-Geländefahrzeug mit Allradantrieb), wie er seit 1962 hieß, kletterte im Laufe seiner 14jährigen Bauzeit von 38 über 40 auf 44 PS. Neben dem viersitzigen Bundeswehrmodell gab es auch sechs- und achtsitzige Pritschenwagen für zivile Zwecke. Von 1954 bis Ende 1968 wurden rund 55 000 Einheiten gebaut, davon etwa 50 000 für die Bundeswehr. Der Preis betrug DM 9 500,–.

## Auto Union 1000 Sp (1961–1965)

Ab September 1961 gab es das bereits 1957 auf der Frankfurter IAA vorgestellte 1000 Sp Coupé auch als Roadster. Die Karosserien für beide Modelle kamen von Baur in Stuttgart. Bis April 1965 wurden von dem offenen Zweisitzer, der deutliche Anklänge an amerikanisches Sportwagen-Styling erkennen ließ, 1640 Stück gebaut. Preis: DM 10 750,–

## DKW F 12 Roadster (1964–1965)

Der F 12 Roadster unterschied sich von der Limousine, die 1963 den DKW Junior abgelöst hatte, nicht nur durch das Stoffverdeck und ein reduziertes Platzangebot, sondern auch durch einen 5 PS stärkeren Motor. Der Zweisitzer wurde von Anfang 1964 bis Anfang 1965 in kleiner Stückzahl gebaut und kostete DM 7 250,–.

| | DKW Meisterklasse Cabriolet 1950–1952 | DKW Sonderklasse Cabriolet 1953–1955 |
|---|---|---|
| **Karosserie** | Ganzstahlkarosserie | |
| **Motor** | Zweitakt-Reihenmotor | |
| Zylinder | 2 | 3 |
| Bohrung × Hub | 76 × 76 mm | 71 × 76 mm |
| Hubraum | 684 ccm | 896 |
| Leistung | 23 PS bei 4200 U/min | 34 PS bei 4000 U/min |
| Verdichtung | 1:6,5 | 1:6,5 |
| max. Drehmoment | 4,6 mkp bei 2500 U/min | 7 mkp bei 2000 U/min |
| Gemischaufbereitung | Solex 32 PBJ | Solex 40 PBIC |
| Ventile | – | – |
| Nockenwelle | – | – |
| Kurbelwellenlager | 3 | 4 |
| Batterie | 6 V 75 Ah | 6 V 75 Ah |
| Lichtmaschine | 150 W | 130 W |
| **Kraftübertragung** | Frontantrieb | Frontantrieb |
| Kupplung | Ölbad-Mehrscheibenkupplung | Einscheibentrockenkupplung |
| Schaltung | Krückstockschaltung | Lenkradschaltung |
| Getriebe | 3 Gänge, unsynchronisiert | 4 Gänge, II.–IV. synchronisiert |
| Übersetzungen | I. 3,44, II. 1,69, III. 1,00 | I. 3,82, II. 2,22, III. 1,31, IV. 0,91 |
| Antriebsübersetzung | 5,72 | 4,72 |
| **Fahrwerk** | | |
| Vorderradaufhängung | Querlenker unten, 1 Querfeder oben | |
| Hinterradaufhängung | Starrachse, 1 hochliegende Querfeder | |
| Bremsanlage | Trommelbremsen vorn und hinten | |
| Felgen | 3,50 D × 16 (Sonderklasse: 4 J × 15) | |
| Reifen | 5,50–16 (Sonderklasse: 5,60–15) | |
| Lenkung | Zahnstangenlenkung | |
| **Weitere Daten** | | |
| Abmessungen (L × B × H) | 4200 × 1600 × 1435 mm | |
| Radstand | 2350 mm | |
| Spurweite vorn/hinten | 1190/1250 mm | |
| Wendekreis | 11 m | |
| Leergewicht | Viersitzer: 865 kg, Zweisitzer: 825 kg | 940 kg |
| Zuläss. Gesamtgewicht | Viersitzer: 1230 kg, Zweisitzer: 1185 kg | 1260 kg |
| Höchstgeschwindigkeit | 100 km/h | 120 km/h |
| Beschleunigung 0–100 km/h | 55 sec | 34 sec |
| Verbrauch auf 100 km | 7 Liter Gemisch | 8,5 Liter Gemisch |
| Tankinhalt | 32 Liter | 32 Liter |
| Ölwanneninhalt | – | – |
| Kühlsystem | 8 Liter | 9 Liter |

104

DKW Meisterklasse Cabriolet viersitzig (Karosserie Karmann), 1950–1952

DKW Sonderklasse Cabriolet zweisitzig (Karosserie Karmann), 1953–1955

DKW 3=6 Cabriolet zweisitzig (Karosserie Karmann), 1955–1956

DKW-Roadster mit Wendler-Karosserie (Einzelstück), 1952

| | |
|---|---|
| **Karosserie** | Ganzstahlkarosserie |
| | |
| **Motor** | Zweitakt-Reihenmotor |
| Zylinder | 3 |
| Bohrung × Hub | 71 × 76 mm |
| Hubraum | 896 ccm |
| Leistung | 38 PS bei 4200 U/min |
| Verdichtung | 1 : 6,5 |
| max. Drehmoment | 7,25 mkp bei 3000 U/min |
| Gemischaufbereitung | Solex 40 JCB |
| Ventile | – |
| Nockenwelle | – |
| Kurbelwellenlager | 4 |
| Batterie | 6 V 75 Ah |
| Lichtmaschine | 160 W |
| | |
| **Kraftübertragung** | Frontantrieb |
| Kupplung | Einscheibentrockenkupplung |
| Schaltung | Lenkradschaltung |
| Getriebe | 4 Gänge, II. – IV. synchronisiert |
| Übersetzungen | I. 3,82, II. 2,22, III. 1,31, IV. 0,913 |
| Antriebsübersetzung | 4,72 |
| | |
| **Fahrwerk** | |
| Vorderradaufhängung | Querlenker unten, 1 Querfeder oben |
| Hinterradaufhängung | Starrachse, 1 hochliegende Querfeder |
| Bremsanlage | Trommelbremsen vorn und hinten |
| Felgen | 4 J × 15 |
| Reifen | 5,60 – 15 |
| Lenkung | Zahnstangenlenkung |
| | |
| **Weitere Daten** | |
| Abmessungen (L × B × H) | 4225 × 1695 × 1465 mm |
| Radstand | 2350 mm |
| Spurweite vorn/hinten | 1290/1350 mm |
| Wendekreis | 11,6 m |
| Leergewicht | 950 kg |
| Zuläss. Gesamtgewicht | 1305 kg |
| Höchstgeschwindigkeit | 123 km/h |
| Beschleunigung 0 – 100 km/h | 29 sec |
| Verbrauch auf 100 km | 10 Liter Gemisch |
| Tankinhalt | 45 Liter |
| Ölwanneninhalt | – |
| Kühlsystem | 8 Liter |

|  | **Auto-Union Munga** | |
| --- | --- | --- |
|  | **1954 – 1957** | **1958 – 1968** |

**Karosserie** — Ganzstahlkarosserie

**Motor** — Zweitakt-Reihenmotor

| | 1954 – 1957 | 1958 – 1968 |
| --- | --- | --- |
| Zylinder | 3 | 3 |
| Bohrung × Hub | 71 × 76 mm | 74 × 76 mm |
| Hubraum | 896 ccm | 980 ccm |
| Leistung | 38 PS bei 4200 U/min | 44 PS bei 4500 U/min |
| | (ab Januar 1957: 40 PS bei 4250 U/min) | |
| Verdichtung | 1:6,5 (ab Januar 1957: 1:7) | 1:7,25 |
| max. Drehmoment | 7,25 mkp bei 3000 U/min | 8 mkp bei 3000 U/min |
| | (ab Januar 1957: 7,5 mkp bei 3500 U/min) | |
| Gemischaufbereitung | Zenith 32 NDIX | |
| Ventile | – | |
| Nockenwelle | – | |
| Kurbelwellenlager | 4 | |
| Batterie | 12 V 45 Ah (auf Wunsch 2 Stück) | |
| Lichtmaschine | 160, 300 oder 600 W | |

**Kraftübertragung**

| | | |
| --- | --- | --- |
| | Allradantrieb (Hinterradantrieb bis 1956 abschaltbar) | |
| Kupplung | Einscheibentrockenkupplung | |
| Schaltung | Knüppelschaltung | |
| Getriebe | 4 Gänge + Vorgelege, II.–IV. synchronisiert | |
| Übersetzungen | I. 3,818, II. 2,411, III. 1,478, IV. 0,915 | |
| Antriebsübersetzung | 6,333 | |

**Fahrwerk**

| | | |
| --- | --- | --- |
| Vorderradaufhängung | Querlenker unten, 1 Querfeder oben | |
| Hinterradaufhängung | Querlenker unten, 1 Querfeder oben | |
| Bremsanlage | Trommelbremsen vorn und hinten | |
| Felgen | 5,00 F × 16 | |
| Reifen | 6,00 – 16 | |
| Lenkung | Zahnstangenlenkung | |

**Weitere Daten**

| | | |
| --- | --- | --- |
| Abmessungen (L × B × H) | 3456 × 1500 × 1735 (ab 1958: 3595 × 1671 × 1937) mm | |
| Radstand | 2000 mm | |
| Spurweite vorn/hinten | 1206/1206 mm | |
| Wendekreis | 11,7 m | |
| Leergewicht | 1110 kg | |
| Zuläss. Gesamtgewicht | 1450 kg | |
| Höchstgeschwindigkeit | 100 km/h | |
| Beschleunigung 0 – 100 km/h | – | |
| Verbrauch auf 100 km | 13 Liter Gemisch | |
| Tankinhalt | 45 Liter | |
| Ölwanneninhalt | – | |
| Kühlsystem | 9,5 Liter (ab 1963: 12 Liter) | |

|  | Auto-Union 1000 Sp<br>Roadster<br>1961–1965 |
|---|---|
| **Karosserie** | Ganzstahlkarosserie |
| | |
| **Motor** | Zweitakt-Reihenmotor |
| Zylinder | 3 |
| Bohrung × Hub | 74 × 76 mm |
| Hubraum | 980 ccm |
| Leistung | 55 PS bei 4500 U/min |
| Verdichtung | 1 : 8,2 |
| max. Drehmoment | 9 mkp bei 3500 U/min |
| Gemischaufbereitung | Zenith 32/36 NDIX |
| Ventile | – |
| Nockenwelle | – |
| Kurbelwellenlager | 4 |
| Batterie | 6 V 75 Ah |
| Lichtmaschine | 160 W |
| | |
| **Kraftübertragung** | Frontantrieb |
| Kupplung | Einscheibentrockenkupplung |
| Schaltung | Lenkradschaltung |
| Getriebe | 4 Gänge, vollsynchronisiert |
| Übersetzungen | I. 3,82, II. 2,22, III. 1,31, IV. 0,913 |
| Antriebsübersetzung | 4,375 |
| | |
| **Fahrwerk** | |
| Vorderradaufhängung | Querlenker unten, 1 Querfeder oben |
| Hinterradaufhängung | Starrachse, 1 hochliegende Querfeder |
| Bremsanlage | Trommelbremsen vorn und hinten (ab März 1963: Scheibenbremsen vorn) |
| Felgen | $4^1/_2$ J × 15 |
| Reifen | 155 SR 15 |
| Lenkung | Zahnstangenlenkung |
| | |
| **Weitere Daten** | |
| Abmessungen (L × B × H) | 4170 × 1680 × 1325 mm |
| Radstand | 2350 mm |
| Spurweite vorn/hinten | 1290/1350 mm |
| Wendekreis | 11,5 m |
| Leergewicht | 950 kg |
| Zuläss. Gesamtgewicht | 1200 kg |
| Höchstgeschwindigkeit | 140 km/h |
| Beschleunigung 0–100 km/h | 23 sec |
| Verbrauch auf 100 km | 10,5 Liter Gemisch |
| Tankinhalt | 50 Liter |
| Ölwanneninhalt | – |
| Kühlsystem | 7,5 Liter |

Auto Union 1000 Sp Road-
ster (Karosserie Baur),
1961–1965

DKW F 12 Roadster,
1964–1965

**DKW F 12**
**Roadster**
**1964 – 1965**

| | |
|---|---|
| **Karosserie** | Ganzstahlkarosserie in Schalenbauweise |
| | |
| **Motor** | Zweitakt-Reihenmotor |
| Zylinder | 3 |
| Bohrung × Hub | 74,5 × 68 mm |
| Hubraum | 889 ccm |
| Leistung | 45 PS bei 4500 U/min |
| Verdichtung | 1 : 7,25 |
| max. Drehmoment | 8 mkp bei 2500 U/min |
| Gemischaufbereitung | Solex 40 CIB |
| Ventile | – |
| Nockenwelle | – |
| Kurbelwellenlager | 4 |
| Batterie | 6 V  56 Ah |
| Lichtmaschine | 200 W |
| | |
| **Kraftübertragung** | Frontantrieb |
| Kupplung | Einscheibentrockenkupplung |
| Schaltung | Lenkradschaltung |
| Getriebe | 4 Gänge, vollsynchronisiert |
| Übersetzungen | I. 3,75, II. 2,23, III. 1,42, IV. 0,94 |
| Antriebsübersetzung | 4,125 |
| | |
| **Fahrwerk** | |
| Vorderradaufhängung | Doppelte Querlenker, längsliegende Federstäbe, Stabilisator |
| Hinterradaufhängung | Starrachse mit Längslenkern, querliegender Federstab, Panhard-Stab |
| Bremsanlage | vorne Scheiben-, hinten Trommelbremsen |
| Felgen | 4 J × 13 |
| Reifen | 5,50 – 13 |
| Lenkung | Zahnstangenlenkung |
| | |
| **Weitere Daten** | |
| Abmessungen (L × B × H) | 3968 × 1575 × 1375 mm |
| Radstand | 2250 mm |
| Spurweite vorn/hinten | 1200/1280 mm |
| Wendekreis | 11 m |
| Leergewicht | 735 kg |
| Zuläss. Gesamtgewicht | 1020 kg |
| Höchstgeschwindigkeit | 130 km/h |
| Beschleunigung 0 – 100 km/h | 23 sec |
| Verbrauch auf 100 km | 10 Liter Gemisch |
| Tankinhalt | 35 Liter |
| Ölwanneninhalt | Ölbehälter: 3,8 Liter |
| Kühlsystem | 7,25 Liter |

Auto Union Munga,
1954–1968

Für zivile Zwecke gab es den Munga
auch als Sechs- und Achtsitzer. Oben
das Modell F 91/6, unten der 15 cm
längere F 91/8.

111

# Fiat

Die Tatsache, daß die italienische Marke Fiat als einziger ausländischer Importeur in diesem Buch erscheint, verdankt sie neben der zeitweise recht engen Verflechtung mit deutschen Unternehmen in erster Linie der Nachkriegsproduktion von rund 400 000 Wagen auf schwäbischen Fließbändern. So gesehen zählt auch Fiat, damals repräsentiert durch die Markennamen NSU-Fiat und Neckar, zu den deutschen Automobilherstellern. Der Anteil der offenen Modelle an der deutschen Produktion blieb allerdings – verglichen mit der Vielfalt von Cabriolets und Spidern aus Turin – recht bescheiden und spielte stückzahlmäßig, abgesehen vom NSU-Fiat 500 C, keine große Rolle.

Die Aktivitäten des Turiner Konzerns in Deutschland reichen bis 1914 zurück. Damals wurde in Berlin die Deutsche Fiat GmbH als Vertriebsorganisation gegründet. 1920 folgte die Bayerische Fiat-Vertriebs GmbH in München, wo auch Karosserien gebaut wurden. Daraus entstand zwei Jahre später die Deutsche Fiat-Automobil-Verkaufsaktiengesellschaft, die heute als eigentliche Fiat-Keimzelle in Deutschland gilt.

1926 wurde der Firmensitz von München nach Berlin verlegt. 1928 kaufte die Fiat S.p.A., Turin, neben der Dresdner Bank einer der Großaktionäre der NSU Vereinigte Fahrzeugwerke AG, für zwei Millionen Reichsmark deren Heilbronner Automobilwerk und gründete im Januar 1929 die NSU Automobil AG. Unter dem Namen NSU-Fiat wurden in Heilbronn bis in die ersten Kriegsjahre hinein verschiedene Turiner Modelle montiert.

Nach dem Krieg verlegte die deutsche Fiat-Tochter ihren Unternehmenssitz von Berlin nach Heilbronn und begann 1947 mit der Auslieferung der ersten Fiat 500 B an die Besatzungsmacht. 1948 entstanden ganze sieben NSU-Fiat 500-Kombi (mit Holz-Stahl-Karosserie), 1949 kletterte die Produktion auf 65 Stück. Jetzt wurde auch wieder die deutsche Kundschaft beliefert, zunächst nur mit dem Kombi, ab 1950 auch mit der zweisitzigen Cabrio-Limousine. Die Karosserien kamen teilweise aus Turin, teilweise aus dem 1938 erworbenen Karosseriewerk Weinsberg.

Bedingt durch die neuerlichen Aktivitäten der NSU-Werke AG im Personenwagengeschäft – ab 1958 lief in Neckarsulm der NSU Prinz vom Band – wurde eine Trennung der Markennamen notwendig. Im Oktober 1959 änderte deshalb die NSU-Werke AG, Neckarsulm, ihren Namen in ›NSU-Motorenwerke AG Neckarsulm‹, während die zur Fiat-Gruppe gehörende NSU Automobil AG jetzt als ›Neckar Automobil-Werke AG Heilbronn (vormals NSU Automobil AG)‹ firmierte. Die in Heilbronn hergestellten Fiat-Wagen trugen weiterhin die Markenbezeichnung NSU-Fiat und ab 1966 den Namen ›Neckar‹. Neben den geringfügig modifizierten Turiner Modellen entstanden in den fünfziger Jahren auch in geringer Stückzahl einige eigenständige Typen, z. B. ein Fiat 1400 Cabriolet mit Rometsch-Karosserie und ein von Wendler gebautes Cabriolet auf Basis des Fiat 1100 TV bzw. des NSU-Fiat Neckar.

Gegen Ende der sechziger Jahre ging die Produktion in Heilbronn immer weiter zurück und sank 1972 auf einen Tagesausstoß von 80 Wagen, so daß man sie schließlich aus Rentabilitätsgründen ganz einstellte. Seitdem fungiert die Deutsche Fiat AG, 1980 abermals umbenannt in Fiat Automobil AG, als reine Import- und Vertriebsgesellschaft des Turiner Konzerns.

### NSU-Fiat 500 C (1950–1955)

Neben dem aus Turin importierten Original-›Topolino‹ gab es ab 1950 auch den in Heilbronn aus angelieferten Teilen montierten NSU-Fiat 500 C. Die genaue Stückzahl der zwischen 1950 und 1955 hergestellten zweisitzigen Cabrio-Limousine ist nicht mehr zu ermitteln, es dürften aber einige tausend Exemplare gewesen sein. Der Preis fiel von DM 4900,– im Jahr 1950 auf DM 4610,– bei Produktionsende.

### NSU-Fiat Neckar Sport (1954–1956)

Die Reutlinger Karosseriefirma Wendler baute von 1954 bis 1956 zunächst auf dem Fahrgestell des Fiat 1100 TV, dann auf der Basis des NSU-Fiat Neckar eine kleine Serie zweisitziger Sportcabriolets. Auch hier ist die Stückzahl nicht mehr festzustellen (vermutlich einige Dutzend Exemplare). Der Preis betrug anfangs DM 11200,–, später DM 10700,–.

### NSU-Fiat 1400 Cabriolet (1951/52)

Das Fiat 1400-Cabriolet debütierte zusammen mit der Limousine im März 1950 auf dem Genfer Salon. In Deutschland baute zunächst Rometsch, vermutlich 1951, ein eigenständiges Cabriolet auf Fiat 1400-Basis, später stellten auch die Karosseriewerke Weinsberg einen eigenen Entwurf vor. Es blieb jedoch beim Holzmodell. Dafür wurde 1952 in Weinsberg eine Anzahl NSU-Fiat 1400-Cabriolets aus angelieferten Teilen montiert, die sich vom Turiner Original nicht unterschieden. Nach Angaben eines ehemaligen Weinsberg-Mitarbeiters dürften höchstens 100 Cabriolets in Deutschland montiert worden sein.

Preis: DM 13850,–
(Das Rometsch-Cabriolet war billiger. Der genaue Preis ist jedoch nicht bekannt.)

|  | **NSU-Fiat 500 C**<br>**Cabrio-Limousine**<br>**1950 – 1955** |
|---|---|
| **Karosserie** | Ganzstahlkarosserie |
| **Motor** | Reihenmotor |
| Zylinder | 4 |
| Bohrung × Hub | 52 × 67 mm |
| Hubraum | 570 ccm |
| Leistung | 16,5 PS bei 4400 U/min |
| Verdichtung | 1 : 6,45 |
| max. Drehmoment | 2,95 mkp bei 2000 U/min |
| Gemischaufbereitung | Weber 22 DRS oder Solex 22 IAC-4 |
| Ventile | hängend |
| Nockenwelle | ohv |
| Kurbelwellenlager | 2 |
| Batterie | 12 V 38 Ah |
| Lichtmaschine | 150 W |
| **Kraftübertragung** | Hinterradantrieb |
| Kupplung | Einscheibentrockenkupplung |
| Schaltung | Knüppelschaltung |
| Getriebe | 4 Gänge, III. + IV. synchronisiert |
| Übersetzungen | I. 4,480, II. 2,730, III. 1,766, IV. 1,000 |
| Antriebsübersetzung | 5,125 |
| **Fahrwerk** | |
| Vorderradaufhängung | Querlenker unten, 1 Querfeder oben |
| Hinterradaufhängung | Starrachse mit Halbfedern, Stabilisator |
| Bremsanlage | Trommelbremsen vorn und hinten |
| Felgen | 2,50 C × 15 |
| Reifen | 4,25 – 15 |
| Lenkung | Schneckenlenkung |
| **Weitere Daten** | |
| Abmessungen (L × B × H) | 3350 × 1288 × 1375 mm |
| Radstand | 2000 mm |
| Spurweite vorn/hinten | 1116/1083 mm |
| Wendekreis | 8,7 m |
| Leergewicht | 625 kg |
| Zuläss. Gesamtgewicht | 850 kg |
| Höchstgeschwindigkeit | 95 km/h |
| Beschleunigung 0 – 100 km/h | – |
| Verbrauch auf 100 km | 6 Liter Normal |
| Tankinhalt | 21,5 Liter |
| Ölwanneninhalt | 2,2 Liter |
| Kühlsystem | 4,5 Liter |

**NSU-Fiat 500 C, 1952–1955**

**NSU-Fiat 1400 Cabriolet, 1951/52**

| **Karosserie** | Selbsttragende Ganzstahlkarosserie |
|---|---|
| **Motor** | Reihenmotor |
| Zylinder | 4 |
| Bohrung × Hub | 82 × 66 mm |
| Hubraum | 1395 ccm |
| Leistung | 44 PS bei 4400 U/min |
| Verdichtung | 1 : 6,7 |
| max. Drehmoment | 9,3 mkp bei 2000 U/min |
| Gemischaufbereitung | Weber 32 DR 6 SP oder Solex 32 BI |
| Ventile | hängend |
| Nockenwelle | ohv |
| Kurbelwellenlager | 3 |
| Batterie | 12 V 38 Ah |
| Lichtmaschine | 300 W |
| **Kraftübertragung** | Hinterradantrieb |
| Kupplung | Einscheibentrockenkupplung |
| Schaltung | Lenkradschaltung |
| Getriebe | 4 Gänge, II.–IV. synchronisiert |
| Übersetzungen | I. 3,86, II. 2,38, III. 1,57, IV. 1,00 |
| Antriebsübersetzung | 4,45 |
| **Fahrwerk** | |
| Vorderradaufhängung | Doppelte Querlenker mit Schraubenfedern, Stabilisator |
| Hinterradaufhängung | Starrachse mit Schraubenfedern, Stabilisator |
| Bremsanlage | Trommelbremsen vorn und hinten |
| Felgen | 4 J × 14 |
| Reifen | 5,90 – 14 |
| Lenkung | Schneckenlenkung |
| **Weitere Daten** | |
| Abmessungen (L × B × H) | 4305 × 1655 × 1530 mm |
| Radstand | 2650 mm |
| Spurweite vorn/hinten | 1307/1300 mm |
| Wendekreis | 10,7 m |
| Leergewicht | 1240 kg |
| Zuläss. Gesamtgewicht | 1550 kg |
| Höchstgeschwindigkeit | 120 km/h |
| Beschleunigung 0 – 100 km/h | 35 sec |
| Verbrauch auf 100 km | 11 Liter Normal |
| Tankinhalt | 48 Liter |
| Ölwanneninhalt | 5,4 Liter |
| Kühlsystem | 9,3 Liter |

Dieses Holzmodell
eines NSU-Fiat 1400-
Cabriolets entstand
bei den Karosserie-
werken Weinsberg. Zu
einer eigenständigen
Produktion kam es je-
doch nicht.

NSU-Fiat 1400 Cabrio-
let (Karosserie Ro-
metsch)

117

| | NSU-Fiat Neckar Sport Cabriolet 1954–1956 |
|---|---|
| **Karosserie** | Selbsttragende Ganzstahlkarosserie |
| **Motor** | Reihenmotor |
| Zylinder | 4 |
| Bohrung × Hub | 68 × 75 mm |
| Hubraum | 1082 ccm |
| Leistung | 50 PS bei 5400 U/min |
| Verdichtung | 1 : 7,6 |
| max. Drehmoment | nicht bekannt |
| Gemischaufbereitung | nicht bekannt |
| Ventile | hängend |
| Nockenwelle | ohv |
| Kurbelwellenlager | 3 |
| Batterie | 12 V 28 Ah |
| Lichtmaschine | 180 W |
| **Kraftübertragung** | Hinterradantrieb |
| Kupplung | Einscheibentrockenkupplung |
| Schaltung | Lenkradschaltung |
| Getriebe | 4 Gänge, II.–IV. synchronisiert |
| Übersetzungen | I. 3,86, II. 2,38, III. 1,57, IV. 1,00 |
| Antriebsübersetzung | 4,30 |
| **Fahrwerk** | |
| Vorderradaufhängung | Doppelte Querlenker mit Schraubenfedern und Stabilisator |
| Hinterradaufhängung | Starrachse mit Blattfedern und Stabilisator |
| Bremsanlage | Trommelbremsen vorn und hinten |
| Felgen | 3,00 D × 14 |
| Reifen | 5,20–14 |
| Lenkung | Schneckenlenkung |
| **Weitere Daten** | |
| Abmessungen (L × B × H) | nicht bekannt |
| Radstand | 2340 mm |
| Spurweite vorn/hinten | 1229/1212 mm |
| Wendekreis | 10,9 m |
| Leergewicht | nicht bekannt |
| Zuläss. Gesamtgewicht | nicht bekannt |
| Höchstgeschwindigkeit | 135 km/h |
| Beschleunigung 0–100 km/h | ca. 24 sec |
| Verbrauch auf 100 km | 9 Liter Super |
| Tankinhalt | 40 Liter |
| Ölwanneninhalt | 3 Liter |
| Kühlsystem | 5,6 Liter |

**NSU-Fiat Neckar Sport (Karosserie Wendler) 1954–1956**

# FMR/Messerschmitt

Im April 1947 eröffnete der junge Flugzeugingenieur Fritz M. Fend in Rosenheim einen technischen Fertigungsbetrieb. Neben mancherlei kleineren Lohnaufträgen bastelte Fend an einer dreirädrigen Eigenkonstruktion, einem Fahrrad mit Witterungsschutz sozusagen. Dieser frühe Vorläufer des Kabinenrollers wurde per Muskelkraft über Pedale angetrieben. Für beinamputierte Kriegsversehrte baute Fend seine Dreiradfahrzeuge auch mit Handhebelantrieb (Holländer-System). Als nach der Währungsreform die ersten Fahrradhilfsmotoren auf den Markt kamen, verpflanzte er im September 1948 ein solches Aggregat ins Heck seines in kleiner Stückzahl produzierten ›Flitzers‹, wie er das Dreirad getauft hatte. Die ursprünglich verwendeten Fahrradräder wurden bald darauf durch Schubkarrenräder ersetzt.

In den folgenden Monaten verbesserte Fend seine Konstruktion laufend weiter. Im April 1949 präsentierte er auf der Technischen Messe in Frankfurt/Main seinen Flitzer mit einem 4,5 PS starken Riedel-Motor. Der entscheidende Durchbruch gelang ihm allerdings erst drei Jahre später, als er mit dem Flugzeugbauer Prof. Messerschmitt übereinkam, seinen Kabinenroller in dessen Regensburger Werk in Serie zu bauen. Nach den Modellen KR 175 und KR 200, beide mit Plexiglas-Kuppeldach (›Menschen in Aspik‹ nannte man spöttisch die hintereinander sitzenden Insassen), präsentierte Fend im Januar 1957 das Modell KR 201 mit Roadster-Verdeck.

Im selben Monat gründete er nach der Ausgliederung der Kabinenrollerproduktion aus dem Messerschmitt-Werk zusammen mit seinem Zulieferer für Bremsen und Radnaben, Valentin Knott, die Fahrzeug- und Maschinenbau GmbH, Regensburg (FMR). Im September 1957 präsentierte die FMR auf der Frankfurter IAA erstmals den vierrädrigen ›Tiger‹, der wahlweise mit 400 ccm- oder 500 ccm-Motor geliefert werden sollte. Auf den Einspruch der Firma Krupp, die sich den Namen Tiger für ihr damaliges Lkw-Programm vorsorglich hatte schützen lassen, verzichtete Fend auf diese Modellbezeichnung und nannte die Vierrad-Version fortan ›Tg 500‹. Die Fans freilich nannten und nennen sie noch heute ›Tiger‹.

Trotz überdurchschnittlicher Fahrleistungen und Anhebung der Garantiezeit auf ein Jahr ohne Kilometerbegrenzung – 1961 eine kleine Sensation – ging die Nachfrage Jahr für Jahr immer mehr zurück. Die Zeit der Kabinenroller war Anfang der sechziger Jahre zu Ende, daran konnte es keinen Zweifel mehr geben. Wachsende Probleme mit den Zulieferern führten schließlich 1964 zur Produktionseinstellung.

## FMR KR 201 Roadster (1957–1964)

Dreirädriger Kabinenroller mit Roadsterverdeck und zwei hintereinanderliegenden Sitzen. Gebaut von Februar 1957 bis Januar 1964 in nicht bekannter Stückzahl. Der Preis betrug anfangs DM 1998,–, ab Mai 1958 DM 2395,–.

120

## FMR Tg 500 Roadster (›Tiger‹) (1959–1964)

Vierrädriger Kabinenroller mit Roadsterverdeck und zwei hintereinanderliegenden Sitzen. Leistungsmäßig allen damals gebauten Kleinwagen weit überlegen. Gebaut von Januar 1959 bis Januar 1964 in nicht bekannter (maximal dreistelliger) Stückzahl. Der Preis betrug DM 3455,–.

**Ein früher Vorläufer des ›Tiger‹ war dieser Prototyp, den Fritz Fend mit aufblasbarem Dach nach Art einer Luftmatratze versehen hatte.**

FMR Roadster KR 201, 1957–1964

|  | FMR KR 201 Roadster 1957–1964 | FMR Tg 500 Roadster 1959–1964 |
|---|---|---|
| **Karosserie** | Ganzstahlkarosserie | Ganzstahlkarosserie |
| **Motor** | Zweitaktmotor (Fichtel & Sachs) | Zweitakt-Reihenmotor (Fichtel & Sachs) |
| Zylinder | 1 | 2 |
| Bohrung × Hub | 65 × 58 mm | 67 × 70 mm |
| Hubraum | 192 ccm | 494 ccm |
| Leistung | 9,7 PS bei 5000 U/min | 24,5 PS bei 5000 U/min |
| Verdichtung | 1 : 6,3 | 1 : 6,5 |
| max. Drehmoment | 1,53 mkp bei 4000 U/min | 3,4 mkp bei 4000 U/min |
| Gemischaufbereitung | Bing-Vergaser | Bing 7/28/10 |
| Ventile | – | – |
| Nockenwelle | – | – |
| Kurbelwellenlager | 2 | 2 |
| Batterie | 12 V 14 Ah | 12 V 24 Ah |
| Lichtmaschine | 90 W | 160 W |
| **Kraftübertragung** | Heckantrieb | Heckantrieb |
| Kupplung | Lamellenkupplung im Ölbad | Zweischeibentrockenkupplung |
| Schaltung | Ratschenschaltung rechts vom Fahrer | Ratschenschaltung rechts vom Fahrer |
| Getriebe | 4 Gänge | 4 Gänge |
| Übersetzungen | I. 3,22, II. 1,85, III. 1,24, IV. 0,95 | I. 2,67, II. 1,45, III. 0,83, IV. 0,59 |
| Antriebsübersetzung | 2,31 | 3,12 |
| **Fahrwerk** | | |
| Vorderradaufhängung | Dreiecksquerlenker, Gummifederung | Dreiecksquerlenker, Gummifederung |
| Hinterradaufhängung | Kettenkasten als Schwinge | Pendelachse mit Schraubenfedern |
| Bremsanlage | Trommelbremsen vorn und hinten | Trommelbremsen vorn und hinten |
| Felgen | nicht bekannt | nicht bekannt |
| Reifen | 4,40 – 8 | 4,40 – 10 |
| Lenkung | Achsschenkellenkung | Achsschenkellenkung |
| **Weitere Daten** | | |
| Abmessungen (L × B × H) | 2820 × 1220 × 1200 mm | 3000 × 1270 × 1245 mm |
| Radstand | 2030 mm | 1885 mm |
| Spurweite vorn/hinten | vorn 1080 mm | 1110/1040 mm |
| Wendekreis | 9 m | 9,5 m |
| Leergewicht | 230 kg | 350 kg |
| Zuläss. Gesamtgewicht | 430 kg | 560 kg |
| Höchstgeschwindigkeit | 100 km/h | 130 km/h |
| Beschleunigung 0 – 100 km/h | nicht bekannt | 25 sec |
| Verbrauch auf 100 km | 3,5 Liter Gemisch | 5,7 Liter Gemisch |
| Tankinhalt | 14 Liter | 30 Liter |
| Ölwanneninhalt | – | – |
| Kühlsystem | Luftkühlung | Luftkühlung |

FMR Roadster Tg 500
(›Tiger‹), 1959–1964

Ein Haifischmaul
und Heckflossen nach
Art amerikanischer
Straßenkreuzer
zierten diesen drei-
rädrigen Prototyp von
1962, der nicht mehr
in Serie ging.

123

# Ford

Die ersten Automobile hatten gerade mühsam das Laufen gelernt, als Henry Ford I. bereits zwei Brückenköpfe im Deutschen Reich errichtete. 1903 gründete er in Berlin und in Stolp/Pommern Generaldirektionen, die für Import und Vertrieb von Ford-Wagen in Deutschland zuständig waren. Die deutsche Tochtergesellschaft Ford Motor Company AG in Berlin entstand erst 1925. Ganze 37 Mitarbeiter verzeichnete die Firmenchronik zu jener Zeit.

Der 8. April 1926 war für Ford ein historisches Datum: An diesem Tag rollte die erste in Deutschland montierte Tin Lizzie aus der Montagehalle im Berliner Westhafen. Knapp 9000 Exemplare dieses Evergreens wurden produziert, bevor 1928 das neue A-Modell auf die Berliner Bänder kam. Schon bald stieß man an die Kapazitätsgrenze von 60 Fahrzeugen pro Tag und hielt deshalb nach einem größeren Betriebsgelände Ausschau. 1929 entschied man sich für Köln als neuen Standort. Am 2. Oktober 1930 legte Henry Ford I. den Grundstein. Schon ein halbes Jahr später lief das erste Fahrzeug, ein Ford-Lkw, in Köln vom Band. Der Berliner Betrieb war einige Wochen zuvor geschlossen worden. Die Heilbronner Karosseriefirma Drauz, seit 1929 Hauptlieferant von Ford, schaltete schnell und errichtete 1932 ein eigenes Zweigwerk in der Domstadt.

Die Wirtschaftskrise zu Beginn der dreißiger Jahre ging auch an Ford nicht vorbei. Im August 1931 wurde die Produktion vorübergehend völlig eingestellt und die Beschäftigtenzahl sank von 1000 auf 250. 1932 betrug die Tagesproduktion ganze 30 Einheiten, Personen- und Lastwagen zusammengerechnet. Zu den wirtschaftlichen Schwierigkeiten gesellten sich politische Querelen: Der Reichsverband der Automobilindustrie erwirkte gegen Ford eine einstweilige Verfügung, wonach die Bezeichnung ›Deutsche Ford-Wagen‹ unterbleiben mußte, da bei der Montage überwiegend importierte Fahrzeugteile verwendet wurden.

Ab 1935 war dieses Thema vom Tisch. Ford Köln hatte voll auf eigene Teilefertigung umgestellt, was von nun an durch ein Kühlerschild mit der Aufschrift ›Deutsches Erzeugnis‹ auch nach außen hin dokumentiert wurde. Gebaut wurden jetzt die Typen ›Köln‹, ›Rheinland‹, ›Eifel‹ und ›V 8‹, die beiden letztgenannten auch als attraktive Cabriolets mit Gläser-Karosserie. In den folgenden Jahren stiegen die Produktionszahlen kräftig an und erreichten 1938 mit 23 969 Personenwagen das beste Vorkriegsergebnis. Damals ahnte noch niemand, daß vier Jahre später die Pkw-Jahresproduktion auf 42 Einheiten absinken und danach ganz eingestellt werden würde. In den restlichen Kriegsjahren wurden im Kölner Ford-Werk ausschließlich Lastwagen für die Wehrmacht gebaut, darunter sinnigerweise auch rund 1500 Stück aus amerikanischen Teilesätzen.

Noch in den letzten Kriegstagen erhielt die Ford-Werke AG, wie die deutsche Tochter seit 1939 firmierte, als erstes deutsches Automobilwerk von den Besatzungsbehörden die Genehmigung zur Wiederaufnahme der Produktion. Am 8. Mai 1945, einen Tag vor der deutschen Kapitulation, lief am Rhein bereits der erste Dreitonner vom Band. Bis zum Jahresende 1945 wurden 2846 Stück produziert.

1948 begann die Wiederproduktion des bereits 1939 vorgestellten ›Taunus‹. Die ersten Taunus-Karosserien wurden übrigens mangels eigener Kapazität im Lohnauftrag vom Volkswagenwerk produziert. Im selben Jahr trafen Henry Ford II., VW-Chef Heinrich Nordhoff und hohe britische Militärs in Köln zusammen. Anlaß des Treffens: Die Briten hatten Ford das VW-Werk zum Kauf angeboten, aber der lehnte dankend ab.

Als erste echte Novität erschien dann im Januar 1952 der Taunus 12 M (das ›M‹ stand für Meisterstück), unter dessen Haube freilich das altbekannte seitengesteuerte Vorkriegsaggregat am Werke war – und das bis 1962! 1954 entwickelte Ford in eigener Regie ein zweisitziges Cabriolet auf Basis der 12 M-Limousine.

1955 wurde der Taunus 15 M präsentiert, der bald auch als zwei- und viersitziges Cabriolet lieferbar war. Die Personenwagen-Produktion war so stark angestiegen, daß man zwecks Kapazitätsausweitung Verhandlungen mit Borgward aufnahm, die allerdings ergebnislos verliefen. Stattdessen kaufte Ford im Januar 1956 das Wülfrather Werk des verstorbenen Karosserieherstellers Hebmüller von dessen Söhnen. Im Ford-Werk Wülfrath werden heute Achsschenkel und andere Zulieferteile produziert.

Am 23. Mai 1961 lief der einmillionste deutsche Ford seit Kriegsende vom Band. Dank des 17 M-Erfolgsmodells (›Badewanne‹) kletterte Ford auf den dritten Platz der deutschen Zulassungsstatistik und steigerte den Marktanteil auf mehr als 10 Prozent. Die Qualität der Ford-Produkte demonstrierte 1963 recht spektakulär ein Taunus 12 M auf der südfranzösischen Rennstrecke Miramas, indem er mit einem Motor 358 271 Kilometer zurücklegte und dabei 145 Weltrekorde aufstellte. Im selben Jahr lief die Produktion im neuen Zweigwerk Genk/Belgien an.

Der Ford-Marktanteil in Deutschland kletterte zügig nach oben. 1965 erreichte er beachtliche 18,5 Prozent und verdrängte den Erzrivalen Opel vom zweiten Platz der Zulassungsstatistik. Einen beträchtlichen Imagegewinn versprach man sich auch, sicher nicht zu Unrecht, von der im Juni 1968 gegründeten Rennsportabteilung, die zunächst den 20 M RS, später die Modelle Escort und Capri bei Rallyes und Rennen einsetzte. Mit gutem Erfolg: 1971 wurde Jochen Maas auf Capri RS Deutscher Rundstreckenmeister, während Dieter Glemser, ebenfalls auf Capri RS, die Tourenwagen-Europameisterschaft gewann. 1972 wiederholten Hans-Joachim Stuck und Jochen Maas diesen Erfolg. 1973 und 1974 wurde Dieter Glemser auf Escort Deutscher Rennsportmeister. Ab 1974 übernahm die Tuningfirma Zakspeed Vorbereitung und Einsatz der Ford-Wettbewerbswagen – mit großem Erfolg, wie man weiß.

Die Talfahrt auf dem deutschen Automobilmarkt machte auch Ford erheblich zu schaffen. Der Marktanteil im ersten Halbjahr 1982 betrug nur noch 10,9 Prozent. Auftrieb erhofft man sich vor allem vom neuen Mittelklassemodell Sierra. Auf dem Cabriolet-Sektor hielt man sich in Köln bis vor wenigen Jahren zurück. Als ersten Versuchsballon nach jahrelanger Abstinenz startete man 1981 auf der Frankfurter IAA den offenen Escort XR 3. Das positive Echo und wohl auch die zunehmenden Aktivitäten der Konkurrenz in dieser Marktnische gaben schließlich den Ausschlag für die Entscheidung, wieder ein offenes Auto anzubieten. Seit Herbst 1983 läuft bei Karmann das Escort-Cabriolet in drei Leistungsvarianten vom Band.

## Ford Taunus (1949–1951)

Kein anderes Nachkriegsmodell einer deutschen Marke rief so viele Karosserie-bauer auf den Plan wie der Ford Taunus. Neben bekannten Firmen wie Karmann, Deutsch und Drauz wetteiferten Migö in Köln-Ehrenfeld (der Firmeninhaber Christian Mittelgöker war ein ehemaliger Deutsch-Mitarbeiter) und Drews in Wuppertal mit mehr oder weniger gelungenen Kreationen um die Gunst des Cabriolet-Käufers. Die Spezial- und de Luxe-Versionen des Taunus gab es als zwei- und viersitzige Cabriolets, teils mit zwei, teils mit vier Seitenscheiben (siehe Übersicht). In Serie gebaut wurden allerdings nur die von Deutsch karossierten Cabriolets, von allen übrigen gab es jeweils nur wenige Einzelstücke. Von 1949 bis 1951 war der Ford Taunus in folgenden Ausführungen lieferbar:

Deutsch-Cabriolet  (2 Sitze, 2 Seitenfenster)
Deutsch-Cabriolet  (4 Sitze, 4 Seitenfenster)
Deutsch-Cabriolet  (4 Sitze, 2 Seitenfenster)
Karmann-Cabriolet (4 Sitze, 4 Seitenfenster)
Drauz-Cabriolet    (4 Sitze, 4 Seitenfenster)
Migö-Cabriolet     (4 Sitze, 4 Seitenfenster)
Migö-Cabriolet     (4 Sitze, 2 Seitenfenster)
Drews-Cabriolet    (4 Sitze, 2 Seitenfenster)

Die Stückzahlen sind nicht bekannt. Bei den Preisen ließen sich nur die der in Serie hergestellten Deutsch-Cabriolets ermitteln:

Ford Taunus Cabriolet zweisitzig (Kar. Deutsch)   DM 8490,– bis 8730,–
Ford Taunus Cabriolet viersitzig (Kar. Deutsch)   DM 8590,– bis 8830,–

## Ford Taunus 12 M (1953–1954)

Der 12 M war die erste Neuentwicklung von Ford Köln nach dem Krieg. Für den Antrieb des G 13, so die interne Modellbezeichnung, sorgte nach wie vor das seitengesteuerte Vorkriegsaggregat, das bis 1962 im Programm blieb. Von 1953 bis 1954 gab es eine kleine Serie zwei- und viersitziger Cabriolets. Die genaue Stückzahl ließ sich nicht feststellen.

Preise:  Ford Taunus 12 M Cabriolet zweisitzig   DM 8860,–
         Ford Taunus 12 M Cabriolet viersitzig   DM 8935,–

## Ford Taunus 15 M (1955–1957)

In die mit Ausnahme des Kühlergrills unveränderte 12M-Karosserie baute Ford ab Ende 1954 den neuentwickelten 1,5 Liter-Kurzhuber ein und präsentierte dieses Modell als 15 M (interne Bezeichnung: G 4B). Von 1955 bis 1957 wurde es in geringer Stückzahl auch als zwei- und viersitziges Cabriolet hergestellt.

Preise:  Ford Taunus 15 M Cabriolet zweisitzig   DM 8765,–
         Ford Taunus 15 M Cabriolet viersitzig   DM 8840,–

126

**Ford Taunus 12 M (1959–1962)**

Die im August 1959 vorgestellte Neuauflage des 12 M unterschied sich vom alten Modell hauptsächlich durch einige Karosserie-Retuschen (z. B. neuer Kühlergrill, farblich abgesetzter Seitenstreifen). Der seitengesteuerte 12 M-Motor und der modernere 1,5 Liter-Kurzhuber wurden unverändert beibehalten. Die Karosseriefirma Deutsch baute eine kleine Anzahl Limousinen zu zweisitzigen Cabriolets um. Der Verkaufspreis betrug etwa DM 9000,–.

**Ford Taunus 12 M (P 4) (1963–1966)**

Das Modell P 4, Fords erster Wagen mit Frontantrieb, war ursprünglich unter der Projektbezeichnung ›Cardinal‹ für den amerikanischen Markt entwickelt worden, wurde dann jedoch ab 1962 in Köln und ab 1963 auch in Genk/Belgien gebaut. Der neuentwickelte V 4-Motor war ein recht rauhes und unkultiviertes Triebwerk. Die zweitürige Limousine wurde ab 1963 in geringer Stückzahl von der Firma Deutsch zum 2/2sitzigen Cabriolet umgebaut. Der Preis für das Grundmodell mit 1,2-Liter-Motor betrug rund DM 9200,–.

**Ford Taunus 17 M (P 2) (1957–1960)**

Der völlig neu entwickelte 17 M, den Ford im August 1957 vorstellte, wirkte wie ein amerikanischer Straßenkreuzer im Taschenformat und entsprach damit dem damaligen Zeitgeschmack. Noch mehr amerikanisches Flair als die Limousine strahlte das von Deutsch gebaute, zweifarbig abgesetzte de Luxe-Cabriolet aus, dessen Verdeck in geöffnetem Zustand vollständig hinter der Rückenlehne verschwand. Die Stückzahl ist nicht bekannt. Der Preis belief sich auf rund DM 10500,–.

**Ford Taunus 17 M (P 3), 17 M/20 M (P 5 und P 7), 26 M (1960–1971)**

Die ›Linie der Vernunft‹, die Ford 1960 mit dem neuen 17 M P 3 vorgestellt und 1964 mit der Baureihe P 5 weiterentwickelt hatte, stand auch den bei Deutsch gebauten 2/2sitzigen Cabriolets nicht schlecht zu Gesicht. Für den 17 M P 3 (›Badewanne‹) lieferte Deutsch auf Wunsch auch ein hübsches Hardtop.
Mit der Einführung der Baureihe P 7 im August 1967 wandte sich Ford von der zeitlosen, harmonischen Karosserielinie ab und präsentierte die 17 M/20 M-Baureihe mit stark zerklüfteter, eckiger Karosserie, die wie der größere Bruder des 12 M wirkte. Deutsch brachte dennoch das Kunststück fertig, auf dieser gewiß nicht idealen Basis ein recht ansehnliches Cabriolet zu bauen. Auch von der 1968 erneut geänderten zweiten Serie der Baureihe P 7 und dem etwas klobig wirkenden Ford 26 M gab es einige 2/2sitzige Deutsch-Cabriolets.

Preise:  Ford Taunus 17 M (P 3) Cabriolet       ca. DM 11000,–
         Ford Taunus 17 M/TS (P 3) Cabriolet   ca. DM 12000,–
         Ford Taunus 17 M (P 5) Cabriolet          DM 11150,–
         Ford Taunus 20 M (P 5) Cabriolet          DM 12200,–
         Ford Taunus 20 M/TS (P 5) Cabriolet       DM 13000,–
(Die Preise der Cabriolets auf Basis der P 7-Baureihe und des Ford 26 M sind nicht bekannt).

### Ford Capri (1970–1972)

Mit dem 1969 vorgestellten Capri gelang Ford ein großer Wurf. Er war und ist noch heute einer der typischen Vertreter jener familientauglichen Sportwagen, die in den siebziger Jahren die bis dahin vorherrschenden reinen Zweisitzer ablösten. Daß er über seine Alltagstauglichkeit hinaus echte Sportwagenqualitäten besaß, demonstrierten schon bald seine zahlreichen Erfolge bei in- und ausländischen Motorsportveranstaltungen. Der Capri war das letzte Ford-Modell, das bei Deutsch zum Cabriolet umgebaut wurde, bevor das traditionsreiche Kölner Unternehmen 1972 den Karosseriebau aufgab. Stückzahl und Preise der in mehreren Leistungsvarianten lieferbaren Capri-Cabriolets sind nicht bekannt.

**In dieser Form lieferte Ford den Taunus an verschiedene deutsche Karosseriefirmen, die ihn dann zu individuellen Cabriolets komplettierten.**

128

## Ford Taunus Cabriolet
## 1949 – 1951

| | |
|---|---|
| **Karosserie** | Ganzstahlkarosserie |
| | |
| **Motor** | Reihenmotor |
| Zylinder | 4 |
| Bohrung × Hub | 63,5 × 92,5 mm |
| Hubraum | 1172 ccm |
| Leistung | 34 PS bei 4250 U/min |
| Verdichtung | 1 : 6,6 |
| max. Drehmoment | 7,25 mkp bei 2200 U/min |
| Gemischaufbereitung | Solex 26 VFJ |
| Ventile | stehend |
| Nockenwelle | ohv |
| Kurbelwellenlager | 3 |
| Batterie | 6 V 75 Ah |
| Lichtmaschine | 130 W |
| | |
| **Kraftübertragung** | Hinterradantrieb |
| Kupplung | Einscheibentrockenkupplung |
| Schaltung | Knüppelschaltung (ab Mai 1950 Lenkradschaltung) |
| Getriebe | 3 Gänge, II. und III. synchronisiert |
| Übersetzungen | I. 3,41, II. 1,76, III. 1,00 |
| Antriebsübersetzung | 4,857 |
| | |
| **Fahrwerk** | |
| Vorderradaufhängung | Starrachse, Blattfeder quer |
| Hinterradaufhängung | Starrachse, Blattfeder quer |
| Bremsanlage | Trommelbremsen vorn und hinten |
| Felgen | 3,50 D × 16 (ab Mai 1950: 4 J × 15) |
| Reifen | 5,50 – 16 (ab Mai 1950: 5,90 – 15) |
| Lenkung | Schneckenlenkung |
| | |
| **Weitere Daten** | |
| Abmessungen (L × B × H) | 4060 × 1485 × 1600 mm |
| Radstand | 2387 mm |
| Spurweite vorn/hinten | 1186/1220 mm |
| Wendekreis | 10 m |
| Leergewicht | Zweisitzer: 1030, Viersitzer: 1040 kg |
| Zuläss. Gesamtgewicht | Zweisitzer: 1200, Viersitzer: 1350 kg |
| Höchstgeschwindigkeit | 105 km/h |
| Beschleunigung 0 – 100 km/h | 45 sec |
| Verbrauch auf 100 km | 9 Liter |
| Tankinhalt | 38 Liter |
| Ölwanneninhalt | 3 Liter |
| Kühlsystem | 7,7 Liter |

Ford Taunus de Luxe Cabriolet viersitzig (Karosserie Karmann), 1951

Ford Taunus de Luxe Cabriolet viersitzig (Karosserie Migö), 1951

Ford Taunus Spezial
Cabriolet viersitzig
(Karosserie Kar-
mann), 1950

130

Ford Taunus de Luxe
Cabriolet viersitzig
(Karosserie Kar-
mann), 1951

Ford Taunus de Luxe
Cabriolet viersitzig
(Karosserie Deutsch),
1951

Ford Taunus de Luxe
Cabriolet viersitzig
(Karosserie Migö),
1951

131

Ford Taunus Spezial Cabriolet zweisitzig (Karosserie Deutsch), 1949

Ford Taunus Spezial Cabriolet zweisitzig (Karosserie Deutsch), 1950

Ford Taunus de Luxe Cabriolet zweisitzig (Karosserie Migö), 1951

Ford Taunus de Luxe Cabriolet zweisitzig (Karosserie Drews), 1951

132

## Ford Taunus 12 M Cabriolet
### 1953 – 1954

**Karosserie**                                  Selbsttragende Ganzstahlkarosserie

**Motor**                                       Reihenmotor
Zylinder                                        4
Bohrung × Hub                                   63,5 × 92,5 mm
Hubraum                                         1172 ccm
Leistung                                        38 PS bei 4250 U/min
Verdichtung                                     1 : 6,8
max. Drehmoment                                 7,6 mkp bei 2200 U/min
Gemischaufbereitung                             Solex 28 VFIS
Ventile                                         stehend
Nockenwelle                                     ohv
Kurbelwellenlager                               3
Batterie                                        6 V 75 Ah
Lichtmaschine                                   130 W

**Kraftübertragung**                            Hinterradantrieb
Kupplung                                        Einscheibentrockenkupplung
Schaltung                                       Lenkradschaltung
Getriebe                                        3 oder 4 Gänge, II. und III. bzw. II. – IV. synchronisiert
Übersetzungen                                   I. 3,410, II. 1,765, III. 1,000 oder I. 3,70, II. 2,16, III. 1,40, IV. 1,00
Antriebsübersetzung                             4,375 oder 4,57

**Fahrwerk**
Vorderradaufhängung                             Doppelte Querlenker mit Schraubenfedern
Hinterradaufhängung                             Starrachse mit Halbfedern
Bremsanlage                                     Trommelbremsen vorn und hinten
Felgen                                          4 J × 13
Reifen                                          5,60 – 13 oder 5,90 – 13
Lenkung                                         Schneckenlenkung

**Weitere Daten**
Abmessungen (L × B × H)                         4070 × 1580 × 1550 mm
Radstand                                        2489 mm
Spurweite vorn/hinten                           1220/1220 mm
Wendekreis                                      11,5 m
Leergewicht                                     Zweisitzer: 915, Viersitzer: 935 kg
Zuläss. Gesamtgewicht                           1250 kg
Höchstgeschwindigkeit                           112 km/h
Beschleunigung 0 – 100 km/h                     38 sec
Verbrauch auf 100 km                            9,5 Liter Normal
Tankinhalt                                      34 Liter
Ölwanneninhalt                                  2,5 Liter
Kühlsystem                                      7,1 Liter

**Ford Taunus 15 M Cabriolet**
**1955 – 1957**

| | |
|---|---|
| **Karosserie** | Selbsttragende Ganzstahlkarosserie |
| | |
| **Motor** | Reihenmotor |
| Zylinder | 4 |
| Bohrung × Hub | 82 × 70,9 mm |
| Hubraum | 1498 ccm |
| Leistung | 55 PS bei 4250 U/min |
| Verdichtung | 1 : 7 |
| max. Drehmoment | 11,3 mkp bei 2400 U/min |
| Gemischaufbereitung | Solex 32 PICB |
| Ventile | hängend |
| Nockenwelle | ohv |
| Kurbelwellenlager | 3 |
| Batterie | 6 V 84 Ah |
| Lichtmaschine | 130 W |
| | |
| **Kraftübertragung** | Hinterradantrieb |
| Kupplung | Einscheibentrockenkupplung |
| Schaltung | Lenkradschaltung |
| Getriebe | 3 Gänge, II. und III. synchronisiert oder 4 Gänge, vollsynchronisiert |
| Übersetzungen | I. 3,27, II. 1,69, III. 1,00 oder I. 3,39, II. 1,98, III. 1,33, IV. 1,00 |
| Antriebsübersetzung | 3-Gang: 4,11    4-Gang: 3,90 |
| | |
| **Fahrwerk** | |
| Vorderradaufhängung | Doppelte Querlenker mit Schraubenfedern |
| Hinterradaufhängung | Starrachse mit Halbfedern |
| Bremsanlage | Trommelbremsen vorn und hinten |
| Felgen | 4 J × 13 |
| Reifen | 5,60 – 13 |
| Lenkung | Schneckenlenkung |
| | |
| **Weitere Daten** | |
| Abmessungen (L × B × H) | 4060 × 1580 × 1550 mm |
| Radstand | 2489 mm |
| Spurweite vorn/hinten | 1220/1220 mm |
| Wendekreis | 11,5 m |
| Leergewicht | Zweisitzer: 960, Viersitzer: 980 kg |
| Zuläss. Gesamtgewicht | 1300 kg |
| Höchstgeschwindigkeit | 128 km/h |
| Beschleunigung 0 – 100 km/h | 25 sec |
| Verbrauch auf 100 km | 10,5 Liter Normal |
| Tankinhalt | 34 Liter |
| Ölwanneninhalt | 2,5 Liter |
| Kühlsystem | 7 Liter |

Ford Taunus 12 M Cabriolet
viersitzig (Karosserie
Deutsch), 1953–1954

Ford Taunus 15 M Cabriolet
viersitzig (Karosserie
Deutsch), 1955–1957

135

|  | **Ford Taunus 12 M Cabriolet**<br>**1959 – 1962** | |
|  | **1,2 Liter** | **1,5 Liter** |
|---|---|---|
| **Karosserie** | Selbsttragende Ganzstahlkarosserie | |
| **Motor** | Reihenmotor | |
| Zylinder | 4 | 4 |
| Bohrung × Hub | 63,5 × 92,5 mm | 82 × 70,9 mm |
| Hubraum | 1172 ccm | 1498 ccm |
| Leistung | 38 PS bei 4250 U/min | 55 PS bei 4250 U/min |
| Verdichtung | 1:7,4 | 1:6,8 |
| max. Drehmoment | 7,8 mkp bei 2200 U/min | 11,3 mkp bei 2400 U/min |
| Gemischaufbereitung | Solex 28 PCJ | Solex 32 PICBA |
| Ventile | stehend | hängend |
| Nockenwelle | ohv | |
| Kurbelwellenlager | 3 | |
| Batterie | 6 V 84 Ah | |
| Lichtmaschine | 160 (ab Sept. 1961: 180) W | |
| **Kraftübertragung** | Hinterradantrieb | |
| Kupplung | Einscheibentrockenkupplung | |
| Schaltung | Lenkradschaltung | |
| Getriebe | 3 oder 4 Gänge, vollsynchronisiert | |
| Übersetzungen | I. 3,48, II. 1,80, III. 1,00 oder:<br>I. 3,60, II. 2,10, III. 1,41, IV. 1,00 | I. 3,27, II. 1,69, III. 1,00 oder:<br>I. 3,39, II. 1,98, III. 1,33, IV. 1,00 |
| Antriebsübersetzung | 3-Gang: 4,11 od. 4,44, 4-Gang: 4,11, 3,9<br>od. 4,44 | 3,9 |
| **Fahrwerk** | | |
| Vorderradaufhängung | Doppelte Querlenker mit Schraubenfedern, Stabilisator | |
| Hinterradaufhängung | Starrachse mit Halbfedern | |
| Bremsanlage | Trommelbremsen vorn und hinten | |
| Felgen | 4 J × 13 | |
| Reifen | 5,60 – 13 | |
| Lenkung | Schneckenlenkung | |
| **Weitere Daten** | | |
| Abmessungen (L × B × H) | 4060 × 1570 × 1520 mm | |
| Radstand | 2489 mm | |
| Spurweite vorn/hinten | 1220/1220 mm | |
| Wendekreis | 11,5 m | |
| Leergewicht | 935 kg | 960 kg |
| Zuläss. Gesamtgewicht | 1300 kg | 1300 kg |
| Höchstgeschwindigkeit | 112 km/h | 128 km/h |
| Beschleunigung 0 – 100 km/h | 38 sec | 25 sec |
| Verbrauch auf 100 km | 9,5 Liter Normal | 10,5 Liter Normal |
| Tankinhalt | 34 Liter | 34 Liter |
| Ölwanneninhalt | 2,5 Liter | 2,85 Liter |
| Kühlsystem | 7 Liter | 7 Liter |

Ford Taunus 12 M
Cabriolet zweisitzig
(Karosserie Deutsch),
1959–1962

Ford Taunus 12 M
Cabriolet zweisitzig
(Karosserie Deutsch),
1963–1966

Ford Taunus 12 M
Cabriolet viersitzig
(Polizei-Ausführung),
1953/54

137

| | Ford Taunus 12 M Cabriolet (1,2 Liter) 1963–1966 | Ford Taunus 12 M Cabriolet (1,5 Liter) 1963–1966 | Ford Taunus 12 M/TS Cabriolet (1,5 Liter) 1963–1966 |
|---|---|---|---|
| **Karosserie** | | Selbsttragende Ganzstahlkarosserie | |
| **Motor** | | V4-Motor | |
| Zylinder | | 4 | |
| Bohrung × Hub | 80 × 58,8 mm | 90 × 58,8 mm | 90 × 58,8 mm |
| Hubraum | 1183 ccm | 1498 ccm | 1498 ccm |
| Leistung | 40 PS bei 4500 U/min | 50 PS bei 4500 U/min | 65 PS bei 4500 U/min |
| Verdichtung | 1:7,8 | 1:8 | 1:9 |
| max. Drehmoment | 8 mkp bei 2400 U/min | 10,5 mkp bei 2100 U/min | 11,5 mkp bei 2300 U/min |
| Gemischaufbereitung | Solex 28 PDSIT-7 | Solex 28 PDSIT-7 | Solex 32 PDSIT-7 |
| Ventile | | hängend | |
| Nockenwelle | | ohv | |
| Kurbelwellenlager | | 3 | |
| Batterie | | 6 V 77 Ah | |
| Lichtmaschine | | 200 W | |
| **Kraftübertragung** | | Frontantrieb | |
| Kupplung | | Einscheibentrockenkupplung | |
| Schaltung | | Lenkradschaltung | |
| Getriebe | | 4 Gänge, vollsynchronisiert | |
| Übersetzungen | | I. 4,06, II. 2,33, III. 1,48, IV. 1,00 | |
| Antriebsübersetzung | | 3,78 (1,5-Liter-Modelle: 3,56) | |
| **Fahrwerk** | | | |
| Vorderradaufhängung | | Querlenker unten, 1 Querfeder oben | |
| Hinterradaufhängung | | Starrachse, Halbfedern | |
| Bremsanlage | | vorne Scheiben-, hinten Trommelbremsen | |
| Felgen | | 4 J × 13 | |
| Reifen | | 5,60–13 | |
| Lenkung | | Kugelumlauflenkung | |
| **Weitere Daten** | | | |
| Abmessungen (L × B × H) | | 4322 × 1594 × 1458 mm | |
| Radstand | | 2527 mm | |
| Spurweite vorn/hinten | | 1245/1245 mm | |
| Wendekreis | | 11,2 m | |
| Leergewicht | | nicht bekannt | |
| Zuläss. Gesamtgewicht | | nicht bekannt | |
| Höchstgeschwindigkeit | 120 km/h | 130 km/h | 140 km/h |
| Beschleunigung 0–100 km/h | 30 sec | 20 sec | 17 sec |
| Verbrauch auf 100 km | 9 Liter Normal | 9,5 Liter Normal | 9,5 Liter Super |
| Tankinhalt | | 38 Liter | |
| Ölwanneninhalt | | 3,25 Liter | |
| Kühlsystem | | 6,5 Liter | |

| | |
|---|---|
| **Karosserie** | Selbsttragende Ganzstahlkarosserie |
| **Motor** | Reihenmotor |
| Zylinder | 4 |
| Bohrung × Hub | 84 × 76,6 mm |
| Hubraum | 1698 ccm |
| Leistung | 60 PS bei 4250 U/min |
| Verdichtung | 1:7,1 (ab Sept. 1959 1:7,2) |
| max. Drehmoment | 13,2 mkp bei 2200 U/min |
| Gemischaufbereitung | Solex 32 PICB |
| Ventile | hängend |
| Nockenwelle | ohv |
| Kurbelwellenlager | 3 |
| Batterie | 6 V 84 Ah |
| Lichtmaschine | 160 W |
| **Kraftübertragung** | Hinterradantrieb |
| Kupplung | Einscheibentrockenkupplung |
| Schaltung | Lenkradschaltung |
| Getriebe | 3 oder 4 Gänge, vollsynchronisiert |
| Übersetzungen | I. 3,27, II. 1,69, III. 1,00 bzw. I. 3,39, II. 1,98, III. 1,33, IV. 1,00 |
| Antriebsübersetzung | 3,54 oder 3,90 |
| **Fahrwerk** | |
| Vorderradaufhängung | McPherson-Federbeine, Schraubenfedern, Stabilisator |
| Hinterradaufhängung | Starrachse mit Halbfedern |
| Bremsanlage | Trommelbremsen vorn und hinten |
| Felgen | 4 J × 13 |
| Reifen | 5,90 – 13 |
| Lenkung | Schneckenlenkung |
| **Weitere Daten** | |
| Abmessungen (L × B × H) | 4375 × 1670 × 1435 mm |
| Radstand | 2604 mm |
| Spurweite vorn/hinten | 1270/1270 mm |
| Wendekreis | 11,5 m |
| Leergewicht | 1075 kg |
| Zuläss. Gesamtgewicht | 1400 kg |
| Höchstgeschwindigkeit | 130 km/h |
| Beschleunigung 0 – 100 km/h | 23 sec |
| Verbrauch auf 100 km | 11 Liter Normal |
| Tankinhalt | 45 Liter |
| Ölwanneninhalt | 3,25 Liter |
| Kühlsystem | 8,2 Liter |

|  | Ford Taunus 17 M Cabriolet<br>(P 3S) 1960 – 1964 | Ford Taunus 17 M/TS Cabriolet<br>(P 3C) 1961 – 1964 |
|---|---|---|
| **Karosserie** | Selbsttragende Ganzstahlkarosserie ||
| **Motor** | Reihenmotor ||
| Zylinder | 4 | 4 |
| Bohrung × Hub | 84 × 76,6 mm | 85,5 × 76,6 mm |
| Hubraum | 1698 ccm | 1758 ccm |
| Leistung | 60 (ab Sept. 1963: 65) PS bei 4250 U/min | 70 (ab Sept. 1963: 75) PS bei 4500 U/min |
| Verdichtung | 1 : 7 (ab 1963: 1 : 8,4) | 1 : 8,5 (ab 1963: 1 : 8,6) |
| max. Drehmoment | 13,2 mkp bei 2200 (ab 1963: 14,2 mkp bei 2100) U/min | 14,3 mkp bei 2200 (ab 1963: 14,7 mkp bei 2300) U/min |
| Gemischaufbereitung | Solex 32 PICB (ab 1963: 32 PDSIT) | Solex 32 PICB (ab 1963: 32 DIDTA) |
| Ventile | hängend ||
| Nockenwelle | ohv ||
| Kurbelwellenlager | 3 ||
| Batterie | 6 V 78 Ah ||
| Lichtmaschine | 180 W ||
| **Kraftübertragung** | Hinterradantrieb ||
| Kupplung | Einscheibentrockenkupplung ||
| Schaltung | Lenkradschaltung ||
| Getriebe | 4 Gänge, vollsynchronisiert ||
| Übersetzungen | I. 3,43, II. 1,97, III. 1,37, IV. 1,00 ||
| Antriebsübersetzung | 3,56, 3,89 oder 3,27 ||
| **Fahrwerk** |  ||
| Vorderradaufhängung | McPherson-Federbeine, Schraubenfedern, Stabilisator ||
| Hinterradaufhängung | Starrachse, Dreiblatt-Halbfedern ||
| Bremsanlage | Trommelbremsen vorn und hinten. Ab Juli 1963 (TS: August 1962) Scheibenbremsen vorn ||
| Felgen | 4 J × 13 ||
| Reifen | 5,90 – 13 ||
| Lenkung | Schneckenlenkung ||
| **Weitere Daten** |  ||
| Abmessungen (L × B × H) | 4452 × 1670 × 1450 mm ||
| Radstand | 2630 mm ||
| Spurweite vorn/hinten | 1295/1295 mm ||
| Wendekreis | 11,4 m ||
| Leergewicht | nicht bekannt ||
| Zuläss. Gesamtgewicht | nicht bekannt ||
| Höchstgeschwindigkeit | 140 km/h | 150 km/h |
| Beschleunigung 0 – 100 km/h | 18 sec | 16 sec |
| Verbrauch auf 100 km | 10 Liter Super | 11 Liter Super |
| Tankinhalt | 45 Liter ||
| Ölwanneninhalt | 3,25 Liter ||
| Kühlsystem | 7 Liter ||

140

Ford Taunus 15 M
Cabriolet viersitzig
(Polizei-Ausführung),
1955–1957

Ford Taunus 17 M
Cabriolet zweisitzig
(Karosserie Deutsch),
1957–1960

Ford Taunus 17 M
Cabriolet zweisitzig
(Karosserie Deutsch),
1960–1964

Mit dem formschönen
Hardtop verwandelte
sich das Ford 17 M
Cabriolet in ein
Coupé.

141

| | Ford Taunus 17M Cabriolet (P5) 1964–1967 | Ford Taunus 20 M Cabriolet (P5) 1964–1967 | Ford Taunus 20 M/TS Cabriolet (P5) 1964–1967 |
|---|---|---|---|
| **Karosserie** | Selbsttragende Ganzstahlkarosserie | | |
| **Motor** | V4-Motor | V6-Motor | V6-Motor |
| Zylinder | 4 | 6 | 6 |
| Bohrung × Hub | 90 × 66,8 mm | 84 × 60,1 mm | 84 × 60,1 mm |
| Hubraum | 1699 ccm | 1998 ccm | 1998 ccm |
| Leistung | 70 PS bei 4500 U/min | 85 PS bei 5000 U/min | 90 PS bei 5000 U/min |
| Verdichtung | 1 : 9 | 1 : 8 | 1 : 9 |
| max. Drehmoment | 13,5 mkp bei 2400 U/min | 15,1 mkp bei 3000 U/min | 15,8 mkp bei 3000 U/min |
| Gemischaufbereitung | Solex 32 PDSIT-4 | Solex 32/32 DDIST | |
| Ventile | hängend | hängend | |
| Nockenwelle | ohv | ohv | |
| Kurbelwellenlager | 3 | 4 | |
| Batterie | 6 V 77 Ah | 6 V 77 Ah | |
| Lichtmaschine | 200 W | 200 W | |
| **Kraftübertragung** | Hinterradantrieb | | |
| Kupplung | Einscheibentrockenkupplung | | |
| Schaltung | Lenkrad-(ab 1966 auf Wunsch Knüppel-)schaltung | | Knüppelschaltung |
| Getriebe | 3 oder 4 Gänge, vollsynchronisiert | | 4 Gänge, vollsynchronisiert |
| Übersetzungen | I. 3,29, II. 1,61, III. 1,00 oder I. 3,43, II. 1,97, III. 1,37, IV. 1,00 | | I. 3,43, II. 1,97, III. 1,37, IV. 1,00 |
| Antriebsübersetzung | 3,70 | | 3,70 |
| **Fahrwerk** | | | |
| Vorderradaufhängung | McPherson-Federbeine, Schraubenfedern, Stabilisator | | |
| Hinterradaufhängung | Starrachse, Dreiblatt-Halbfedern | | |
| Bremsanlage | vorne Scheiben-, hinten Trommelbremsen, auf Wunsch Servo (bei TS serienmäßig) | | |
| Felgen | 4 1/2 J × 13 | | |
| Reifen | 6,40 – 13 | | |
| Lenkung | Kugelumlauflenkung | | |
| **Weitere Daten** | | | |
| Abmessungen (L × B × H) | 4585 (20 M und TS: 4635) × 1715 × 1480 mm | | |
| Radstand | 2705 mm | | |
| Spurweite vorn/hinten | 1430/1400 mm | | |
| Wendekreis | 11 m | | |
| Leergewicht | nicht bekannt | | |
| Zuläss. Gesamtgewicht | nicht bekannt | | |
| Höchstgeschwindigkeit | 145 km/h | 155 km/h | 160 km/h |
| Beschleunigung 0–100 km/h | 18 sec | 16 sec | 15 sec |
| Verbrauch auf 100 km | 10 Liter Super | 12 Liter Super | 12 Liter Super |
| Tankinhalt | 45 Liter | 45 (ab Nov. 1966: 55) Liter | 45 (ab Nov. 1966: 55) Liter |
| Ölwanneninhalt | 3,5 Liter | 4,5 Liter | 4,5 Liter |
| Kühlsystem | 6 Liter | 6,6 Liter | 6,6 Liter |

Ein Cabriolet in vier Variationen präsentierte die Kölner Karosseriefirma Peter Bauer unter dem Namen ›Sportolet‹ auf Basis des Ford Taunus 17 M: 1. viersitziges Coupé (Dach geschlossen), 2. zweisitziger Roadster (Bild oben), 3. Schiebedachlimousine (darunter), 4. viersitziges Cabriolet (Dach liegt auf dem Kofferraum auf und gibt die Fondsitze frei).

Ford Taunus 17 M/20 M Cabriolet zweisitzig (Karosserie Deutsch), 1964–1967

Ford 20 M/20 M TS Cabriolet zweisitzig (Karosserie Deutsch), 1967–1968

Ford 26 M Cabriolet zweisitzig (Karosserie Deutsch), 1970/71

143

Ford Capri 1500 Cabriolet
zweisitzig (Karosserie
Deutsch), 1969–1972

Ford Fiesta Cabriolet (Prototyp der Karosseriefirma Tropic
in Crailsheim), 1979

Ford Escort XR 3 Cabriolet
viersitzig (Prototyp 1981)

144

# Glas

Während man ein Goggomobil mit einigem Glück noch heute im täglichen Straßenverkehr entdecken kann, gehören die übrigen Modelle des ehemaligen niederbayerischen Landmaschinenherstellers Glas bereits zu den Raritäten, besonders die nur in kleinen Stückzahlen produzierten offenen Versionen. Die 1304 TS-Fahrer von einst sitzen heute im Golf GTI, die 1700 GT-Fahrer im Alfa Spider, nur die alte Garde mit dem vor 1954 ausgestellten Führerschein Klasse IV hält ihren 250 ccm-Mobilen unverdrossen die Treue.

Mit diesem Modell hatte 1954 der Einstieg des Landmaschinenfabrikanten Hans Glas aus Dingolfing ins Automobilgeschäft begonnen. Vorausgegangen waren Experimente mit dem unförmigen Goggo-Motorroller und einem Lastenroller. Die im Dezember 1954 fertiggestellten 50 Vorserienwagen – Konstrukteure: Karl Dompert und Glas-Sohn Andreas – hatten einen vorderen Einstieg nach Isetta-Art. Das robuste Zweitakt-Aggregat war das Werk des früheren Adler-Oberingenieurs Felix Dozekal. Im Frühjahr 1955 lief die Serienproduktion an (jetzt mit konventionellen seitlichen Türen), im Dezember war die Tagesproduktion bereits auf 80 Stück geklettert. Im März 1958 rollte das 100 000. Goggomobil vom Band. Der Marktanteil von Glas bei den Kleinwagen bis 500 ccm Hubraum hatte 50,6 Prozent erreicht.

Das ›Große Goggomobil T 600‹, später Isar T 600 genannt, war der Versuch, in eine größere Klasse vorzustoßen. Erfolgreicher als dieser erste Anlauf war der zweite, der 1961 mit dem S 1004 begann und eine ganze Palette sportlicher Familienlimousinen, Coupés und Cabriolets hervorbrachte. 1964 erschien der von Frua karossierte 1300 GT, ein Jahr später präsentierte Glas auf der Frankfurter IAA sein Flaggschiff, den 2600 V 8, von spöttischen Zungen flugs ›Glaserati‹ getauft. Der V 8 schloß das inzwischen aus 32 Typen bestehende Modellprogramm nach oben ab.

1966 erschienen dunkle Wolken am niederbayerischen Horizont. Das Dingolfinger Unternehmen mußte einen beträchtlichen Umsatzrückgang und einen Verlust von 15 Millionen DM verbuchen. Im November übernahm BMW die Hans Glas GmbH für 9,1 Millionen DM und führte die Produktion einiger Modelle unter strenger Qualitätskontrolle zunächst weiter. 1967 wurde aus dem Glas-Werk das ›BMW-Werk Dingolfing‹. Vom Band liefen zu jener Zeit noch der auf 3 Liter aufgebohrte BMW-Glas 3000 V 8, der aus dem 1300/1700 GT-Coupé entwickelte BMW 1600 GT, der Glas 1304 CL und das Goggomobil T 250, das bis zum Sommer 1969 überlebte. Im selben Jahr starb Hans Glas, nach Carl F. W. Borgward der letzte Patriarch der deutschen Automobilindustrie.

**Glas S 1004, S 1004 TS, S 1204, S 1204 TS, S 1304
(1963–1967)**

Die Glas-Cabriolets der Baureihen 1004 bis 1304 boten überdurchschnittliche Fahrleistungen für wenig Geld und waren ein Geheimtip für Freunde des Offenfahrens. Daß sie dennoch nur eine Außenseiterrolle spielten, lag einerseits an mancherlei technischen Problemen, zum anderen aber sicher auch am Image-Defizit der Dingolfinger Marke. Das Modell S 1004 wurde von Frühjahr 1963 bis Ende 1967 gebaut, die übrigen Modelle der Baureihen 1004 und 1204 nur bis Sommer 1965. Von September 1965 bis Ende 1967 gab es ferner das Cabriolet S 1304 (nur in Normal-, nicht in TS-Version). Die Stückzahlen sind nicht bekannt.

Preise: Glas S 1004 Cabriolet    DM 6500,– bis 6600,–
        Glas S 1004 TS Cabriolet  DM 7630,–
        Glas S 1204 Cabriolet    DM 6800,–
        Glas S 1204 TS Cabriolet  DM 7930,–
        Glas S 1304 Cabriolet    DM 7070,–


**Glas 1300 GT, 1700 GT (1964–1967)**

Mit den Modellen 1300 GT und 1700 GT versuchte das niederbayerische Unternehmen, in der Klasse der ernstzunehmenden Sportwagen Fuß zu fassen. Die äußeren Voraussetzungen dafür waren zweifellos vorhanden: Die elegante Karosserie lieferte Pietro Frua aus Turin, die Fahrleistungen lagen deutlich über dem Durchschnitt. Als größtes Verkaufshandicap erwies sich auch bei diesen Modellen die Goggomobil-Hypothek, die den Herstellernamen belastete. Von März 1964 bis September 1967 wurden insgesamt 5378 Spider und Coupés gebaut, die genaue Zahl der offenen Versionen ist nicht bekannt.

Preise: Glas 1300 GT Cabriolet   DM 12500,–  bis 13550,–
        Glas 1700 GT Cabriolet   DM 14750,–

146

| | Glas S 1004 Cabriolet 1963 – 1967 | Glas S 1004 TS Cabriolet 1963 – 1965 |
|---|---|---|
| **Karosserie** | Selbsttragende Ganzstahlkarosserie | |
| **Motor** | Reihenmotor | |
| Zylinder | 4 | |
| Bohrung × Hub | 72 × 61 mm | |
| Hubraum | 992 ccm | |
| Leistung | 42 PS bei 5000 U/min (ab Sept. 1965: 40 PS bei 4800 U/min) | 64 PS bei 6200 U/min |
| Verdichtung | 1 : 8,5 | 1 : 9 |
| max. Drehmoment | 7,0 mkp bei 2500 U/min | 7,9 mkp bei 5000 U/min |
| Gemischaufbereitung | Solex 32 PICB | 2 Solex 35 RH |
| Ventile | hängend | hängend |
| Nockenwelle | ohc | ohc |
| Kurbelwellenlager | 5 | 5 |
| Batterie | 6 V 66 Ah oder 77 Ah | 6 V 77 Ah |
| Lichtmaschine | 200 W | 200 W |
| **Kraftübertragung** | Hinterradantrieb | Hinterradantrieb |
| Kupplung | Einscheibentrockenkupplung | Einscheibentrockenkupplung |
| Schaltung | Knüppelschaltung | Knüppelschaltung |
| Getriebe | 4 Gänge, vollsynchronisiert | 4 Gänge, vollsynchronisiert |
| Übersetzungen | I. 3,925, II. 2,060, III. 1,362, IV. 1,000 (ab Sept. 1966: I. 3,98, II. 2,09, III. 1,38, IV. 1,00) | I. 3,925, II. 2,060, III. 1,362, IV. 1,000 |
| Antriebsübersetzung | 4,25 oder 4,375 | 4,375 |
| **Fahrwerk** | | |
| Vorderradaufhängung | Längs- und Querlenker mit Schraubenfedern | |
| Hinterradaufhängung | Starrachse mit Blattfedern (TS: Panhardstab) | |
| Bremsanlage | vorn Scheiben-, hinten Trommelbremsen | |
| Felgen | 4 J × 13 | |
| Reifen | 5,50 – 13/5,50 S 13 | |
| Lenkung | Schneckenlenkung | |
| **Weitere Daten** | | |
| Abmessungen (L × B × H) | 3835 × 1500 × 1355 mm | |
| Radstand | 2100 mm | |
| Spurweite vorn/hinten | 1230/1200 mm | |
| Wendekreis | 10,5 m | |
| Leergewicht | 765 kg | |
| Zuläss. Gesamtgewicht | 1100 kg | |
| Höchstgeschwindigkeit | 130 km/h | 150 km/h |
| Beschleunigung 0 – 100 km/h | 26 sec | 16 sec |
| Verbrauch auf 100 km | 8,5 Liter Super | 10 Liter Super |
| Tankinhalt | 40 Liter | 40 Liter |
| Ölwanneninhalt | 2,5 Liter | 2,5 Liter |
| Kühlsystem | 7 Liter | 7 Liter |

|  | **Glas S 1204 Cabriolet**<br>**1963 – 1965** | **Glas S 1204 TS Cabriolet**<br>**1963 – 1965** |
|---|---|---|
| **Karosserie** | Selbsttragende Ganzstahlkarosserie | |
| **Motor** | Reihenmotor | |
| Zylinder | 4 | |
| Bohrung × Hub | 72 × 73 mm | |
| Hubraum | 1189 ccm | |
| Leistung | 53 PS bei 5100 U/min | 70 PS bei 5750 U/min |
| Verdichtung | 1 : 8,4 | 1 : 9 |
| max. Drehmoment | 9,15 mkp bei 2100 U/min | 9,6 mkp bei 3700 U/min |
| Gemischaufbereitung | Solex 32 PICB | 2 Solex 35 RH |
| Ventile | hängend | |
| Nockenwelle | ohc | |
| Kurbelwellenlager | 5 | |
| Batterie | 6 V 77 Ah | |
| Lichtmaschine | 200 W | |
| **Kraftübertragung** | Hinterradantrieb | |
| Kupplung | Einscheibentrockenkupplung | |
| Schaltung | Knüppelschaltung | |
| Getriebe | 4 Gänge, vollsynchronisiert | |
| Übersetzungen | I. 3,925, II. 2,060, III. 1,362, IV. 1,000 | |
| Antriebsübersetzung | 4,125 | |
| **Fahrwerk** | | |
| Vorderradaufhängung | Längs- und Querlenker mit Schraubenfedern | |
| Hinterradaufhängung | Starrachse mit Blattfedern (TS: Panhardstab) | |
| Bremsanlage | vorn Scheiben-, hinten Trommelbremsen | |
| Felgen | 4 J × 13 | |
| Reifen | 5,50 – 13/5,50 S 13 | |
| Lenkung | Schneckenlenkung | |
| **Weitere Daten** | | |
| Abmessungen (L × B × H) | 3835 × 1500 × 1355 mm | |
| Radstand | 2100 mm | |
| Spurweite vorn/hinten | 1230/1200 mm | |
| Wendekreis | 10,5 m | |
| Leergewicht | 765 kg | |
| Zuläss. Gesamtgewicht | 1100 kg | |
| Höchstgeschwindigkeit | 143 km/h | 163 km/h |
| Beschleunigung 0 – 100 km/h | 17 sec | 13 sec |
| Verbrauch auf 100 km | 9 Liter Super | 10,5 Liter Super |
| Tankinhalt | 40 Liter | 40 Liter |
| Ölwanneninhalt | 2,5 Liter | 2,5 Liter |
| Kühlsystem | 7 Liter | 7 Liter |

148

## Glas S 1304 Cabriolet
## 1965–1967

| | |
|---|---|
| **Karosserie** | Selbsttragende Ganzstahlkarosserie |
| **Motor** | Reihenmotor |
| Zylinder | 4 |
| Bohrung × Hub | 75 × 73 mm |
| Hubraum | 1290 ccm |
| Leistung | 60 PS bei 5000 U/min |
| Verdichtung | 1 : 9,3 |
| max. Drehmoment | 10,1 mkp bei 2000 U/min |
| Gemischaufbereitung | Solex 32 PICB |
| Ventile | hängend |
| Nockenwelle | ohc |
| Kurbelwellenlager | 5 |
| Batterie | 6 V 77 Ah |
| Lichtmaschine | 200 W |
| **Kraftübertragung** | Hinterradantrieb |
| Kupplung | Einscheibentrockenkupplung |
| Schaltung | Knüppelschaltung |
| Getriebe | 4 Gänge, vollsynchronisiert |
| Übersetzungen | I. 3,92, II. 2,06, III. 1,36, IV. 1,00 (ab Sept. 1966: I. 3,98, II. 2,09, III. 1,38, IV. 1,00) |
| Antriebsübersetzung | 3,88 |
| **Fahrwerk** | |
| Vorderradaufhängung | Längs- und Querlenker mit Schraubenfedern |
| Hinterradaufhängung | Starrachse mit Blattfedern |
| Bremsanlage | vorne Scheiben-, hinten Trommelbremsen |
| Felgen | 4 1/2 J × 13 |
| Reifen | 155 SR 13 |
| Lenkung | Gemmerlenkung |
| **Weitere Daten** | |
| Abmessungen (L × B × H) | 3835 × 1500 × 1335 mm |
| Radstand | 2100 mm |
| Spurweite vorn/hinten | 1230/1200 mm |
| Wendekreis | 12 m |
| Leergewicht | 795 kg |
| Zuläss. Gesamtgewicht | 1130 kg |
| Höchstgeschwindigkeit | 148 km/h |
| Beschleunigung 0–100 km/h | 16 sec |
| Verbrauch auf 100 km | 9 Liter Super |
| Tankinhalt | 40 Liter |
| Ölwanneninhalt | 2,25 Liter |
| Kühlsystem | 6,2 Liter |

|  | Glas 1300 GT Cabriolet 1964–1967 | Glas 1700 GT Cabriolet 1965–1967 |
|---|---|---|
| **Karosserie** | Selbsttragende Ganzstahlkarosserie | |
|  | | |
| **Motor** | Reihenmotor | |
| Zylinder | 4 | 4 |
| Bohrung × Hub | 75 × 73 mm | 78 × 88 mm |
| Hubraum | 1290 ccm | 1682 ccm |
| Leistung | 75 PS bei 5500 U/min (ab Sept. 65: 85 PS bei 5800 U/min) | 100 PS bei 5500 U/min |
| Verdichtung | 1:9,3 | 1:9,7 |
| max. Drehmoment | 11 mkp bei 3000 U/min | 15 mkp bei 3000 U/min |
| Gemischaufbereitung | 2 Solex 35 RH | 2 Solex 40 RH |
| Ventile | hängend | |
| Nockenwelle | ohc | |
| Kurbelwellenlager | 5 | |
| Batterie | 6 V 77 Ah | |
| Lichtmaschine | 200 W | |
|  | | |
| **Kraftübertragung** | Hinterradantrieb | |
| Kupplung | Einscheibentrockenkupplung | |
| Schaltung | Knüppelschaltung | |
| Getriebe | 4 oder 5 Gänge, vollsynchronisiert | |
| Übersetzungen | I. 3,816, II. 2,070, III. 1,330, IV. 1,000 oder I. 3,330, II. 2,145, III. 1,565, IV. 1,213, V. 1,000 | |
| Antriebsübersetzung | 4,125 (1700 GT: 3,300) | |
|  | | |
| **Fahrwerk** | | |
| Vorderradaufhängung | Doppelte Querlenker mit Schraubenfedern | |
| Hinterradaufhängung | Starrachse mit Blattfedern, Panhardstab | |
| Bremsanlage | vorn Scheiben-, hinten Trommelbremsen | |
| Felgen | 4 $^1/_2$ J × 14 | |
| Reifen | 155 SR 14 bzw. 155 HR 14 | |
| Lenkung | Schneckenlenkung | |
|  | | |
| **Weitere Daten** | | |
| Abmessungen (L × B × H) | 4050 × 1550 × 1350 mm | |
| Radstand | 2320 mm | |
| Spurweite vorn/hinten | 1260/1200 mm | |
| Wendekreis | 9,6 m | |
| Leergewicht | 870 kg | 870 kg |
| Zuläss. Gesamtgewicht | 1200 kg | 1200 kg |
| Höchstgeschwindigkeit | 170 (ab Sept. 65: 174) km/h | 186 km/h |
| Beschleunigung 0–100 km/h | 12,5 sec | 11,5 sec |
| Verbrauch auf 100 km | 10,5 Liter Super | 12 Liter Super |
| Tankinhalt | 55 Liter | 55 Liter |
| Ölwanneninhalt | 3 Liter | 3 Liter |
| Kühlsystem | 6,5 Liter | 7,2 Liter |

**Glas S1004/S1004 TS/S1204/S1204 TS/S1304 Cabriolet, 1963–1967**

**Glas 1300 GT/1700 GT Cabriolet 1965–1967**

Dieses Goggomobil-
Cabriolet ging nie in Serie.

Unter dem Namen ›Dart‹
bot der australische
Glas-Importeur diesen
Kunststoff-Roadster auf
Goggomobil-Basis an.

Auch dieses Goggomobil-
Cabriolet blieb ein Einzel-
stück. Es wurde auf
Initiative des amerika-
nischen Importeurs in
Dingolfing gebaut.

152

# Gutbrod

Der Ingenieur Wilhelm Gutbrod und der Kaufmann Gustav Rau gründeten 1926 mit einem Stammkapital von 30 000 Reichsmark die Standard Fahrzeugfabrik GmbH. Bis 1933 baute man in Ludwigsburg, später in Stuttgart-Feuerbach, Motorräder, dann präsentierte man auf der Internationalen Automobil- und Motorrad-Ausstellung in Berlin den von Dipl.-Ing. Joseph Ganz entwickelten Standard Superior, einen Zweisitzer mit Sperrholzkarosserie und Rolldach für 1620 Reichsmark. Im Heck saß ein wassergekühlter Zweitakter mit 400, später 500 ccm Hubraum.

Nachdem einige hundert Exemplare des 70 km/h schnellen Winzlings verkauft worden waren, stellte man die Produktion 1934 wieder ein. An seine Stelle trat der Vierradlieferwagen ›Merkur‹ mit dem gleichen 500 ccm-Aggregat. 1937 zog Gutbrod nach Plochingen um und änderte am 1. Januar 1938 den Firmennamen in Gutbrod Motorenbau GmbH. Bis zum Kriegsausbruch wurden nur noch Dreiradlieferwagen und Motormäher gebaut. 1946 nahm Gutbrod die Produktion eines Dreivierteltonner-Pritschenwagens auf, in dessen Heck ein Zweitakter mit 492 ccm Hubraum für Vertrieb sorgte. 1949 wurde er von dem stärker motorisierten ›Atlas 800‹ abgelöst. Ein Jahr später präsentierte die Firma ihren ersten Nachkriegspersonenwagen, den Gutbrod Superior 600. Der beim ›Atlas 800‹ im Heck installierte Zweitakter trieb bei der zweisitzigen Cabrio-Limousine die Vorderräder an. Im selben Jahr gründete Walter Gutbrod, der Sohn des Firmengründers, in Bübingen/Saar die Moto Standard GmbH, die Stationärmotoren und Motormäher herstellte.

In Plochingen bastelte währenddessen Chefkonstrukteur Dr.-Ing. Hans Scherenberg an einer Benzineinspritzung für den Superior und hatte schließlich auch Erfolg. 1952 wurde der auf 663 ccm aufgebohrte Zweitakter mit Benzineinspritzung und 30 PS angeboten. Im selben Jahr kehrte Scherenberg wieder zu Daimler-Benz zurück und übernahm dort die Leitung der Pkw-Konstruktion.

Neben der Cabrio-Limousine wurde in geringer Stückzahl auch noch ein Kombiwagen gebaut. Eine geplante viersitzige Limousine ging nicht mehr in Serie, denn am 23. September 1953 stellte Gutbrod die Zahlungen ein. Das Unternehmen, das zwischenzeitlich in Calw noch ein weiteres Werk errichtet hatte, war mit 2,4 Millionen DM überschuldet.

Obwohl formal und technisch gleichermaßen gelungen, hatte der Superior, seit 1952 wahlweise als Vergaser- oder Einspritzversion lieferbar, aufgrund des hohen Preises keine Überlebenschancen. In den letzten Produktionsmonaten war beispielsweise der VW Standard über DM 1500 billiger. Und der hatte vier ausgewachsene Sitze, was das Publikum zunehmend zu schätzen wußte. Im April 1954 wurde die Superior-Produktion eingestellt. 1955 wurde das Werk Calw verkauft, später auch das Werk Plochingen. Die Gründerfamilie zog sich nach Bübingen zurück und fand dort mit der Produktion von Landmaschinen ihr Auskommen.

**Gutbrod Superior (1950–1954)**

Formal gelungene Cabrio-Limousine mit Pontonkarosserie (Karosseriewerke Weinsberg). Komfortabler Kleinwagen mit reichlichem Innenraum und guten Fahreigenschaften, der auch im sportlichen Einsatz eine gute Figur machte. Einer der ersten deutschen Personenwagen, die serienmäßig mit Einspritzmotor angeboten wurden.

Von März 1950 bis April 1954 wurden insgesamt rund 6000 Cabrio-Limousinen gebaut, davon etwa 1000 mit Einspritzmotor. Die Preise lagen zwischen DM 4280,– für den 600 Standard und DM 5725,– für den 700 Luxus mit Einspritzmotor.

Bei der Karosseriefabrik Wendler in Reutlingen entstand im März 1950 der Prototyp eines Roadsters, der aber nicht in Serie ging. Im April 1951 stellte Gutbrod erneut einen von Wendler karossierten Roadster vor, der wesentlich attraktiver war als sein Vorgänger. Bis Ende 1952 wurden insgesamt 10 Exemplare gebaut und zum Preis von DM 7800,– verkauft.

**Gutbrod Superior,
1950–1954**

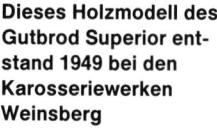

**Dieses Holzmodell des Gutbrod Superior entstand 1949 bei den Karosseriewerken Weinsberg**

| | Gutbrod Superior 600<br>1950–1954 | Gutbrod Superior 700 Luxus<br>1952–1954 | |
|---|---|---|---|
| **Karosserie** | | Ganzstahlkarosserie | |
| **Motor** | | Zweitakt-Reihenmotor | |
| Zylinder | 2 | 2 | 2 |
| Bohrung × Hub | 71 × 75 mm | 75 × 75 mm | 75 × 75 mm |
| Hubraum | 593 ccm | 663 ccm | 663 ccm |
| Leistung | 20 PS bei 4000 U/min | 26 PS bei 4300 U/min | 30 PS bei 4300 U/min |
| Verdichtung | 1 : 6,6 | 1 : 6,8 | 1 : 8 |
| max. Drehmoment | 4,3 mkp bei 3250 U/min | 4,7 mkp bei 2700 U/min | 4,9 mkp bei 3500 U/min |
| Gemischaufbereitung | Solex 32 PBJ | Solex 32 PBJ | Bosch-Einspritzpumpe |
| Ventile | – | – | – |
| Nockenwelle | – | – | – |
| Kurbelwellenlager | 5 | 5 | 5 |
| Batterie | 6 V 75 Ah | 6 V 75 Ah | 6 V 75 Ah |
| Lichtmaschine | 130 W | 130 W | 130 W |
| **Kraftübertragung** | | Frontantrieb | |
| Kupplung | | Einscheibentrockenkupplung | |
| Schaltung | | Knüppelschaltung | |
| Getriebe | 3 Gänge, unsynchronisiert (700 Luxus: 2. und 3. Gang synchronisiert) | | |
| Übersetzungen | I. 4,68 | II. 2,01 | III. 1,17 |
| Antriebsübersetzung | | 4,15 | |
| **Fahrwerk** | | | |
| Vorderradaufhängung | | Doppelte Querlenker, Schraubenfedern | |
| Hinterradaufhängung | | Pendelachse, Schraubenfedern | |
| Bremsanlage | | Trommelbremsen vorn und hinten | |
| Felgen | 2,50 C × 15 | 2,50 C × 15 | 3 1/2 J × 15 |
| Reifen | 4,25 – 15 | 4,25 – 15 | 4,80 – 15 |
| Lenkung | Zahnstangenlenkung | Zahnstangenlenkung | Zahnstangenlenkung |
| **Weitere Daten** | | | |
| Abmessungen (L × B × H) | 3560 × 1490 × 1365 mm | 3560 × 1490 × 1365 mm | 3560 × 1490 × 1365 mm |
| Radstand | 2000 mm | 2000 mm | 2000 mm |
| Spurweite vorn/hinten | 1130/1160 mm | 1130/1160 mm | 1130/1160 mm |
| Wendekreis | 9,7 m | 9,7 m | 9,7 m |
| Leergewicht | 710 kg | 740 kg | 760 kg |
| Zuläss. Gesamtgewicht | 900 kg | 950 kg | 975 kg |
| Höchstgeschwindigkeit | 100 km/h | 105 km/h | 115 km/h |
| Beschleunigung 0 – 100 km/h | ca. 100 sec | ca. 45 sec | ca. 35 sec |
| Verbrauch auf 100 km | 7 Liter Gemisch | 7 Liter Gemisch | 7 Liter Gemisch |
| Tankinhalt | 27 Liter | 40 Liter | 40 Liter |
| Ölwanneninhalt | – | – | – |
| Kühlsystem | 8 Liter | 8 Liter | 8 Liter |

Prototyp eines Gutbrod Sport-
Roadsters (Karosserie
Wendler), 1950

Gutbrod Superior Sport
(Karosserie Wendler), 1951–
1952

Prototyp eines Gutbrod Supe-
rior-Cabriolets (Karosserie
Wendler), 1950

156

# Kleinschnittger

Den ersten Prototyp seines Kleinwagens hämmerte der Ingenieur Paul Kleinschnittger Anfang 1949 im holsteinischen Ladelund zusammen. Dieser ›Typ 98‹ besaß nur einen einzigen Frontscheinwerfer (wie weiland der Hanomag ›Kommißbrot‹) und verzichtete auf Fahrtrichtungsanzeiger (diese Funktion übernahm der Arm des Fahrers). Der auf vier Lastenfahrrad-Rädern durch die Lande rollende Winzling wog ganze 110 Kilogramm und trug im Heck den Zweitaktmotor der DKW RT 100.

Noch im Sommer desselben Jahres gründete Kleinschnittger gemeinsam mit dem Hamburger Kaufmann Paul Lembke die Kleinschnittger-Werke GmbH und zog nach Arnsberg im Sauerland um. Dort entwickelte er den Nachfolgetyp F 125 (F stand für Frontantrieb), der von einem 125 ccm-Einzylinder von Ilo angetrieben wurde. Am 25. April 1950 rollten die ersten fünf Wagen aus der Werkhalle. Der 4,5 PS starke Motor wurde mit einem Seilzug links unterhalb des Armaturenbretts angeworfen, ein Rückwärtsgang war nicht vorhanden. Immerhin besaß der F 125 bereits zwei Frontscheinwerfer und seitliche Blinker. Das weiße Lenkrad ließ gar einen Hauch von Luxus aufkommen. Der »Zwerg unter den Zwergen« (»auto, motor und sport«) verkaufte sich trotz seiner Winzigkeit nicht schlecht. Selbst im Sport war er für beachtliche Leistungen gut. So belegte 1953 ein F 125 hinter einem Porsche 356 bei der Rallye Lissabon–Madrid den zweiten Platz in der Klasse bis 1100 ccm. Kleinschnittger selbst rührte mit einem 150 ccm-Monoposto kräftig die Werbetrommel. Rund die Hälfte der Monatsproduktion von etwa 70 Einheiten wurde exportiert.

Schon 1954 hatte Kleinschnittger, dem Zug der Zeit folgend, den Prototyp eines etwa größeren Coupés mit 250 ccm Hubraum auf die Räder gestellt. Aus diesem F 250 entstand 1955 der viersitzige F 250 C, der jedoch ebensowenig in Serie ging wie ein projektiertes dreisitziges Coupé. Die aufkommende Konkurrenz, vor allem Lloyd und Goggomobil, blies schließlich auch dem F 125 das Lebenslicht aus. Im August 1957 mußten die Kleinschnittger-Werke Konkurs anmelden.

## Kleinschnittger F 125 (1950–1957)

Zweisitziger Roadster mit Zentralrohrrahmen und Aluminiumkarosserie. Der »Kleinstwagen für Beruf, Sport und Reise« – so die Hersteller-Werbung – erwarb sich allen Unkenrufen zum Trotz den Ruf, ein robustes Fahrzeug von beachtlichem Durchhaltevermögen zu sein. Schwachstellen waren die Radaufhängungen und die Gummibandfederung. Von April 1950 bis August 1957 wurden insgesamt 2980 Exemplare hergestellt. Der Preis betrug anfangs DM 1995,– und stieg später auf DM 2450,–.

## Kleinschnittger F 125
### 1950 – 1957

| | |
|---|---|
| **Karosserie** | Aluminiumkarosserie |
| | |
| **Motor** | Zweitaktmotor (Ilo) |
| Zylinder | 1 |
| Bohrung × Hub | 52 × 58 mm |
| Hubraum | 123 ccm |
| Leistung | 4,5 (ab 1951: 5,5) PS bei 5000 U/min (ab 1953: 6 PS bei 5500 U/min) |
| Verdichtung | 1 : 6,8 |
| max. Drehmoment | 1,2 mkp bei 4500 U/min |
| Gemischaufbereitung | Bing 1/21 (ab 1953: Bing 1/17/2) |
| Ventile | – |
| Nockenwelle | – |
| Kurbelwellenlager | nicht bekannt |
| Batterie | 6 V 14 Ah |
| Lichtmaschine | 25 W |
| | |
| **Kraftübertragung** | Frontantrieb |
| Kupplung | Lamellenkupplung |
| Schaltung | Schalthebel unter der Lenksäule |
| Getriebe | 3 Gänge, unsynchronisiert |
| Übersetzungen | I. 2,84, II. 1,53, III. 1,00 |
| Antriebsübersetzung | 3,23 |
| | |
| **Fahrwerk** | |
| Vorderradaufhängung | Querlenker, geschobene Längsschwingarme |
| Hinterradaufhängung | gezogene Längsschwingarme |
| Bremsanlage | Trommelbremsen vorn und hinten |
| Felgen | 1,85 – B |
| Reifen | 2,25 – 20 |
| Lenkung | Zahnstangenlenkung |
| | |
| **Weitere Daten** | |
| Abmessungen (L × B × H) | 2895 × 1185 × 1220 mm |
| Radstand | 1700 mm |
| Spurweite vorn/hinten | 1010/1010 mm |
| Wendekreis | 7,5 m |
| Leergewicht | 150 kg |
| Zuläss. Gesamtgewicht | 330 kg |
| Höchstgeschwindigkeit | 70 km/h |
| Beschleunigung 0 – 100 km/h | |
| Verbrauch auf 100 km | 2,5 Liter Gemisch |
| Tankinhalt | 7,5 Liter |
| Ölwanneninhalt | – |
| Kühlsystem | Luftkühlung |

Kleinschnittger F 125, 1950–1957 (oben und Mitte links)

Dieser Vorläufer des F 125 hatte nach Art des Hanomag ›Kommißbrot‹ nur einen einzigen Hauptscheinwerfer

Straßenkreuzer-Look à la mode: Entwurf für den nie gebauten Nachfolgetyp F 250 Super

# NSU

Die Entwicklung von NSU zum Automobilhersteller verlief nach dem schon beinahe klassischen Muster, das auch für etliche Mitbewerber typisch war: erst Fahrräder, dann Motorräder und schließlich Autos. 1880 etablierte sich der Mechaniker Christian Schmidt mit seiner 1873 in Riedlingen/Donau gegründeten Strickmaschinenwerkstatt in Neckarsulm. Sechs Jahre später begann die ›Neckarsulmer Strickmaschinenfabrik‹ mit der Produktion von Fahrrädern und firmierte nun als Neckarsulmer Fahrradwerke AG. Die Stahlrösser liefen so gut, daß man 1901 den Schritt zum Motorrad wagte und 1906 das erste Automobil produzierte. In den nächsten beiden Jahrzehnten entwickelte sich das Unternehmen – 1911 umbenannt in Neckarsulmer Fahrzeugwerke AG (abgekürzt: NSU) – zu einer der bedeutenden deutschen Motorrad- und Automobilfabriken.

Auf Betreiben ihres Großaktionärs und Karosserielieferanten Jakob Schapiro fusionierten die Neckarsulmer Fahrzeugwerke AG und die Schebera Automobil-Werke AG, Berlin, am 2. November 1926 zur NSU Vereinigte Fahrzeugwerke AG Neckarsulm. 1929 verkaufte NSU das Automobilwerk Heilbronn an die Fiat S.p.A. in Turin und legte das Karosseriewerk Berlin still. Der 7/34 PS NSU 405 wurde von Fiat und NSU noch eine Zeitlang gemeinsam weitergebaut.

Ab 1932 konzentrierte sich NSU nach Einstellung der Automobilproduktion voll auf den Motorradbau. Mit den zur Deutschen Industriewerke AG in Berlin gehörenden D-Rad-Werken gründete man eine Verkaufsgemeinschaft und änderte wieder einmal den Firmennamen. Er lautete jetzt ›NSU-D-Rad Vereinigte Fahrzeugwerke AG‹.

1933 entstanden in Neckarsulm drei von Ferdinand Porsche konstruierte Prototypen mit stromlinienförmiger Karosserie und luftgekühltem Boxermotor im Heck. Dieser Porsche Typ 32 war der Vorläufer des VW-Käfers. 1937 übernahm NSU die Fahrradproduktion von Opel, 1938 wurden die Karosseriewerke Weinsberg an die Fiat-Tochter NSU Automobil AG in Heilbronn verkauft. Um die Namensverwirrung komplett zu machen, hatte man wenige Monate zuvor wieder einmal den Firmennamen geändert und nannte sich jetzt schlicht NSU-Werke AG Neckarsulm.

Obwohl die Neckarsulmer Werksanlagen in den letzten Kriegswochen schwer beschädigt worden waren, gelang es NSU nach 1945 schon bald, wieder an die erfolgreiche Vorkriegszeit anzuknüpfen. Die folgenden Jahre sahen das traditionsreiche Neckarsulmer Unternehmen mit großen Rennerfolgen und zahlreichen Weltrekorden auf der Höhe des Ruhms. Mitte der fünfziger Jahre war NSU die größte Motorradfabrik der Welt.

1957 stellte NSU mit dem von Oberingenieur Albert Roder konstruierten Prinz erstmals seit 1929 wieder einen Personenwagen vor. Noch im selben Jahr absolvierte in Neckarsulm der Wankelmotor seinen ersten Prüfstandslauf. Sechs Jahre später präsentierte man auf der Frankfurter IAA mit dem Wankel-Spider das erste Automobil der Welt mit Kreiskolbenmotor. Der Wankel-Spider blieb das einzige offene NSU-Modell der Nachkriegszeit.

In den kommenden 15 Jahren vergaben NSU und die Wankel GmbH in München an 27 Automobilhersteller Lizenzen zum Bau von Kreiskolbenmotoren, darunter an Daimler-Benz, Rolls-Royce, General Motors, Ford, Porsche, Toyo Kogyo (Mazda) und Toyota.

Die sechziger Jahre brachten für NSU zunehmend Probleme. Die Kleinwagenära ging unaufhaltsam ihrem Ende entgegen, der 1967 erschienene Ro 80 – zweifellos ein technisch avantgardistisches Fahrzeug – kämpfte jahrelang mit motorischen Kinderkrankheiten und verschlang Unsummen an Garantie- und Kulanzkosten. Die kleinen TT- und TTS-Modelle fuhren zwar bei Wettbewerben häufig der Konkurrenz um die Ohren, nicht aber in der Verkaufsstatistik. Auch Gemeinschaftsgründungen mit Citroën – Comobil S.A. in Genf (1964) und Comotor S.A. in Luxembourg (1967) – brachten nicht den erwarteten Erfolg. 1969 übernahm VW zunächst die Aktienmehrheit des Neckarsulmer Unternehmens. Wenige Monate später wurde es mit der Auto Union in Ingolstadt zur Audi NSU Auto Union AG verschmolzen. Der bereits serienreife NSU K 70 kam eineinhalb Jahre später als VW auf den Markt. Letzter Überlebender mit dem NSU-Emblem blieb der Ro 80, zugleich Flaggschiff des VW-Konzerns. 1977 schlug auch ihm die Stunde.

### NSU Wankel-Spider (1964–1967)

Der Wankel-Spider, vorgestellt 1963 auf der Frankfurter IAA, brachte NSU zwar das Verdienst, als erster Automobilhersteller der Welt den Kreiskolbenmotor in einen Serienwagen eingebaut zu haben, aber keinen kommerziellen Erfolg. Statt der geplanten Serie von 5000 Einheiten liefen von September 1964 bis Juli 1967 lediglich 2375 von den Neckarsulmer Bändern. Die letzten Exemplare wurden erst lange nach Produktionsauslauf mit erheblichem Nachlaß losgeschlagen. Mangels Nachfrage hatte man bereits im Dezember 1966 den Preis des zweisitzigen Spiders von DM 8500,– auf DM 7000,– gesenkt.

**Eine Münchener Firma baute diesen Kunststoff-Roadster namens ›Comtesse‹ auf Basis des NSU Prinz.**

161

## NSU Wankel-Spider
### 1964 – 1967

| | |
|---|---|
| **Karosserie** | Selbsttragende Ganzstahlkarosserie |
| | |
| **Motor** | Kreiskolbenmotor |
| Zylinder | 1 Scheibe |
| Bohrung × Hub | – |
| Hubraum | Kammervolumen: 498 ccm |
| Leistung | 50 PS bei 6000 U/min |
| Verdichtung | 1 : 8,6 |
| max. Drehmoment | 7,2 mkp bei 2500 U/min |
| Gemischaufbereitung | Solex 18/32 HHD |
| Ventile | – |
| Nockenwelle | – |
| Kurbelwellenlager | 2 |
| Batterie | 12 V 55 Ah |
| Lichtmaschine | 240 W |
| | |
| **Kraftübertragung** | Heckantrieb |
| Kupplung | Einscheibentrockenkupplung |
| Schaltung | Knüppelschaltung |
| Getriebe | 4 Gänge, vollsynchronisiert |
| Übersetzungen | I. 3,083, II. 1,778, III. 1,174, IV. 0,852 |
| Antriebsübersetzung | 4,428 |
| | |
| **Fahrwerk** | |
| Vorderradaufhängung | Doppelte Querlenker mit Schraubenfedern |
| Hinterradaufhängung | Pendelachse mit Schräglenkern und Schraubenfedern |
| Bremsanlage | vorne Scheiben-, hinten Trommelbremsen |
| Felgen | 4 × 12 |
| Reifen | 5,00 – 12 |
| Lenkung | Zahnstangenlenkung |
| | |
| **Weitere Daten** | |
| Abmessungen (L × B × H) | 3580 × 1520 × 1260 mm |
| Radstand | 2020 mm |
| Spurweite vorn/hinten | 1246 / 1227 mm |
| Wendekreis | 9,5 m |
| Leergewicht | 700 kg |
| Zuläss. Gesamtgewicht | 950 kg |
| Höchstgeschwindigkeit | 153 km/h |
| Beschleunigung 0 – 100 km/h | 16 sec |
| Verbrauch auf 100 km | 10 Liter Normal |
| Tankinhalt | 35 Liter |
| Ölwanneninhalt | 3,5 Liter |
| Kühlsystem | 10,5 Liter |

NSU Wankel-Spider 1964–1967. Auf Wunsch war auch ein Hardtop lieferbar.

# Opel

Die fünf Opel-Brüder Carl, Wilhelm, Heinrich, Fritz und Ludwig waren nicht nur begeisterte Radsportler, sondern betrieben auch mit ihrem fünfsitzigen Veloziped schon Ende des vorigen Jahrhunderts das, was man heute sales promotion nennt. Entsprechend gut florierte die von ihrem Vater 1862 gegründete Nähmaschinen- und Fahrradfabrik. 1897 lernten Carl und Wilhelm Opel auf einer Ausstellung des soeben gegründeten Mitteleuropäischen Motorwagen-Vereins in Berlin den Automobilkonstrukteur Friedrich Lutzmann aus Dresden kennen. Schon bald kam man überein, Lutzmanns Vehikel in Lizenz zu bauen. Im Herbst 1898 erblickte der erste ›Opel-Patent-Motorwagen, System Lutzmann‹ das Licht der Welt. Von 1899 an wurde der 4 PS starke Einzylinder in bescheidenen Stückzahlen verkauft. Nähmaschinen- und Fahrradproduktion liefen unverändert weiter, die Motorwagenherstellung war vom restlichen Betrieb streng abgeteilt.

Schon 1900 trennten sich die Opel-Brüder wieder von Lutzmann und stellten die Produktion ein, weil sie klug genug waren, zu erkennen, daß ihr Produkt den Konkurrenzmodellen weit unterlegen war. 1901 begann man, Motorräder zu bauen, die sich leidlich gut verkauften. 1907 wurde die Produktion wieder eingestellt. Neue Anläufe auf diesem Sektor unternahm man nochmals nach dem Ersten Weltkrieg und 1928, aber den Opel-Motorrädern gelang nie der rechte Durchbruch.

Trotz des Lutzmann-Abenteuers wollten die Opel-Brüder nicht mehr vom Auto lassen. 1902 übernahmen sie die Renault- und Darracq-Vertretung für Deutschland und präsentierten im selben Jahr in Hamburg ihr erstes eigenes Modell, den Opel 10/12 PS. Der kleine Zweizylinder wurde wie sein Darracq-Vorbild über eine Kardanwelle angetrieben. 1906 löste man die Lizenzverträge mit Darracq und präsentierte im folgenden Jahr einen selbstkontruierten Vierzylindermotor.

Von nun an entwickelte die Motorwagenabteilung im Opel-Werk eine Eigendynamik, die die anderen Aktivitäten bald verdrängte. Fritz Opel nahm auf einem Opel-Rennwagen an der Targa Florio teil und 1909 erschien der Opel-Doktorwagen 4/8 PS. Ein Großbrand ließ im Jahr 1911 die Fahrrad- und Nähmaschinenfertigung in Schutt und Asche aufgehen, die Automobilabteilung dagegen unversehrt und löste auf diese Weise die Frage, auf welche Branche man sich künftig konzentrieren solle. 1913 erschien der Opel 5/14 PS, bekannter unter dem Namen ›Puppchen‹. Im selben Jahr lehrte ein Opel-Rennwagen mit 12 Litern Hubraum und 260 PS die Konkurrenz das Fürchten. Carl Jörns setzte das vierventilige Monstrum noch 1926 mit Erfolg ein.

1924 markierte das Rüsselsheimer Unternehmen mit der Einführung der Fließbandproduktion des ›Laubfrosch‹ einen fertigungstechnischen Einschnitt in der deutschen Automobilgeschichte. 1928 wurde die Adam Opel KG in eine Aktiengesellschaft umgewandelt, ein Jahr darauf erwarb General Motors für 25,9 Millionen Dollar 80 Prozent der Aktienanteile, 1931 den Rest. 1935 machte Opel abermals mit einer technischen Pioniertat von sich reden: Als erster deutscher Serienwagen mit selbsttragender Ganzstahlkarosserie lief der Opel Olympia vom

Band. 1937 trat man die Fahrradproduktion – nach Herstellung von insgesamt 2,5 Millionen Stück – an NSU ab.

Im Oktober 1940 – die magische Zahl von einer Million Personenwagen war längst überschritten – wurde die Pkw-Produktion eingestellt. In den Werken Rüsselsheim und Brandenburg, die im Laufe des Krieges großenteils zerstört wurden, stellte man Flugzeugteile und den Dreitonner-Wehrmachts-Lkw her. Nach Kriegsende wurden die Kadett-Bänder demontiert und gingen im Juni 1946 als Reparationsleistung in die Sowjet-Union, wo der Kadett dann ab 1947 als Moskwitsch 400 wiederauferstand und bis 1956 gebaut wurde.

Trotz der schweren Zerstörungen lief in Rüsselsheim bereits 1946 die Produktion des Opel Blitz-Lkw an. 1947 erschien der Olympia in nahezu unveränderter Vorkriegsgestalt, 1948 folgte der Kapitän, der seinem Vorgänger von 1939 ebenfalls wie ein Ei dem anderen glich. Parallel zum Wirtschaftswunder wuchsen in den fünfziger und sechziger Jahren die Produktionszahlen: 1956 lief der zweimillionste Opel vom Band, 1960 wurde die dritte, 1962 die vierte Million erreicht. Im selben Jahr wurde das Werk Bochum eingeweiht, 1966 das Werk Kaiserslautern in Betrieb genommen. Heute zählt die Adam Opel AG längst wieder zu den führenden Automobilherstellern Europas.

Die frühere Cabriolet-Tradition wurde nach dem Krieg nur halbherzig wieder aufgenommen und werksseitig 1956 mit der Rekord Cabrio-Limousine endgültig zu Grabe getragen. Die danach hergestellten Cabriolets waren Kleinserien von Deutsch und Autenrieth oder Einzelanfertigungen von Karmann. Kein großer Erfolg beschieden war dem Kadett Aero, einem bei Baur in Stuttgart produzierten Targa-Modell, das nach zweijähriger Produktionsdauer wieder eingestellt wurde. In jüngster Zeit allerdings mehren sich unübersehbar die Anzeichen, daß man auch in Rüsselsheim über eine Renaissance des Cabriolets nachdenkt (z. B. Opel Ascona Cabriolet auf der IAA 1981, Corsa-Studie usw.).


**Opel Olympia (1950–1952)**

Schon 1950 präsentierte Opel eine offene Version des stilistisch überarbeiteten Olympia. Es handelte sich um eine typische Cabrio-Limousine mit vier Sitzen, die nur DM 200 mehr kostete als die entsprechende Limousine. Gebaut wurden 3114 Stück. Auch das ab Februar 1951 erneut retuschierte Olympia-Modell mit größerem Heckfenster und von außen zugänglichem Kofferraum war als Cabrio-Limousine lieferbar und wurde 6036mal produziert. Der Preis beider Modelle betrug DM 6600.


**Opel Olympia Rekord (1954–1956)**

Im Frühjahr 1953 brachte Opel den völlig neu entwickelten Rekord heraus. Er war das erste Rüsselsheimer Modell mit Pontonkarosserie und gewissermaßen ein Amerikaner im Taschenformat. Ein Jahr später gab es den Rekord auch als Cabrio-Limousine. Sie machte den damals noch üblichen alljährlichen Modellwechsel mit und wurde – jeweils stilistisch leicht überarbeitet – bis Juli 1956 produziert. Insgesamt wurden 12504 Cabrio-Limousinen des Typs Rekord gebaut.

Preise: Opel Olympia Rekord Cabrio-Limousine 1954   DM 6710,–
         Opel Olympia Rekord Cabrio-Limousine 1955   DM 6710,–
         Opel Olympia Rekord Cabrio-Limousine 1956   DM 6560,–


## Opel Olympia Rekord (1959–1963)

Erst 1959 gab es für die Freunde offener Autos wieder ein entsprechendes Opel-Modell. Die Darmstädter Karosseriefirma Autenrieth baute die zweitürige Rekord P-Limousine zum zweisitzigen Cabriolet um. Auch das 1960 vorgestellte Nachfolgermodell Rekord P II war bei Autenrieth als zweisitziges Cabriolet erhältlich. Als Basismodell für den Umbau diente jetzt jedoch das Coupé. Genaue Stückzahlen sind nicht mehr festzustellen.

Preise: Opel Olympia Rekord P Autenrieth-Cabriolet (1,5 l)    DM 11180,–
         Opel Olympia Rekord P Autenrieth-Cabriolet (1,7 l)    DM 11255,–
         Opel Olympia Rekord P II Autenrieth-Cabriolet 1700 S   DM 11635,–


## Opel Rekord A (1963–1965)

Der Opel Rekord A war das letzte Cabriolet, das bei Autenrieth entstand. Nachdem das Darmstädter Unternehmen 1964 seine Tore schloß, übernahm die Kölner Karosseriefirma Karl Deutsch den Umbau des Rekord A-Coupés. Die genaue Stückzahl ist nicht bekannt.

Preise: Opel Rekord A Deutsch-Cabriolet (1,7 l)     DM 11765,–
         Opel Rekord-6 Deutsch-Cabriolet (2,6 l/6-Zyl.)   DM 13060,–


## Opel Rekord C/Opel Commodore A (1967–1971)

Die Karosseriefirma Karl Deutsch bot ab 1967 sowohl den Rekord C als auch den Commodore A als 2/2sitziges Cabriolet an. Als Basismodell diente jeweils die zweitürige Limousine, die Umbaukosten betrugen rund DM 4000,–. Auch Karmann in Osnabrück baute insgesamt 4 Commodore-Cabriolets. Der Preis ist nicht bekannt.


## Opel Kadett Aero (1976–1978)

Der Aero-Kadett war Opels halbherziger Versuch, wieder an die Cabriolet-Tradition früherer Zeiten anzuknüpfen. Das im März 1976 vorgestellte Targa-Modell wurde bei Baur produziert und glich in seiner Konzeption den dort zuvor her-

166

gestellten Cabriolets der BMW-Baureihe 02. Als Basis diente die zweitürige Kadett C-Limousine. Als Antriebsquelle wurde zunächst nur der 1,2 Liter-Motor, ab 1977 auch das 1,6 Liter-Aggregat angeboten. Der bis Juli 1978 gebaute Aero-Kadett erwies sich als ziemlicher Flop, nicht zuletzt wegen seines überhöhten Preises. Er kostete anfangs DM 15500,–, ab August 1977 versuchte man der mangelnden Nachfrage durch eine Preissenkung auf DM 14500,– zu begegnen. Der 1,6 Liter-Motor kostete DM 655 Aufpreis. Gebaut wurden insgesamt 1400 Exemplare.

**Opel Olympia Cabrio-Limousine, 1950**

**Opel Olympia Cabrio-Limousine, 1951–1952**

|  | **Opel Olympia Cabrio-Limousine**<br>**1950** | **Opel Olympia Cabrio-Limousine**<br>**1951 – 1952** |
|---|---|---|
| **Karosserie** | Selbsttragende Ganzstahlkarosserie ||
| **Motor** | Reihenmotor ||
| Zylinder | 4 ||
| Bohrung × Hub | 80 × 74 mm ||
| Hubraum | 1488 ccm ||
| Leistung | 37 PS bei 3500 U/min (ab 1951: 39 PS bei 3700 U/min) ||
| Verdichtung | 1 : 6,15 ||
| max. Drehmoment | 9,0 mkp bei 2000 U/min ||
| Gemischaufbereitung | Opel-Vergaser (Lizenz Carter) ||
| Ventile | hängend ||
| Nockenwelle | ohv ||
| Kurbelwellenlager | 4 ||
| Batterie | 6 V 75 Ah ||
| Lichtmaschine | 130 W ||
| **Kraftübertragung** | Hinterradantrieb ||
| Kupplung | Einscheibentrockenkupplung ||
| Schaltung | Lenkradschaltung ||
| Getriebe | 3 Gänge, II. + III. synchronisiert ||
| Übersetzungen | I. 3,584, II. 1,675, III. 1,000 ||
| Antriebsübersetzung | 4,556 | 4,30 |
| **Fahrwerk** | | |
| Vorderradaufhängung | Doppelte Querlenker u. Schraubenfedern | Doppelte Querlenker u. Schraubenfedern |
| Hinterradaufhängung | Starrachse | Starrachse |
| Bremsanlage | vorn und hinten Trommelbremsen | vorn und hinten Trommelbremsen |
| Felgen | 3,25 D × 16 | 4 J × 15 |
| Reifen | 5,00 – 16 | 5,60 – 15 |
| Lenkung | Schneckenlenkung | Schneckenlenkung |
| **Weitere Daten** | | |
| Abmessungen (L × B × H) | 4050 × 1564 × 1580 mm | 4050 × 1564 × 1580 mm |
| Radstand | 2395 mm | 2395 mm |
| Spurweite vorn/hinten | 1192/1250 mm | 1203/1262 mm |
| Wendekreis | 11 m | 11 m |
| Leergewicht | 910 kg | 920 kg |
| Zuläss. Gesamtgewicht | 1260 kg | 1270 kg |
| Höchstgeschwindigkeit | 112 km/h ||
| Beschleunigung 0 – 100 km/h | 43 sec ||
| Verbrauch auf 100 km | 10 Liter Normal ||
| Tankinhalt | 35 Liter ||
| Ölwanneninhalt | 3,25 Liter ||
| Kühlsystem | 8,8 Liter ||

**Opel Olympia Rekord
Cabrio-Limousine,
1954**

**Opel Olympia Rekord
Cabrio-Limousine,
1956**

169

|  | Opel Olympia Rekord Cabrio-Limousine 1954 – 1955 | Opel Olympia Rekord Cabrio-Limousine 1956 |
|---|---|---|
| **Karosserie** | Selbsttragende Ganzstahlkarosserie | |
| **Motor** | Reihenmotor | |
| Zylinder | 4 | 4 |
| Bohrung × Hub | 80 × 74 mm | 80 × 74 mm |
| Hubraum | 1488 ccm | 1488 ccm |
| Leistung | 40 PS bei 3800 U/min | 45 PS bei 3900 U/min |
| Verdichtung | 1 : 6,3 | 1 : 6,9 |
| max. Drehmoment | 9,6 mkp bei 1900 U/min | 10 mkp bei 2300 U/min |
| Gemischaufbereitung | Opel-Vergaser (Lizenz Carter) | |
| Ventile | hängend | |
| Nockenwelle | ohv | |
| Kurbelwellenlager | 4 | |
| Batterie | 6 V 84 Ah | |
| Lichtmaschine | 130 W (1956: 160 W) | |
| **Kraftübertragung** | Hinterradantrieb | |
| Kupplung | Einscheibentrockenkupplung | |
| Schaltung | Lenkradschaltung | |
| Getriebe | 3 Gänge, II. + III. synchronisiert | |
| Übersetzungen | I. 3,57, II. 1,68, III. 1,00 | |
| Antriebsübersetzung | 3,90 | |
| **Fahrwerk** | | |
| Vorderradaufhängung | Doppelte Querlenker mit Schraubenfedern | |
| Hinterradaufhängung | Starrachse mit Blattfedern | |
| Bremsanlage | Trommelbremsen vorn und hinten | |
| Felgen | 4 J × 13 | |
| Reifen | 5,60 – 13 | |
| Lenkung | Schneckenlenkung | Kugelumlauflenkung |
| **Weitere Daten** | | |
| Abmessungen (L × B × H) | 4240 × 1625 × 1550 mm | 4210 × 1625 × 1550 mm |
| Radstand | 2487 mm | 2487 mm |
| Spurweite vorn/hinten | 1200/1268 mm | 1200/1268 mm |
| Wendekreis | 11 m | 11 m |
| Leergewicht | 920 kg | 920 kg |
| Zuläss. Gesamtgewicht | 1235 kg | 1235 kg |
| Höchstgeschwindigkeit | 120 km/h | 122 km/h |
| Beschleunigung 0 – 100 km/h | 35 sec | 30 sec |
| Verbrauch auf 100 km | 10 Liter Normal | 10 Liter Normal |
| Tankinhalt | 31 Liter | 35 Liter |
| Ölwanneninhalt | 3,25 Liter | 3,25 Liter |
| Kühlsystem | 7,5 Liter | 8,3 Liter |

170

|  | **Opel Olympia Rekord (P)**<br>**Cabriolet**<br>**1959 – 1960** | **Opel Rekord (P II)**<br>**Cabriolet**<br>**1961 – 1963** |
|---|---|---|
| **Karosserie** | Selbsttragende Ganzstahlkarosserie | |
| **Motor** | Reihenmotor | |
| Zylinder | 4 | 4 |
| Bohrung × Hub | 80 × 74 oder 85 × 74 mm | 85 × 74 mm |
| Hubraum | 1488 oder 1680 ccm | 1680 ccm |
| Leistung | 50 bzw. 55 PS bei 4000 U/min | 60 PS bei 4100 U/min |
| Verdichtung | 1 : 7,25 | 1 : 8 |
| max. Drehmoment | 10,8 bzw. 12,2 mkp bei 2100 U/min | 12,8 mkp bei 2000 U/min |
| Gemischaufbereitung | Opel-Vergaser (Lizenz Carter) | Opel-Vergaser (Lizenz Carter) |
| Ventile | hängend | hängend |
| Nockenwelle | ohv | ohv |
| Kurbelwellenlager | 4 | 4 |
| Batterie | 6 V 77 Ah | 6 V 77 Ah |
| Lichtmaschine | 200 W | 200 W |
| **Kraftübertragung** | Hinterradantrieb | Hinterradantrieb |
| Kupplung | Einscheibentrockenkupplung | Einscheibentrockenkupplung |
| Schaltung | Lenkradschaltung | Lenkradschaltung |
| Getriebe | 3 Gänge, vollsynchronisiert | 3 oder 4 Gänge, vollsynchronisiert |
| Übersetzungen | I. 3,235, II. 1,681, III. 1,000 | 3-Gang: I. 3,235, II. 1,681, III. 1,000<br>4-Gang: I. 3,571, II. 2,043, III. 1,324,<br>IV. 1,000 |
| Antriebsübersetzung | 3,90 | 3,55 |
| **Fahrwerk** | | |
| Vorderradaufhängung | Doppelte Querlenker mit Schrauben-<br>federn | Doppelte Querlenker mit Schrauben-<br>federn |
| Hinterradaufhängung | Starrachse mit Blattfedern | Starrachse mit Blattfedern |
| Bremsanlage | Trommelbremsen vorn und hinten | Trommelbremsen vorn und hinten |
| Felgen | 4 J × 13 | 4$^1$/$_2$ J × 13 |
| Reifen | 5,90 – 13 | 5,90 – 13 |
| Lenkung | Kugelumlauflenkung | Kugelumlauflenkung |
| **Weitere Daten** | | |
| Abmessungen (L × B × H) | 4433 × 1616 × 1490 mm | 4515 × 1632 × 1405 mm |
| Radstand | 2541 mm | 2541 mm |
| Spurweite vorn/hinten | 1260/1270 mm | 1265/1280 mm |
| Wendekreis | 11,6 m | 11,5 m |
| Leergewicht | 920 kg | 930 kg |
| Zuläss. Gesamtgewicht | 1300 kg | 1260 kg |
| Höchstgeschwindigkeit | 128 (1700: 132) km/h | 140 km/h |
| Beschleunigung 0 – 100 km/h | 24 bzw. 20 sec | 20 sec |
| Verbrauch auf 100 km | 9,5 Liter Normal | 9,5 Liter Super |
| Tankinhalt | 40 Liter | 40 Liter |
| Ölwanneninhalt | 3,25 Liter | 3,25 Liter |
| Kühlsystem | 8 Liter | 8 Liter |

Opel Olympia Rekord
P Cabriolet (Karosse-
rie Autenrieth), 1959

Opel Olympia Rekord
P II Cabriolet (Karos-
serie Autenrieth),
1963

Opel Rekord A
Cabrio-Limousine
(Karosserie
Autenrieth), 1963/64

Opel Rekord B
Cabriolet
(Karosserie Deutsch),
1966

172

| | Opel Rekord (A) 1700 S Cabriolet 1963 – 1965 | Opel Rekord-6 2600 Cabriolet 1964 – 1966 |
|---|---|---|
| **Karosserie** | Selbsttragende Ganzstahlkarosserie | |
| **Motor** | Reihenmotor | |
| Zylinder | 4 | 6 |
| Bohrung × Hub | 85 × 74 mm | 85 × 76,5 mm |
| Hubraum | 1680 ccm | 2605 ccm |
| Leistung | 67 PS bei 4400 U/min | 100 PS bei 4600 U/min |
| Verdichtung | 1:8 | 1:8,2 |
| max. Drehmoment | 12,8 mkp bei 2900 U/min | 18,5 mkp bei 2400 U/min |
| Gemischaufbereitung | Opel-Vergaser (Lizenz Carter) | Opel-Vergaser (Lizenz Carter) |
| Ventile | hängend | hängend |
| Nockenwelle | ohv | ohv |
| Kurbelwellenlager | 4 | 4 |
| Batterie | 6 V 77 Ah | 12 V 44 Ah |
| Lichtmaschine | 200 W | Drehstrom 490 W |
| **Kraftübertragung** | Hinterradantrieb | Hinterradantrieb |
| Kupplung | Einscheibentrockenkupplung | Einscheibentrockenkupplung |
| Schaltung | Knüppel-, auf Wunsch Lenkradschaltung | Knüppelschaltung |
| Getriebe | 4 Gänge, vollsynchronisiert | 4 Gänge, vollsynchronisiert |
| Übersetzungen | I. 3,572, II. 2,043, III. 1,324, IV. 1,000 | I. 3,428, II. 2,156, III. 1,366, IV. 1,000 |
| Antriebsübersetzung | 3,89 | 3,20 |
| **Fahrwerk** | | |
| Vorderradaufhängung | Doppelte Querlenker mit Schrauben-federn | Doppelte Querlenker mit Schrauben-federn |
| Hinterradaufhängung | Starrachse mit Blattfedern | Starrachse mit Blattfedern |
| Bremsanlage | Trommelbremsen vorn und hinten, auf Wunsch Scheibenbremsen vorn | vorn Scheiben-, hinten Trommelbremsen |
| Felgen | 4¹/₂ J × 13 | 4¹/₂ J × 14 |
| Reifen | 5,90 – 13 | 165 SR 14 |
| Lenkung | Kugelumlauflenkung | Kugelumlauflenkung |
| **Weitere Daten** | | |
| Abmessungen (L × B × H) | 4512 × 1696 × 1400 mm | 4512 × 1696 × 1418 mm (ab Sept. 1965: 4551 × 1690 × 1418 mm) |
| Radstand | 2639 mm | 2639 mm |
| Spurweite vorn/hinten | 1321/1276 mm | 1325/1279 mm (ab Sept. 1965: 1325/1356 mm) |
| Wendekreis | 11,6 m | 11,6 m |
| Leergewicht | 980 kg | 1115 kg |
| Zuläss. Gesamtgewicht | 1300 kg | 1470 kg |
| Höchstgeschwindigkeit | 144 km/h | 168 km/h |
| Beschleunigung 0 – 100 km/h | 17 sec | 13 sec |
| Verbrauch auf 100 km | 10 Liter Super | 12 Liter Super |
| Tankinhalt | 45 Liter | 45 Liter |
| Ölwanneninhalt | 3,25 Liter | 4,5 Liter |
| Kühlsystem | 7,6 Liter | 10 Liter |

Opel Kapitän Cabriolet zweisitzig (Karosserie Hebmüller), 1952/53

Opel Kapitän Roadster (Karosserie Tettner), 1951

Für die britische Militärpolizei baute die Firma Autenrieth 1953 fünf Exemplare dieses Opel Kapitän-Cabriolets

Ebenfalls bei Autenrieth entstand 1953 dieses Opel Kapitän-Cabriolet

174

OPEL KAPITÄN Kabriolet 2/2-sitzig

Opel Kapitän Cabrio-
let (Karosserie Auten-
rieth), 1957

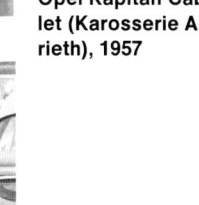

Opel Diplomat Cabrio-
let (Karosserie Kar-
mann) auf Basis des
Diplomat Coupé, 1967

Vier Exemplare dieser
Cabrio-Limousine auf
Basis des Opel Diplo-
mat E dienten der
Rüsselsheimer Firma
als Repräsentations-
wagen für besondere
Anlässe.

175

| | Opel Rekord C<br>Cabriolet<br>1967–1971 | Opel Commodore A<br>Cabriolet<br>1967–1971 |
|---|---|---|
| **Karosserie** | Selbsttragende Ganzstahlkarosserie | |
| **Motor** | Reihenmotor | |
| Zylinder | 4 | 6 |
| Bohrung × Hub | 93 × 69,8 mm | 87 × 69,8 mm |
| Hubraum | 1897 ccm | 2490 ccm |
| Leistung | 90 PS bei 5100 U/min | 115 PS bei 5200 U/min |
| Verdichtung | 1:9 | 1:9,5 |
| max. Drehmoment | 14,9 mkp bei 2800 U/min | 17,7 mkp bei 3800 U/min |
| Gemischaufbereitung | Solex 32/35 DIDTA–4 | Solex 32/35 DIDTA–4 |
| Ventile | hängend | hängend |
| Nockenwelle | im Zylinderkopf | im Zylinderkopf |
| Kurbelwellenlager | 5 | 7 |
| Batterie | 12 V 44 Ah | 12 V 44 Ah |
| Lichtmaschine | 350 (ab 1969: 390) W | 350 (ab 1968: 390) W |
| **Kraftübertragung** | Hinterradantrieb | |
| Kupplung | Einscheibentrockenkupplung | |
| Schaltung | Knüppelschaltung | |
| Getriebe | 4 Gänge, vollsynchronisiert | |
| Übersetzungen | I. 3,428, II. 2,156, III. 1,366, IV. 1,000 | |
| Antriebsübersetzung | 3,89 (Commodore A: 3,56) | |
| **Fahrwerk** | | |
| Vorderradaufhängung | Doppelte Querlenker, Schraubenfedern, Drehstab-Stabilisator | |
| Hinterradaufhängung | Starrachse mit Längslenkern, Panhardstab, Schraubenfedern, Drehstab-Stabilisator | |
| Bremsanlage | vorne Scheiben-, hinten Trommelbremsen, Zweikreis-System, Servo | |
| Felgen | 5 J × 13 | 5 J × 14 |
| Reifen | 6,40 – 13 | 165 SR 14 |
| Lenkung | Kugelumlauflenkung | Kugelumlauflenkung |
| **Weitere Daten** | | |
| Abmessungen (L × B × H) | 4574 × 1754 × 1460 mm | 4574 × 1754 × 1445 mm |
| Radstand | 2668 mm | 2668 mm |
| Spurweite vorn/hinten | 1412/1410 mm | 1410/1410 mm |
| Wendekreis | 11,7 m | 12 m |
| Leergewicht | nicht bekannt | nicht bekannt |
| Zuläss. Gesamtgewicht | nicht bekannt | nicht bekannt |
| Höchstgeschwindigkeit | 155 km/h | 170 km/h |
| Beschleunigung 0–100 km/h | 16 sec | 14 sec |
| Verbrauch auf 100 km | 12 Liter Super | 12,5 Liter Super |
| Tankinhalt | 55 Liter | 55 (ab Aug. 1969: 70) Liter |
| Ölwanneninhalt | 3,6 Liter | 4,5 Liter |
| Kühlsystem | 5,7 Liter | 9,5 Liter |

Opel Commodore Cabriolet (Karosserie Karmann) mit elektrohydraulischer Verdeckbetätigung, 1967

**Ein Einzelstück blieb dieses 1973 von Karmann gebaute Cabriolet auf Basis des Opel Manta A 1900 S.**

**Auf der IAA 1969 präsentierte Opel den Aero GT. Es blieb bei zwei Prototypen.**

|  | Opel Kadett Aero 1,2 S<br>1976 – 1978 | Opel Kadett Aero 1,6 S<br>1977 – 1978 |
|---|---|---|
| **Karosserie** | Selbsttragende Ganzstahlkarosserie | |
| **Motor** | Reihenmotor | |
| Zylinder | 4 | |
| Bohrung × Hub | 79 × 61 mm | 85 × 69,8 mm |
| Hubraum | 1196 ccm | 1566 ccm |
| Leistung | 60 PS bei 5400 U/min | 75 PS bei 5200 U/min |
| Verdichtung | 1 : 9 | 1 : 8,8 |
| max. Drehmoment | 9,0 mkp bei 3400 U/min | 11,5 mkp bei 4000 U/min |
| Gemischaufbereitung | Solex 32 PDSI | Solex 32/32 DIDTA – 4 |
| Ventile | hängend | hängend |
| Nockenwelle | ohv | im Zylinderkopf |
| Kurbelwellenlager | 3 | 5 |
| Batterie | 12 V 44 Ah | |
| Lichtmaschine | Drehstrom 630 W | |
| **Kraftübertragung** | Hinterradantrieb | |
| Kupplung | Einscheibentrockenkupplung | |
| Schaltung | Knüppelschaltung | |
| Getriebe | 4 Gänge, vollsynchronisiert | |
| Übersetzungen | I. 3,733, II. 2,243, III. 1,432, IV. 1,000 | I. 3,428, II. 2,156, III. 1,366, IV. 1,000 |
| Antriebsübersetzung | 4,11 | 3,70 |
| **Fahrwerk** | | |
| Vorderradaufhängung | Doppelte Querlenker, Schraubenfedern, Stabilisator | |
| Hinterradaufhängung | Zentralgelenk-Starrachse mit Längslenkern, Panhardstab, Schraubenfedern, Stabilisator | |
| Bremsanlage | vorne Scheiben-, hinten Trommelbremsen, Servo, Zweikreis-System | |
| Felgen | 5 J × 13 | |
| Reifen | 175/70 SR 13 | |
| Lenkung | Zahnstangenlenkung | |
| **Weitere Daten** | | |
| Abmessungen (L × B × H) | 4124 × 1580 × 1375 mm | |
| Radstand | 2395 mm | |
| Spurweite vorn/hinten | 1300/1299 mm | |
| Wendekreis | 10 m | |
| Leergewicht | 820 kg | 920 kg |
| Zuläss. Gesamtgewicht | 1220 kg | 1320 kg |
| Höchstgeschwindigkeit | 148 km/h | 157 km/h |
| Beschleunigung 0 – 100 km/h | 16 sec | 13 sec |
| Verbrauch auf 100 km | 9,5 Liter Super | 10 Liter Super |
| Tankinhalt | 43 Liter | 43 Liter |
| Ölwanneninhalt | 2,8 Liter | 3,8 Liter |
| Kühlsystem | 4,6 Liter | 6,5 Liter |

178

Einzelstücke auf Kadett- und Olympia-Basis: Oben ein Opel Kadett A-Cabriolet (vermutlich von Deutsch), darunter ein Opel Olympia-Cabriolet von Karmann, ganz unten ein Opel Kadett B-Cabriolett mit Deutsch-Karosserie.

Opel Kadett Aero 1976–1978

Diese Studie eines Opel Manta Targa entstand 1972 in der Design-Abteilung von Opel.

Prototyp eines Opel Ascona-Cabriolets zur IAA 1981

Styling-Studie eines Opel Corsa Spider zum Genfer Automobilsalon 1982

# Porsche

Um Autos kreisen die Gedanken des ideenreichen Konstrukteurs Dr. Ing. h.c. Ferdinand Porsche schon lange, bevor er sein erstes eigenes Modell baute. Nach Gastspielen als Chefkonstrukteur bei Austro-Daimler, Steyr und Daimler-Benz gründete er am 25. April 1931 in der Stuttgarter Kronenstraße die Dr. Ing. h.c. F. Porsche GmbH, als deren Geschäftszweck ›Konstruktion und Beratung für Motore und Fahrzeuge‹ ins Handelsregister eingetragen wurde.

Noch im selben Jahr entwickelte er gemeinsam mit seinem Ingenieur-Team für Zündapp den Prototyp eines Kleinwagens. Zwei Jahre später arbeitete er an einem ähnlichen Auftrag für NSU. Das Ergebnis war ein früher Vorläufer des Volkswagens. Zur selben Zeit entwickelte er in eigener Initiative jenen 16-Zylinder-Heckmotor-Rennwagen, den dann die Auto Union übernahm und der von 1934 bis 1937 auf den europäischen Rennstrecken zahlreiche Siege errang.

Im Auftrag des Reichsverbandes der Deutschen Automobilindustrie begann Porsche 1934 mit der Entwicklung des Volkswagens. Ende 1935 waren bereits die ersten Prototypen fertig, der weitere Ablauf darf als bekannt vorausgesetzt werden. Ebenfalls noch vor dem Krieg entstanden Kleinschlepperkonstruktionen sowie Entwürfe für Flugmotoren und Windkraftanlagen, während des Krieges eine Reihe von Panzern und Schleppern.

Aufgrund dieser Tätigkeit wurde er nach Kriegsende zunächst von den Amerikanern interniert und anschließend von den Franzosen verhaftet. Fast zwei Jahre verbrachte er als Gefangener in Paris und Dijon. Erst 1947 ließen die Franzosen ihn und seinen ebenfalls verhafteten Schwager Dr. Piёch gegen eine Kaution von einer Million Dollar frei.

In Gmünd/Kärnten, wohin 1944 der Betrieb ausgelagert worden war, hatte unterdessen sein Sohn Ferry mit der Produktion von Skibindungen und Barackenbeschlägen die Arbeit wieder aufgenommen. Gemeinsam mit Chefkonstrukteur Karl Rabe arbeitete er seit 1946 aber auch an seiner Lieblingsidee: der Entwicklung eines Sportwagens. Auf der Basis des VW-Käfers entstand im Juni 1948 der erste 356 (die 356. Porsche-Konstruktion), ein zweisitziger Roadster mit Aluminiumkarosserie.

Bis zum März 1951 wurden in Gmünd insgesamt 46 Alu-356 – 23 Cabrios und 23 Coupés – gebaut, dann erfolgte der Umzug nach Zuffenhausen. Dort mietete Porsche von der Karosseriefabrik Reutter 600 Quadratmeter an und begann mit der Serienfertigung des 356, von jetzt ab mit Stahlkarosserie. Niemand ahnte damals, daß bis zur Produktionseinstellung im April 1965 über 76 000 Einheiten gefertigt werden würden.

Die Grundkonzeption des ersten 356 blieb bis zum Schluß unverändert. Im Zuge der Modellpflege wurden die Nachfolgertypen 356 A, 356 B und 356 C systematisch verbessert und verfeinert. Auch das äußere Erscheinungsbild wurde im Laufe der Jahre zusehends ansehnlicher. Die Leistung des luftgekühlten Boxermotors eskalierte von 40 auf 130 PS in den Carrera-Versionen des B- und C-Typs.

Nur für den militärischen Gebrauch vorgesehen war ein Porsche-Cabriolet ganz anderer Art: der Gelände- und Jagdwagen Typ 597. Es handelte sich um einen für die Bundeswehr entwickelten Kübelwagen (Nato-Bezeichnung: Lkw 0,25 t gl.), dessen vom Porsche 1500 (›Dame‹) entliehener Motor traditionsgemäß im Heck seine Arbeit verrichtete. Von 1954 bis 1958 wurden 71 Vorserienwagen gebaut. Obwohl der Porsche 597 optisch und technisch unter den drei damaligen Bewerbern (außer Porsche noch Goliath und Auto Union) die beste Figur machte, scheiterte der Bundeswehr-Großauftrag schon aus Kapazitätsgründen, denn die Porsche-Bänder waren mit der normalen Sportwagenproduktion voll ausgelastet.

Cabriolets spielten bei Porsche immer eine besondere Rolle. Schon 1935 präsentierte der Firmengründer ein VW-Cabriolet auf der Basis der Limousinen-Versuchsserie. Zwei Jahre später folgte der erste offene Wagen der VW-Typenreihe 60, von dem nur 30 Stück gebaut wurden. Auch der Urahn der Typenreihe 356 war wieder ein Cabriolet. Und der allerletzte 356 C, der vom Band lief, war ebenfalls offen.

Neben den 356-Cabriolets entstand 1952 auf Anregung des damaligen Porsche-Importeurs Maximilian Hoffmann eine Exklusivserie von 15 Exemplaren des ›American Roadster‹ (Typ 540). Er besaß ein Notverdeck, Steckfenster und leichte Schalensitze und wog ganze 605 Kilo. Der 70 PS starke 1500 S-Motor verhalf ihm zu beachtlichen Fahrleistungen.

Als Nachfolger des American Roadster kam 1954 der 356 Speedster auf den Markt. Seine äußeren Merkmale: 35 mm niedrigere Türen, stark gerundete, niedrige Windschutzscheibe, Steckfenster statt versenkbarer Seitenscheiben und ein flaches Notverdeck, unter dem nur Kleinwüchsige ausreichende Kopffreiheit hatten. Schalensitze und ein geändertes Armaturenbrett vermittelten sportliches Flair. Der Speedster war wahlweise mit 55 oder 70 PS, ab 1955 als 356 A mit 60 oder 70 PS, später auch mit dem Carrera-Triebwerk lieferbar. Er blieb bis 1958 im Programm. Abgelöst wurde er durch den im selben Jahr auf dem Pariser Salon vorgestellten ›Convertible D‹ (D stand für den Heilbronner Karosseriehersteller Drauz), der bis 1959 gebaut wurde. Sein Nachfolger trug die Bezeichnung ›Roadster‹ und blieb – wahlweise mit 60, 75 oder 90 PS erhältlich – bis Sommer 1961 im Programm. Im Gegensatz zum Speedster besaß er seitliche Kurbelfenster und wog nur noch knapp 30 Kilo weniger als das Cabriolet. Bis Februar 1961 wurde der Roadster bei Drauz gebaut, danach noch einige Monate bei der belgischen Firma D'leteren in Brüssel.

Eine ganz spezielle Art offener Porsche stellte der 550-Spyder dar, werksintern als 1500 RS bezeichnet. Der 550-Spyder ging auf den 1949 von dem Frankfurter VW-Händler Walter Glöckler und dem Ingenieur Ramelow gebauten Rennsportwagen zurück, mit dem Glöckler 1950 die Deutsche Meisterschaft gewonnen hatte. Der Wagen besaß einen superleichten Rohrrahmen und eine Leichtmetallkarosserie des Frankfurter Karosseriebetriebs Weidenhausen. Er wog weniger als 450 Kilo, sein 1100er Porsche-Motor leistete alkoholbeflügelt (das war damals zulässig) 58 PS.

Der 550-Spyder wurde erstmals bei der Mille Miglia 1954 eingesetzt. Als Antrieb diente der von Professor Dr. Fuhrmann konstruierte Viernockenwellen-Motor (Werksbezeichnung: Typ 547), der später auch in den 356er Carrera eingebaut wurde. Die Typenbezeichnung 550 war mit dem Gewicht identisch: 550 Kilo. Die Maschine leistete zunächst 110 PS, später – beim RS 61 Spyder – bis zu 180 PS.

Das letzte 356 C-Cabriolet war kaum vom Band gelaufen, da machte Porsche mit einem völlig neuartigen offenen Wagen Schlagzeilen: dem 911 Targa, vorgestellt im September 1965 auf der Frankfurter IAA und von seinen Erbauern stolz apostrophiert als »erstes serienmäßiges Sicherheits-Cabriolet der Welt«. In einer Pressemitteilung wurden vor allem die verschiedenen Variationsmöglichkeiten des neuen Modells gelobt: Man konnte völlig geschlossen, halb offen oder ganz offen fahren. Der von Puristen als störend empfundene Überrollbügel freilich blieb in jedem Fall stehen, was der Optik nicht unbedingt guttat. Andererseits gewann der Targa dadurch an Verwindungssteifheit und außerdem lag er genau im Trend des wachsenden Sicherheitsbewußtseins, das gelegentlich leicht hysterische Züge annahm. Die Targa-Modelle 911 und 912 wurden ab Frühjahr 1966 ins Verkaufsprogramm aufgenommen. Die Heckscheibe war wahlweise fest istalliert oder – als flexibles Plastikfenster – ausknöpfbar. Seit 1968 gibt es nur noch die Ausführung mit fest eingebauter Heckscheibe.

Man darf als sicher unterstellen, daß der Porsche Targa und seine zahlreichen Nachahmer langsam aber sicher dem klassischen Cabriolet das Grab schaufelten, bis schließlich Anfang der achtziger Jahre die Trendwende kam.

Unter den internationalen Sportwagenmarken ist der Name Porsche heute einer der berühmtesten. Die außergewöhnliche Kreativität des Firmengründers und seiner Nachfolger, aber auch die intensive Forschungs- und Entwicklungstätigkeit der in der Weissacher ›Denkfabrik‹ tätigen Ingenieure haben etwas vollbracht, was kaum jemals einem anderen Hersteller dieser Autospezies gelang: dem Sportwagen ein positives und seriöses Image zu geben.


## Porsche 356 (1950–1955)

Noch in Gmünd/Kärnten gebauter Roadster (später auch Coupé) mit Leichtmetallkarosserie und geteilter Frontscheibe. Im Prototyp war der Motor vor der Hinterachse eingebaut, bei der folgenden Kleinserie von 23 Roadstern und 23 Coupés hinter der Hinterachse. Einige Roadster wurden bei Beutler in Thun/Schweiz karossiert. Die Alu-356 wurden von Juni 1948 bis März 1951 gebaut.

Ab April 1950 entstanden bei Reutter in Stuttgart die ersten 1100er Cabriolets mit Ganzstahlkarosserie. Preis: DM 12200,–. Ab April 1951 gab es zum gleichen Preis auch das 1300er Cabriolet. 1952 wurde der sogenannte American Roadster in einer Kleinserie von 15 Exemplaren gebaut. Das normale Cabriolet gab es nun bereits in drei Versionen: mit 55, 60 oder 70 PS. 1953 kam als vierte Ausführung das Modell 1300 Super hinzu. Der Preis war inzwischen auf DM 15500,– geklettert.

Ab 1954 gab es neben dem Cabriolet noch den Speedster (wahlweise mit 44, 55, 60 oder 70 PS), der im Preis deutlich niedriger lag. Die stärkste Ausführung kostete Ende 1954 lediglich DM 13300,–. Von April 1950 bis August 1955 wurden insgesamt 2239 Cabriolets (1100, 1300, 1300 Super, 1500, 1500 Super) und 1900 Speedster (1300, 1300 Super, 1500, 1500 Super) produziert.

## Porsche 356 A (1955–1959)

Technisch und formal weiterentwickelter Wagen, vorgestellt im September 1955. Das Cabriolet gab es nun in den folgenden Leistungsvarianten: 1300 (44 PS), 1300 Super (60 PS), 1600 (60 PS) und 1600 Super (75 PS), ferner als 1500 GS Carrera mit dem 100 PS starken Viernockenwellen-Motor. Die Preise lagen je nach Modell zwischen DM 12 600,– und 19 700,–. Den Speedster gab es jeweils DM 2 000,– billiger als 1600, 1600 Super und Carrera. Ab September 1957 verschwanden die Modelle 1300 und 1300 Super. Die stärkste Version hieß nun 1500 GS Carrera de Luxe und leistete 105 PS. Die Auspuffrohre wurden durch die Stoßstangenhörner geführt. Die Spindellenkung wich einer ZF-Einfingerlenkung. Beim Cabriolet sorgten vordere Ausstellfenster für zugfreie Belüftung, die Heckscheibe wurde nochmals vergrößert. Für Cabriolet und Speedster war jetzt auch ein schnell demontierbares Hardtop lieferbar.
Ab August 1958 ersetzte der Convertible D die Modelle 1600 Speedster und 1600 Super Speedster. Er war wahlweise mit einem oder zwei Lüftungsgittern in der Motorhaube erhältlich. Zwischen Mai 1957 und August 1958 konnte man den Speedster auch als 1500 GS Carrera Gran Turismo mit 110 PS kaufen. Ab September 1958 wurde die Carrera-Maschine auf 1588 ccm aufgebohrt.
Zwischen September 1955 und August 1959 wurden vom Typ 356 A insgesamt 3 367 Cabriolets, 2 922 Speedster und 1 330 Convertible D hergestellt.


## Porsche 356 B (1959–1963)

Erneut karosserie- und ausstattungsmäßig weiterentwickeltes Modell, ausgeliefert ab September 1959. Höhergelegte Stoßstangen, ovale Lufteinlässe in der Frontschürze zur Kühlung der jetzt querverrippten Trommelbremsen, Rückfahrscheinwerfer unter der Stoßstange, Einbaumöglichkeit für Nebellampen unter der vorderen Stoßstange, Lenkrad mit versenkter Nabe und drei Signalspeichen, kürzerer Schalthebel.
Der Convertible D hieß jetzt Roadster und war als 1600 und 1600 Super, ab März 1960 auch als Super 90 lieferbar. Als neue Karosserievariante kam ab Sommer 1960 das Modell ›Hardtop‹ hinzu. Im Gegensatz zum weiterhin lieferbaren Cabriolet mit abnehmbarem Stahldach war bei diesem Modell (gebaut bei Karmann) das Dach fest mit der Karosserie verschweißt. Es handelte sich also um eine Coupé-Variante.
Folgende Motoren waren für Cabriolet und Roadster lieferbar: 1600 (60 PS), 1600 Super 75 (75 PS) und 1600 Super 90 (90 PS), außerdem ab 1961 auch der neue Carrera-Motor mit zwei Liter Hubraum (2000 GS Carrera 2). Alle Modelle hatten seit 1961 die sogenannte T 6-Karosserie mit zwei hinteren Lüftungsgittern.
Die Preise für das Cabriolet lagen zwischen DM 13 900,– und 24 850,–, für den Roadster zwischen DM 12 650,– und 15 200,–. Von September 1959 bis Juli 1963 wurden 6 194 Cabriolets und 2 653 Roadster (Produktionseinstellung im August 1961) hergestellt.

**Porsche 356 C (1963–1965)**

Der 356 C unterschied sich von seinem Vorgänger äußerlich praktisch nur durch die neugestalteten Felgen und Radkappen. Hinter ihnen verbargen sich Scheibenbremsen (System Dunlop) an allen vier Rädern. Im Innenraum gab es einige Modifikationen an Armaturenbrett und Heizungsbetätigung. Der Schalthebel wurde nochmals verkürzt. Das Verdeck erhielt ein abnehmbares Heckfenster, das mit Hilfe eines speziellen Reißverschlusses rasch demontiert werden konnte. Es gab nur noch ein offenes Modell. Der Roadster, schon 1961 eingestellt, erlebte trotz vieler Anfragen keine Neuauflage.

Als Antriebsaggregate dienten der unverändert gebliebene 1600 Super-Motor, der jetzt 1600 C hieß (75 PS), und der auf 95 PS gesteigerte 1600 SC-Motor sowie die ebenfalls unveränderte Carrera 2-Maschine. Die 1600er ›Dame‹ mit 60 PS wurde nicht mehr angeboten.

Die Preise für das Cabriolet lagen je nach Motorenbestückung zwischen DM 15 950,– und 24 700,–. Gebaut wurden von Juli 1963 bis April 1965 insgesamt 3 165 Cabriolets.


**Porsche 550 Spyder (1953–1955)**

Basierend auf dem Eigenbau des Frankfurter VW-Großhändlers Walter Glöckler entstanden zwischen 1953 und 1955 der 550 Spyder (Karosserie Wendler) und von 1956 bis 1962 die Nachfolgertypen 550 A, 718, RS 60 und RS 61. Es handelte sich um offene Rennsportwagen, die sowohl werksseitig als auch von Privatfahrern bei zahlreichen Wettbewerben eingesetzt wurden. Einige Exemplare besaßen auch eine Straßenzulassung. Als Antriebsaggregat diente der von Prof. Ernst Fuhrmann entwickelte Carrera-Motor mit anfangs 110, später bis zu 180 PS.

Vom 550 Spyder wurden 78 Exemplare hergestellt, der Preis betrug DM 24 600,–. Vom 550 A gab es 37 Stück, vom 718 (Preis: DM 33 600) die gleiche Anzahl. Vom RS 60 und RS 61 wurden zwischen 1960 und 1962 insgesamt elf Einheiten gebaut.


**Porsche 597 (Geländewagen) (1954–1958)**

Der Typ 597 war 1954 im Hinblick auf einen Bundeswehr-Großauftrag entwickelt worden, den dann freilich die Auto Union an Land zog. Formal wie technisch war der Porsche-Kübelwagen sicher nicht die schlechteste Lösung unter den drei Bewerbern. Die bei Baur entwickelte und gebaute Karosserie war schwimmfähig, der Vorderradantrieb konnte abgeschaltet werden. Mit dem auf 50 PS reduzierten Motor aus der 1500er ›Dame‹ stand ein robustes, problemloses Triebwerk zur Verfügung. Im Gegensatz zur ersten Serie hatte die 1957/58 gebaute zweite Ausführung auch Türen mit Steckfenstern, so daß die Insassen weitgehend witterungsgeschützt saßen. Nach der Herstellung von 71 Wagen wurde 1958 die Produktion eingestellt. Der Preis lag mit DM 7 500,– erstaunlich niedrig.

## Porsche 912 Targa (1966–1969)

Wie sein Schwestertyp 911 Targa wurde auch der 912 Targa im September 1965 auf der Frankfurter IAA präsentiert und ging ab Frühjahr 1966 in Serie. Angetrieben wurde er vom 1,6-Liter-Vierzylinder des 356 SC, dessen Leistung im Interesse besserer Laufkultur und Elastizität auf 90 PS reduziert worden war. Für DM 340,– Aufpreis konnte ein Fünfganggetriebe geordert werden.
Bis zur Produktionseinstellung des Typs 912 im August 1969 liefen 2562 Targa vom Band. Die Preise lagen zwischen DM 18400,– und 19320,–.


## Porsche 911, 911 L, 911 T, 911 S, 911 E Targa (1966–1977)

Der Porsche 911 Targa war das erste Cabriolet der Welt mit fest integriertem Überrollbügel. Die von Porsche kreierte Bezeichnung ›Targa‹ erinnerte an die traditionsreiche sizilianische Targa Florio, die das Zuffenhausener Unternehmen mehrfach siegreich beendet hatte. ›Targa‹ wurde bald zum neuen Gattungsbegriff für Cabriolets mit abnehmbarem Hartdach und integriertem Überrollbügel. Ursprünglich gab es zwei Targa-Versionen: mit fest eingebauter Heckscheibe und mit ausknöpfbarem Stoffverdeck. Die zweite Ausführung wurde 1968 aus dem Programm genommen.
Obwohl von Puristen als Pseudo-Cabriolet geschmäht, zeigten die steigenden Verkaufszahlen schon bald, daß Porsche eine Marktlücke entdeckt hatte. Der Targa war und ist das ideale Fahrzeug für jene, die zwar den Himmel über sich sehen, aber nicht die Nachteile eines knochenharten britischen Roadsters in Kauf nehmen möchten. Nach Einführung des 911 SC-Cabriolets darf man gespannt sein, welche Käufergruppe künftig dominiert.


## Porsche Carrera Targa (1973–1977)

Das im Oktober 1972 eingeführte Porsche-Spitzenmodell mit dem neuen 2,7 Liter-Motor gab es zunächst ausschließlich als Coupé. Erst ab August 1973 war der Carrera auch als Targa lieferbar. Ab September 1975 erhielten die Carrera-Modelle den 3 Liter-Motor mit 200 PS. In dieser Ausführung wurden sie bis Herbst 1977 gebaut, als die neuen SC-Modelle sowohl den bisherigen Elfer als auch den Carrera ablösten.


## Porsche 911 SC Targa (ab 1977)

Die Kombination der Elfer-Modelle mit dem leistungsreduzierten 3 Liter-Motor des Carrera zum 911 SC verlief anfangs nicht ohne Probleme. Der um 20 PS schwächer gewordene Carrera-Motor, dem Zug der Zeit folgend auf Normalbenzin-Konsum gedrillt, ließ den alten Biß vermissen und erwies sich nicht gerade als kultiviertes Triebwerk. Wirksame Besserung brachte erst die Umstellung auf Superkraftstoff und eine Leistungserhöhung auf 204 PS im September 1980.

Heute ist der 911 SC trotz seines fast schon biblischen Alters ein ausgesprochen leistungsfähiger und harmonischer Sportwagen. Die Buchstabenkombination SC, von einigen Fans voreilig als Ankündigung des nahen Produktionsendes gedeutet (auch der Typ 356 trat als SC-Modell von der Bühne ab) wird wohl noch einige Jahre im Porsche-Programm vertreten bleiben.

Produktionszahlen und Preise der 911 Targa-Modelle:

| Typ | Motor | Baujahr | Stückzahl | Preis |
|-----|-------|---------|-----------|-------|
| 911<br>911 S<br>911 T<br>911 L<br>911 E | 2,0 l | 1966–1969 | 9862 | DM 20400,– bis 28700,– |
| 911 T<br>911 E<br>911 S | 2,2 l | 1969–1971 | 9406 | DM 21920,– bis 32200,– |
| 911 T<br>911 E<br>911 S | 2,4 l | 1971–1973 | 10798 | DM 25200,– bis 34700,– |
| 911<br>911 S | 2,7 l | 1973–1977 | 15041 | DM 26980,– bis 38450,– |
| Carrera | 2,7 l | 1973–1975 | 876 | DM 39980,– bis 46300,– |
| Carrera | 3,0 l | 1975–1977 | 1100 | DM 46950,– bis 48850,– |
| 911 SC | 3,0 l | ab 1977 | 20856 (bis 31. 12. 82) | DM 42700,– bis 58910,–<br>(Ende 1982) |

**Porsche 911 SC Cabriolet (ab 1982)**

Erstmals nach 16 Jahren stellte Porsche auf der Frankfurter IAA 1981 wieder ein klassisches Cabriolet vor. Der mit Allradantrieb ausgerüstete Prototyp sollte nach offizieller Diktion demonstrieren, welche Möglichkeiten noch in der immerhin 17 Jahre alten 911er-Konstruktion steckten. In Wahrheit sollte er natürlich das Käuferpotential für ein Vollcabriolet testen. Nach dem überaus positiven Echo war die Produktion beschlossene Sache. Im Spätherbst 1982 liefen die ersten Elfer-Cabriolets vom Band, die Auslieferung an die Kunden begann im Januar 1983. Bemerkenswert ist die sehr aufwendige Verdeckkonstruktion, die selbst im Bereich der Höchstgeschwindigkeit einen straffen Sitz garantiert. Das paßgenaue Verdeck schützt durch selbsttätige Nachspannung auch bei stärkstem Regen Insassen und serienmäßige Lederausstattung gleichermaßen zuverlässig gegen Wassereintritt. Die Heckscheibe kann mit einem Reißverschluß separat geöffnet werden. Preis: DM 64500,–.

Die ab 1948 in
Gmünd/Kärnten ge-
bauten Porsche 356
besaßen eine handge-
arbeitete Aluminium-
karosserie.

Porsche 356 Cabriolet
1949

Porsche 356 Cabriolet
(1500 ›Dame‹),
1952–1955

189

|  | Porsche 356 1100 Cabriolet 1950–1954 | Porsche 356 1300 Cabriolet 1951–1954 | Porsche 356 1500 Cabriolet 1951–1952 |
|---|---|---|---|
| **Karosserie** | | Ganzstahlkarosserie | |
| **Motor** | | Boxermotor im Heck | |
| Zylinder | 4 | 4 | 4 |
| Bohrung × Hub | 73,5 × 64 mm | 80 × 64 mm | 80 × 74 mm |
| Hubraum | 1086 ccm | 1286 ccm | 1488 ccm |
| Leistung | 40 PS bei 4000 U/min | 44 PS bei 4200 U/min | 60 PS bei 4800 U/min |
| Verdichtung | 1:7 | 1:6,5 | 1:7 |
| max. Drehmoment | 7,3 mkp bei 3300 U/min | 8,3 mkp bei 2500 U/min | 10,2 mkp bei 3250 U/min |
| Gemischaufbereitung | 2 Solex 32 PBI | 2 Solex 32 PBI | 2 Solex 32 PBI |
| Ventile | hängend | hängend | hängend |
| Nockenwelle | ohv | ohv | ohv |
| Kurbelwellenlager | 4 | 4 | 4 |
| Batterie | 6 V 84 Ah | 6 V 84 Ah | 6 V 84 Ah |
| Lichtmaschine | 130 W | 130 W | 160 W |
| **Kraftübertragung** | | Heckantrieb | |
| Kupplung | | Einscheibentrockenkupplung | |
| Schaltung | | Knüppelschaltung | |
| Getriebe | | 4 Gänge, unsynchronisiert (ab Oktober 1952 vollsynchronisiert) | |
| Übersetzungen | | Bis Okt. 1952: I. 3,60, II. 2,07, III. 1,25, IV. 0,80 | |
| | | Ab Okt. 1952: I. 3,18, II. 1,76, III. 1,13, IV. 0,815 | |
| Antriebsübersetzung | | 4,430 (ab Oktober 1952: 4,375) | |
| **Fahrwerk** | | | |
| Vorderradaufhängung | | Kurbellenker oben und unten | |
| Hinterradaufhängung | | Pendelachse mit Längslenkern | |
| Bremsanlage | | Trommelbremsen vorn und hinten | |
| Felgen | | 3,25 D × 16 | |
| Reifen | | 5.00 – 16 | |
| Lenkung | | Spindellenkung | |
| **Weitere Daten** | | | |
| Abmessungen (L × B × H) | | 3870 (ab Okt. 1952: 3950) × 1660 × 1300 mm | |
| Radstand | | 2100 mm | |
| Spurweite vorn/hinten | | 1290/1250 mm | |
| Wendekreis | | 10,3 m | |
| Leergewicht | 800 kg | 800 kg | 820 kg |
| Zuläss. Gesamtgewicht | 1100 kg | 1100 kg | 1100 kg |
| Höchstgeschwindigkeit | 140 km/h | 145 km/h | 165 km/h |
| Beschleunigung 0–100 km/h | 24 sec | 22 sec | 16 sec |
| Verbrauch auf 100 km | 9 Liter Super | 10 Liter Super | 11 Liter Super |
| Tankinhalt | 50 Liter | 50 Liter | 50 Liter |
| Ölwanneninhalt | 3,5 Liter | 3,5 Liter | 3,5 Liter |
| Kühlsystem | Luftkühlung | Luftkühlung | Luftkühlung |

|  | Porsche 356<br>1300 A Cabriolet<br>1954 – 1955 | Porsche 356<br>1300 Super Cabriolet<br>1953 – 1955 |
|---|---|---|
| **Karosserie** | Ganzstahlkarosserie | |
| **Motor** | Boxermotor im Heck | |
| Zylinder | 4 | 4 |
| Bohrung × Hub | 74,5 × 74 mm | 74,5 × 74 mm |
| Hubraum | 1290 ccm | 1290 ccm |
| Leistung | 44 PS bei 4200 U/min | 60 PS bei 5500 U/min |
| Verdichtung | 1 : 6,5 | 1 : 8,2 |
| max. Drehmoment | 8,25 mkp bei 2800 U/min | 8,8 mkp bei 3600 U/min |
| Gemischaufbereitung | 2 Solex 32 PBIC | 2 Solex 40 PBIC |
| Ventile | hängend | hängend |
| Nockenwelle | ohv | ohv |
| Kurbelwellenlager | 4 | 4 |
| Batterie | 6 V 84 Ah | 6 V 84 Ah |
| Lichtmaschine | 160 W | 160 W |
| **Kraftübertragung** | Heckantrieb | Heckantrieb |
| Kupplung | Einscheibentrockenkupplung | Einscheibentrockenkupplung |
| Schaltung | Knüppelschaltung | Knüppelschaltung |
| Getriebe | 4 Gänge, vollsynchronisiert | 4 Gänge, vollsynchronisiert |
| Übersetzungen | I. 3,18, II. 1,76, III. 1,13, IV. 0,815 | I. 3,18, II. 1,76, III. 1,13 od. 1,22, IV. 0,815 od. 0,885 |
| Antriebsübersetzung | 4,375 | 4,375 |
| **Fahrwerk** | | |
| Vorderradaufhängung | Kurbellenker oben und unten | |
| Hinterradaufhängung | Pendelachse mit Längslenkern | |
| Bremsanlage | Trommelbremsen vorn und hinten | |
| Felgen | 3,25 D × 16 | |
| Reifen | 5.00 – 16 | |
| Lenkung | Spindellenkung | |
| **Weitere Daten** | | |
| Abmessungen (L × B × H) | 3950 × 1660 × 1300 mm | |
| Radstand | 2100 mm | |
| Spurweite vorn/hinten | 1290/1250 mm | |
| Wendekreis | 10,3 m | |
| Leergewicht | 800 kg | 840 kg |
| Zuläss. Gesamtgewicht | 1100 kg | 1200 kg |
| Höchstgeschwindigkeit | 145 km/h | 160 km/h |
| Beschleunigung 0 – 100 km/h | 22 sec | 17 sec |
| Verbrauch auf 100 km | 10 Liter Super | 11 Liter Super |
| Tankinhalt | 50 Liter | 50 Liter |
| Ölwanneninhalt | 4,5 Liter | 3,5 (ab Nov. 1954: 4,5) Liter |
| Kühlsystem | Luftkühlung | Luftkühlung |

**Porsche 356 A**
**Cabriolet, 1955–1959**

**Porsche 356 B**
**Cabriolet, 1959–1963**

**Porsche 356 C**
**Cabriolet, 1963–1965**

Die ›Nummer 1‹ von 1948 steht heute im Porsche-Werksmuseum

|  | Porsche 356<br>1500 Cabriolet/Speedster<br>1952–1955 | Porsche 356<br>1500 Super Cabriolet/Speedster<br>1952–1955 |
|---|---|---|
| **Karosserie** | Ganzstahlkarosserie | |
| **Motor** | Boxermotor im Heck | |
| Zylinder | 4 | 4 |
| Bohrung × Hub | 80 × 74 mm | 80 × 74 mm |
| Hubraum | 1488 ccm | 1488 ccm |
| Leistung | 55 PS bei 4400 U/min | 70 PS bei 5000 U/min |
| Verdichtung | 1:6,5 | 1:8,2 |
| max. Drehmoment | 10,5 mkp bei 2500 U/min | 10,4 mkp bei 3500 U/min |
| Gemischaufbereitung | 2 Solex 32 PBI | 2 Solex 40 PBIC |
| Ventile | hängend | |
| Nockenwelle | ohv | |
| Kurbelwellenlager | 4 | |
| Batterie | 6 V 84 Ah | |
| Lichtmaschine | 160 W | |
| **Kraftübertragung** | Heckantrieb | |
| Kupplung | Einscheibentrockenkupplung | |
| Schaltung | Knüppelschaltung | |
| Getriebe | 4 Gänge, vollsynchronisiert | |
| Übersetzungen | I. 3,18, II. 1,76, III. 1,13 od. 1,22, IV. 0,815 od. 0,885 | |
| Antriebsübersetzung | 4,375 | |
| **Fahrwerk** | | |
| Vorderradaufhängung | Kurbellenker oben und unten | |
| Hinterradaufhängung | Pendelachse mit Längslenkern | |
| Bremsanlage | Trommelbremsen vorn und hinten | |
| Felgen | 3,25 D × 16 | |
| Reifen | 5,00 – 16 Sport | |
| Lenkung | Spindellenkung | |
| **Weitere Daten** | | |
| Abmessungen (L × B × H) | 3950 × 1660 × 1300 mm | |
| Radstand | 2100 mm | |
| Spurweite vorn/hinten | 1290/1250 mm | |
| Wendekreis | 10,3 m | |
| Leergewicht | Cabriolet 840 kg, Speedster 770 kg | |
| Zuläss. Gesamtgewicht | Cabriolet 1200 kg, Speedster 1050 kg | |
| Höchstgeschwindigkeit | 160 km/h | 175 km/h |
| Beschleunigung 0–100 km/h | 17 sec | 14 sec |
| Verbrauch auf 100 km | 10 Liter Super | 11 Liter Super |
| Tankinhalt | 50 Liter | 50 Liter |
| Ölwanneninhalt | 3,5 (ab Nov. 1954: 4,5) Liter | 3,5 (ab Nov. 1954: 4,5) Liter |
| Kühlsystem | Luftkühlung | Luftkühlung |

194

|  | Porsche 356 A<br>1500 GS Carrera Cabriolet<br>1955–1958 | Porsche 356 A<br>1600 GS Carrera Cabriolet<br>1958–1959 |
|---|---|---|
| **Karosserie** | Ganzstahlkarosserie | |
| **Motor** | Boxermotor im Heck | |
| Zylinder | 4 | 4 |
| Bohrung × Hub | 85 × 66 mm | 87,5 × 66 mm |
| Hubraum | 1498 ccm | 1588 ccm |
| Leistung | 100 PS bei 6200 U/min<br>(ab Mai 1957 wahlweise 110 PS) | 105 PS bei 6500 U/min |
| Verdichtung | 1:9 | 1:9,5 |
| max. Drehmoment | 12,1 mkp bei 5200 U/min | 12,3 mkp bei 5000 U/min |
| Gemischaufbereitung | 2 Solex 40 PJJ | 2 Solex 40 PJJ |
| Ventile | hängend | hängend |
| Nockenwelle | 2 × 2 ohc (Antrieb üb. Königswellen) | 2 × 2 ohc (Antrieb üb. Königswellen) |
| Kurbelwellenlager | 4 | 4 |
| Batterie | 6 V 84 Ah | 6 V 84 Ah (wahlweise 12 V 50 Ah) |
| Lichtmaschine | 160 W | 160 W |
| **Kraftübertragung** | Heckantrieb | |
| Kupplung | Einscheibentrockenkupplung | |
| Schaltung | Knüppelschaltung | |
| Getriebe | 4 Gänge, vollsynchronisiert | |
| Übersetzungen | I. 3,09, II. 1,76, III. 1,23, IV. 0,96 oder I. 3,18, II. 1,94, III. 1,13, IV. 0,815<br>oder I. 2,54, II. 1,63, III. 1,04, IV. 0,885 | |
| Antriebsübersetzung | 4,428 (wahlweise 4,38, 4,857 oder 5,167) | |
| **Fahrwerk** | | |
| Vorderradaufhängung | Kurbellenker oben und unten | |
| Hinterradaufhängung | Pendelachse mit Längslenkern | |
| Bremsanlage | Trommelbremsen vorn und hinten | |
| Felgen | 4$^{1}/_{2}$ J × 15 | |
| Reifen | 5,90 – 15 Supersport | |
| Lenkung | Spindellenkung<br>(ab Mai 57 Schneckenlenkung) | Schneckenlenkung |
| **Weitere Daten** | | |
| Abmessungen (L × B × H) | 3950 × 1670 × 1310 (Speedster: 1220) mm | 3950 × 1670 × 1310 mm |
| Radstand | 2100 mm | 2100 mm |
| Spurweite vorn/hinten | 1306/1272 mm | 1306/1272 mm |
| Wendekreis | 11 m | 11 m |
| Leergewicht | 900 (ab Mai 57: 950) kg/Speedster:<br>835 bzw. 885 kg | 950 kg |
| Zuläss. Gesamtgewicht | 1200 (Speedster: 1100) kg | 1250 kg |
| Höchstgeschwindigkeit | 200 km/h | 200 km/h |
| Beschleunigung 0–100 km/h | 12 sec | 11 sec |
| Verbrauch auf 100 km | 13 Liter Super | 13 Liter Super |
| Tankinhalt | 52 Liter | 52 Liter |
| Ölwanneninhalt | 8 Liter (Trockensumpf) | 8 Liter (Trockensumpf) |
| Kühlsystem | Luftkühlung | Luftkühlung |

|  | Porsche 356 A<br>1300 Cabriolet<br>1955 – 1957 | Porsche 356 A<br>1300 Super Cabriolet<br>1955 – 1957 |
|---|---|---|
| **Karosserie** | Ganzstahlkarosserie | |
| **Motor** | Boxermotor im Heck | |
| Zylinder | 4 | 4 |
| Bohrung × Hub | 74,5 × 74 mm | 74,5 × 74 mm |
| Hubraum | 1290 ccm | 1290 ccm |
| Leistung | 44 PS bei 4200 U/min | 60 PS bei 5500 U/min |
| Verdichtung | 1 : 6,5 | 1 : 8,2 |
| max. Drehmoment | 8,25 mkp bei 2800 U/min | 9,0 mkp bei 3600 U/min |
| Gemischaufbereitung | 2 Solex 32 PBIC | 2 Solex 40 PBIC |
| Ventile | hängend | |
| Nockenwelle | ohv | |
| Kurbelwellenlager | 4 | |
| Batterie | 6 V 84 Ah | |
| Lichtmaschine | 160 W | |
| **Kraftübertragung** | Heckantrieb | |
| Kupplung | Einscheibentrockenkupplung | |
| Schaltung | Knüppelschaltung | |
| Getriebe | 4 Gänge, vollsynchronisiert | |
| Übersetzungen | I. 3,18, II. 1,76, III. 1,13, IV. 0,815 oder: I. 3,09, II. 1,94, III. 1,23, IV. 0,885 oder: I. 2,54, II. 1,63, III. 1,04, IV. 0,96 | |
| Antriebsübersetzung | 4,42 (wahlweise 4,38, 4,857 oder 5,167) | |
| **Fahrwerk** | | |
| Vorderradaufhängung | Kurbellenker oben und unten | |
| Hinterradaufhängung | Pendelachse mit Längslenkern | |
| Bremsanlage | Trommelbremsen vorn und hinten | |
| Felgen | 4¹/₂ J × 15 | |
| Reifen | 5,60 – 15 oder 5,90 – 15 | |
| Lenkung | Spindellenkung | |
| **Weitere Daten** | | |
| Abmessungen (L × B × H) | 3950 × 1670 × 1310 mm | |
| Radstand | 2100 mm | |
| Spurweite vorn/hinten | 1306/1272 mm | |
| Wendekreis | 11 m | |
| Leergewicht | 880 kg | |
| Zuläss. Gesamtgewicht | 1200 kg | |
| Höchstgeschwindigkeit | 145 km/h | 160 km/h |
| Beschleunigung 0 – 100 km/h | 22 sec | 17 sec |
| Verbrauch auf 100 km | 10 Liter Super | 11 Liter Super |
| Tankinhalt | 52 Liter | 52 Liter |
| Ölwanneninhalt | 4,5 Liter | 4,5 Liter |
| Kühlsystem | Luftkühlung | Luftkühlung |

196

**Porsche 356 A Speedster 1955–1958**

**Ein Notverdeck schützte notdürftig vor Regen und Wind**

**Porsche 356 B Roadster Super 90 1960–1963**

|  | Porsche 356 A<br>1600 Cabriolet<br>1955–1959 | Porsche 356 A<br>1600 Super Cabriolet<br>1955–1959 |
|---|---|---|
| **Karosserie** | Ganzstahlkarosserie | |
| **Motor** | Boxermotor im Heck | |
| Zylinder | 4 | 4 |
| Bohrung × Hub | 82,5 × 74 mm | 82,5 × 74 mm |
| Hubraum | 1582 ccm | 1582 ccm |
| Leistung | 60 PS bei 4500 U/min | 75 PS bei 5000 U/min |
| Verdichtung | 1 : 7,5 | 1 : 8,5 |
| max. Drehmoment | 11,2 mkp bei 2800 U/min | 11,9 mkp bei 3700 U/min |
| Gemischaufbereitung | 2 Solex 32 PBIC<br>(ab Sept. 1957: 2 Zenith 32 NDIX) | 2 Solex 40 PBIC<br>(ab Sept. 1957: 2 Zenith 32 NDIX) |
| Ventile | hängend | |
| Nockenwelle | ohv | |
| Kurbelwellenlager | 4 | |
| Batterie | 6 V 84 Ah | |
| Lichtmaschine | 160 W | |
| **Kraftübertragung** | Heckantrieb | |
| Kupplung | Einscheibentrockenkupplung | |
| Schaltung | Knüppelschaltung | |
| Getriebe | 4 Gänge, vollsynchronisiert | |
| Übersetzungen | I. 3,18, II. 1,76, III. 1,13, IV. 0,815 oder: I. 3,09, II. 1,94, III. 1,23, IV. 0,885<br>oder: I. 2,54, II. 1,63, III. 1,04, IV. 0,96 | |
| Antriebsübersetzung | 4,42 (wahlweise 4,38, 4,857 oder 5,167) | |
| **Fahrwerk** | | |
| Vorderradaufhängung | Kurbellenker oben und unten | |
| Hinterradaufhängung | Pendelachse mit Längslenkern | |
| Bremsanlage | Trommelbremsen vorn und hinten | |
| Felgen | 4½ J × 15 | |
| Reifen | 5,60 – 15 oder 5,90 – 15 | |
| Lenkung | Spindellenkung (ab Sept. 1957: Schneckenlenkung) | |
| **Weitere Daten** | | |
| Abmessungen (L × B × H) | 3950 × 1670 × 1310 mm (Speedster: 3950 × 1670 × 1220 mm) | |
| Radstand | 2100 mm | |
| Spurweite vorn/hinten | 1306/1272 mm | |
| Wendekreis | 11 m | |
| Leergewicht | 880 (ab Sept. 1958: 905) kg | Speedster: 760 kg |
| Zuläss. Gesamtgewicht | 1200 (ab Sept. 1958: 1250) kg | Speedster: 1100 kg |
| Höchstgeschwindigkeit | 160 km/h | 175 km/h |
| Beschleunigung 0 – 100 km/h | 16 sec | 14 sec |
| Verbrauch auf 100 km | 10 Liter Super | 11 Liter Super |
| Tankinhalt | 52 Liter | 52 Liter |
| Ölwanneninhalt | 4,5 Liter | 4,5 Liter |
| Kühlsystem | Luftkühlung | Luftkühlung |

|  | Porsche 356 B<br>1600 Cabriolet<br>1959 – 1963 | Porsche 356 B<br>1600 Super 75 Cabriolet<br>1959 – 1963 | Porsche 356 B<br>1600 Super 90 Cabriolet<br>1960 – 1963 |
|---|---|---|---|
| **Karosserie** | | Ganzstahlkarosserie | |
| **Motor** | | Boxermotor im Heck | |
| Zylinder | 4 | 4 | 4 |
| Bohrung × Hub | 82,5 × 74 mm | 82,5 × 74 mm | 82,5 × 74 mm |
| Hubraum | 1582 ccm | 1582 ccm | 1582 ccm |
| Leistung | 60 PS bei 4500 U/min | 75 PS bei 5000 U/min | 90 PS bei 5500 U/min |
| Verdichtung | 1 : 7,5 | 1 : 8,5 | 1 : 9 |
| max. Drehmoment | 11,2 mkp bei 2800 U/min | 11,9 mkp bei 3700 U/min | 12,3 mkp bei 4300 U/min |
| Gemischaufbereitung | | 2 Zenith 32 NDIX | |
| Ventile | | hängend | |
| Nockenwelle | | ohv | |
| Kurbelwellenlager | | 4 | |
| Batterie | | 6 V 84 Ah | |
| Lichtmaschine | | 200 W | |
| **Kraftübertragung** | | Heckantrieb | |
| Kupplung | | Einscheibentrockenkupplung | |
| Schaltung | | Knüppelschaltung | |
| Getriebe | | 4 Gänge, vollsynchronisiert | |
| Übersetzungen | | I. 3,09, II. 1,765, III. 1,13, IV. 0,815 oder 0,852 | |
| Antriebsübersetzung | | 4,428 | |
| **Fahrwerk** | | | |
| Vorderradaufhängung | | Kurbellenker oben und unten | |
| Hinterradaufhängung | | Pendelachse mit Längslenkern | |
| Bremsanlage | | Trommelbremsen vorn und hinten | |
| Felgen | | $4^1/_2$ J × 15 | |
| Reifen | | 5,60 – 15 Sport/Supersport | |
| Lenkung | | Schneckenlenkung | |
| **Weitere Daten** | | | |
| Abmessungen (L × B × H) | | 4010 × 1670 × 1330 (Roadster: 1310) mm | |
| Radstand | | 2100 mm | |
| Spurweite vorn/hinten | | 1306/1272 mm | |
| Wendekreis | | 10,3 m | |
| Leergewicht | 925 (ab Sept. 61: 955) kg<br>Roadster: 875 kg | 925 (ab Sept. 61: 955) kg<br>Roadster: 875 kg | 940 (ab Sept. 61: 970) kg<br>Roadster: 890 kg |
| Zuläss. Gesamtgewicht | 1250 kg | 1250 kg | 1250 kg |
| Höchstgeschwindigkeit | 160 km/h | 175 km/h | 190 km/h |
| Beschleunigung 0 – 100 km/h | 16 sec | 15 sec | 13,5 sec |
| Verbrauch auf 100 km | 10 Liter Super | 11 Liter Super | 12 Liter Super |
| Tankinhalt | 50 Liter | 50 Liter | 50 Liter |
| Ölwanneninhalt | 4,5 Liter | 4,5 Liter | 4,5 Liter |
| Kühlsystem | Luftkühlung | Luftkühlung | Luftkühlung |

| | Porsche 356C<br>1600 C Cabriolet<br>1963–1965 | Porsche 356C<br>1600 SC Cabriolet<br>1963–1965 | Porsche 356B/356C<br>2000 GS Carrera 2<br>1961–1964 |
|---|---|---|---|
| **Karosserie** | Ganzstahlkarosserie | | |
| **Motor** | Boxermotor im Heck | | |
| Zylinder | 4 | 4 | 4 |
| Bohrung × Hub | 82,5 × 74 mm | 82,5 × 74 mm | 92 × 74 mm |
| Hubraum | 1582 ccm | 1582 ccm | 1966 ccm |
| Leistung | 75 PS bei 5200 U/min | 95 PS bei 5800 U/min | 130 PS bei 6200 U/min |
| Verdichtung | 1 : 8,5 | 1 : 9,5 | 1 : 9,5 |
| max. Drehmoment | 12,5 mkp bei 3600 U/min | 12,6 mkp bei 4200 U/min | 16,5 mkp bei 4600 U/min |
| Gemischaufbereitung | 2 Zenith 32 NDIX | 2 Solex 40 PJJ | 2 Solex 40 PJJ |
| Ventile | hängend | | hängend |
| Nockenwelle | ohv | | 2 × 2 ohc (Antrieb über Königswellen) |
| Kurbelwellenlager | 4 | | 4 |
| Batterie | 6 V 84 Ah | | 12 V 50 Ah |
| Lichtmaschine | 200 W | | 300 W |
| **Kraftübertragung** | Heckantrieb | | Heckantrieb |
| Kupplung | Einscheibentrockenkupplung | | Einscheibentrocken-kupplung |
| Schaltung | Knüppelschaltung | | Knüppelschaltung |
| Getriebe | 4 Gänge, vollsynchronisiert | | 4 Gänge, vollsynchronisiert |
| Übersetzungen | I. 3,091, II. 1,765, III. 1,13, IV. 0,82 | I. 3,091, II. 1,765, III. 1,13, IV. 0,852 | I. 3,09, II. 1,765, III. 1,13 od. 1,227, IV. 0,852 od. 0,885 |
| Antriebsübersetzung | 4,428 | 4,428 | 4,428 |
| **Fahrwerk** | | | |
| Vorderradaufhängung | Kurbellenker oben u. unten | Kurbellenker oben u. unten | Kurbellenker oben u. unten |
| Hinterradaufhängung | Pendelachse mit Längslenkern | Pendelachse mit Längslenkern | Pendelachse mit Längslenkern |
| Bremsanlage | Scheibenbremsen vorn und hinten | Scheibenbremsen vorn und hinten | Trommelbremsen (bis April 1962, danach Scheibenbremsen vorn und hinten) |
| Felgen | 4¹/₂ J × 15 | 4¹/₂ J × 15 | 4¹/₂ J × 15 |
| Reifen | 5.60–15 Sport | 165 HR 15 | 165 HR 15 |
| Lenkung | Schneckenlenkung | | Schneckenlenkung |
| **Weitere Daten** | | | |
| Abmessungen (L × B × H) | 4010 × 1670 × 1315 mm | | 4010 × 1670 × 1315 mm |
| Radstand | 2100 mm | | 2100 mm |
| Spurweite vorn/hinten | 1306/1272 mm | | 1306/1272 mm |
| Wendekreis | 10,3 m | | 10,3 m |
| Leergewicht | 955 kg | | 1040 kg |
| Zuläss. Gesamtgewicht | 1250 kg | | 1360 kg |
| Höchstgeschwindigkeit | 175 km/h | 190 km/h | 200 km/h |
| Beschleunigung 0–100 km/h | 14 sec | 12 sec | 9 sec |
| Verbrauch auf 100 km | 11 Liter Super | 12 Liter Super | 14 Liter Super |
| Tankinhalt | 50 Liter | 50 Liter | 50 Liter |
| Ölwanneninhalt | 4,5 Liter | 4,5 Liter | 8 Liter (Trockensumpf) |
| Kühlsystem | Luftkühlung | Luftkühlung | Luftkühlung |

200

Porsche-Armaturenbretter im Wandel der Zeit: Oben ein 356-Cabriolet von 1954, darunter ein 356 A Speedster von 1956. Die drei Instrumente liegen optimal im Blickfeld des Fahrers, eine Lösung, die bei manchen modernen Wagen anscheinend in Vergessenheit geriet. Trotz seiner Einfachheit ein bestechend schönes Cockpit. Nicht mehr ganz so übersichtlich geriet die Instrumentenanordnung im 356 C Cabriolet von 1963 (3. von oben). Wesentlich harmonischer präsentierte sich das Armaturenbrett des 912 Targa von 1966 (unten), das ausgesprochen aufgeräumt und funktionell wirkt.

| | Porsche 597 | |
|---|---|---|
| | **1954 – 1955** | **1955 – 1958** |

**Karosserie**            Selbsttragende Ganzstahlkarosserie

**Motor**                 Boxermotor im Heck
Zylinder                  4

| | 1954 – 1955 | 1955 – 1958 |
|---|---|---|
| Bohrung × Hub | 80 × 74 mm | 82,5 × 74 mm |
| Hubraum | 1488 ccm | 1582 ccm |
| Leistung | 50 PS bei 4000 U/min | 50 PS bei 4200 U/min |
| Verdichtung | 1 : 7 | 1 : 6,5 |
| max. Drehmoment | 10,2 mkp bei 2300 U/min | 10,7 mkp bei 2400 U/min |

Gemischaufbereitung       Zenith 32 NDIX
Ventile                   hängend
Nockenwelle               ohv
Kurbelwellenlager         4
Batterie                  2 × 12 V 45 Ah
Lichtmaschine             600 W

**Kraftübertragung**      Allradantrieb mit abschaltbarem Frontantrieb
Kupplung                  Einscheibentrockenkupplung
Schaltung                 Knüppelschaltung
Getriebe                  5 Gänge, II. – V. synchronisiert
Übersetzungen             I. 5,00, II. 3,15, III. 1,70, IV. 1,07, V. 0,80
Antriebsübersetzung       6,50

**Fahrwerk**
Vorderradaufhängung       Kurbellenker oben und unten, zwei querliegende Vierkant-Federstäbe
Hinterradaufhängung       Längslenker, je 1 runder Federstab
Bremsanlage               Trommelbremsen vorn und hinten
Felgen                    5$^{1}/_{2}$ F × 16
Reifen                    6,00 – 16 M
Lenkung                   Spindellenkung

**Weitere Daten**
Abmessungen (L × B × H)   3700 × 1560 × 1580 mm
Radstand                  2060 mm
Spurweite vorn/hinten     1340/1385 mm
Wendekreis                11 m
Leergewicht               1090 kg
Zuläss. Gesamtgewicht     1500 kg
Höchstgeschwindigkeit     100 km/h
Beschleunigung 0 – 100 km/h   nicht bekannt
Verbrauch auf 100 km      ca. 13 Liter Normal
Tankinhalt                60 Liter
Ölwanneninhalt            5 Liter
Kühlsystem                Luftkühlung

Prototyp des Porsche-Geländewagens, 1954

Porsche-Jagdwagen Typ 597 (erste Serie), 1954–1956

|  | **Porsche Spyder 550/1500 RS**<br>**1953 – 1955** | **Porsche Spyder 550 A/1500 RS**<br>**1956 – 1957** |
|---|---|---|
| **Karosserie** | Aluminiumkarosserie (Wendler) | |
| **Motor** | Boxermotor im Heck | |
| Zylinder | 4 | |
| Bohrung × Hub | 85 × 66 mm | |
| Hubraum | 1498 ccm | |
| Leistung | 110 PS bei 6200 U/min | 135 PS bei 7200 U/min |
| Verdichtung | 1 : 8,5 | 1 : 9,8 |
| max. Drehmoment | 13 mkp bei 5400 U/min | 14,8 mkp bei 5900 U/min |
| Gemischaufbereitung | 2 Solex 40 PJJ oder 2 Weber 40 DCM | 2 Solex 40 PJJ-4 oder 2 Weber 40 DCM |
| Ventile | hängend | hängend |
| Nockenwelle | 4 ohc | 4 ohc |
| Kurbelwellenlager | 4 | 4 |
| Batterie | 6 V 70 Ah | 12 V 18 Ah |
| Lichtmaschine | 160 W | 160 W |
| **Kraftübertragung** | Heckantrieb | Heckantrieb |
| Kupplung | Einscheibentrockenkupplung | Einscheibentrockenkupplung |
| Schaltung | Knüppelschaltung | Knüppelschaltung |
| Getriebe | 4 Gänge, vollsynchronisiert | 5 Gänge, II.–V. synchronisiert |
| Übersetzungen | I. 3,18, II. 1,76, III. 1,13, IV. 0,815 | I. 3,09, II. 2,12, 1,93, 1,76 od. 1,61,<br>III. 1,47 od. 1,35, IV. 0,815, 1,13 od. 1,04,<br>V. 0,96 od. 0,88 |
| Antriebsübersetzung | 4,375 oder 4,430 oder 4,850 | 4,428 oder 4,857 oder 5,167 |
| **Fahrwerk** | | |
| Vorderradaufhängung | Längsliegende Traghebel, 2 querliegende Federstäbe, Stabilisator | |
| Hinterradaufhängung | Pendelachse mit Längslenkern, 2 querliegende Drehstäbe | |
| Bremsanlage | Trommelbremsen vorn und hinten (550 A mit Zweikreis-System) | |
| Felgen | 3,50 D × 16 | |
| Reifen | 5,00 – 16/5,25 – 16 | |
| Lenkung | Spindellenkung | Einfingerlenkung |
| **Weitere Daten** | | |
| Abmessungen (L × B × H) | 3600 × 1550 × 1015 mm | 3700 × 1610 × 980 mm |
| Radstand | 2100 mm | 2100 mm |
| Spurweite vorn/hinten | 1290/1250 mm | 1290/1250 mm |
| Wendekreis | 11 m | 11 m |
| Leergewicht | 685 kg | 610 kg |
| Zuläss. Gesamtgewicht | 900 kg | 900 kg |
| Höchstgeschwindigkeit | ca. 220 km/h | ca. 240 km/h |
| Beschleunigung 0 – 100 km/h | nicht bekannt | nicht bekannt |
| Verbrauch auf 100 km | nicht bekannt | nicht bekannt |
| Tankinhalt | 90 Liter | 90 Liter |
| Ölwanneninhalt | 8 Liter (Trockensumpf) | 8 Liter (Trockensumpf) |
| Kühlsystem | Luftkühlung | Luftkühlung |

Der Glöckler-Spyder
von 1950 war ein Vor-
läufer des späteren
Porsche Spyder

Porsche 550 Spyder
1953

**Porsche 550 Spyder (Karosserie-
werke Weinsberg), 1954**

**Porsche 550 A Spyder (Karosserie
Wendler), 1956**

206

Modifizierter Porsche 550 Spyder (Karosserie Wendler), 1954

Der Porsche 550 Spyder im Renneinsatz: Richard von Frankenberg beim 1000-Kilometer-Rennen auf dem Nürburgring 1956

Porsche Spyder RS 60 von 1960

| | Porsche 912  Targa<br>1966 – 1969 | Porsche 911/911 L  Targa<br>1966 – 1968 |
|---|---|---|
| **Karosserie** | Selbsttragende Ganzstahlkarosserie | Selbsttragende Ganzstahlkarosserie |
| **Motor** | Boxermotor im Heck | Boxermotor im Heck |
| Zylinder | 4 | 6 |
| Bohrung × Hub | 82,5 × 74 mm | 80 × 66 mm |
| Hubraum | 1582 ccm | 1991 ccm |
| Leistung | 90 PS bei 5800 U/min | 130 PS bei 6100 U/min |
| Verdichtung | 1 : 9,3 | 1 : 9 |
| max. Drehmoment | 12,4 mkp bei 3500 U/min | 17,8 mkp bei 4200 U/min |
| Gemischaufbereitung | 2 Solex 40 PJJ | 2 Dreifach-Solex 40 PI (ab März 66:<br>2 Dreifach-Weber 40 IDS) |
| Ventile | hängend | hängend |
| Nockenwelle | ohv | 2 × 1 ohc |
| Kurbelwellenlager | 4 | 8 |
| Batterie | 12 V  45 Ah | 12 V  45 Ah |
| Lichtmaschine | 200/300/420 W | Drehstrom 490 W |
| **Kraftübertragung** | Heckantrieb | Heckantrieb |
| Kupplung | Einscheibentrockenkupplung | Einscheibentrockenkupplung |
| Schaltung | Knüppelschaltung | Knüppelschaltung |
| Getriebe | 4 od. 5 Gänge, vollsynchronisiert | 5 Gänge, vollsynchronisiert |
| Übersetzungen | I. 3,091, II. 1,684, III. 1,125, IV. 0,857 oder:<br>I. 3,091, II. 1,889, III. 1,318, IV. 1,040,<br>V. 0,857 | I. 3,091, II. 1,889, III. 1,318, IV. 1,040,<br>V. 0,857 |
| Antriebsübersetzung | 4,428 | 4,428 |
| **Fahrwerk** | | |
| Vorderradaufhängung | Querlenker unten und Längsfederstäbe | |
| Hinterradaufhängung | Längslenker und Querfederstäbe | |
| Bremsanlage | Scheibenbremsen vorn und hinten | |
| Felgen | $4^1/_2$ J × 15 (ab August 1967: $5^1/_2$ J × 15) | |
| Reifen | 165 HR 15 | |
| Lenkung | Zahnstangenlenkung | |
| **Weitere Daten** | | |
| Abmessungen (L × B × H) | 4163 × 1610 × 1320 mm | |
| Radstand | 2211 mm | |
| Spurweite vorn/hinten | 1353/1321 mm (ab August 1967: 1367/1335 mm) | |
| Wendekreis | | |
| Leergewicht | 995 kg | 1095 kg |
| Zuläss. Gesamtgewicht | 1290 kg | 1400 kg |
| Höchstgeschwindigkeit | 185 km/h | 210 km/h |
| Beschleunigung 0 – 100 km/h | 13,5 sec | 9 sec |
| Verbrauch auf 100 km | 12 Liter Super | 15 Liter Super |
| Tankinhalt | 62 Liter | 62 Liter |
| Ölwanneninhalt | 4,5 Liter | 9 Liter (Trockensumpf) |
| Kühlsystem | Luftkühlung | Luftkühlung |

**Porsche 912 Targa (Polizei-Ausführung), 1966–1968**

**Porsche 911 Targa, 1966–1968**

**Porsche 911 S Targa, ab 1968**

|  | Porsche 911 T Targa<br>1967 – 1968 | Porsche 911 S Targa<br>1966 – 1968 |
|---|---|---|
| **Karosserie** | Selbsttragende Ganzstahlkarosserie | |
| **Motor** | Boxermotor im Heck | |
| Zylinder | 6 | 6 |
| Bohrung × Hub | 80 × 66 mm | 80 × 66 mm |
| Hubraum | 1991 ccm | 1991 ccm |
| Leistung | 110 PS bei 5800 U/min | 160 PS bei 6600 U/min |
| Verdichtung | 1 : 8,6 | 1 : 9,8 |
| max. Drehmoment | 16,0 mkp bei 4200 U/min | 18,2 mkp bei 5200 U/min |
| Gemischaufbereitung | 2 Dreifach-Weber 40 IDS | 2 Dreifach-Weber 40 IDS |
| Ventile | hängend | hängend |
| Nockenwelle | 2 × 1 ohc | 2 × 1 ohc |
| Kurbelwellenlager | 8 | 8 |
| Batterie | 12 V 45 Ah | 12 V 45 Ah |
| Lichtmaschine | Drehstrom 490 W | Drehstrom 490 W |
| **Kraftübertragung** | Heckantrieb | Heckantrieb |
| Kupplung | Einscheibentrockenkupplung | Einscheibentrockenkupplung |
| Schaltung | Knüppelschaltung | Knüppelschaltung |
| Getriebe | 4 od. 5 Gänge, vollsynchronisiert<br>auf Wunsch Halbautomatik | 5 Gänge, vollsynchronisiert<br>auf Wunsch Halbautomatik |
| Übersetzungen | I. 3,091, II. 1,632, III. 1,040, IV. 0,794 oder:<br>I. 3,091, II. 1,889, III. 1,318, IV. 1,040,<br>V. 0,857 | I. 3,091, II. 1,889, III. 1,318, IV. 1,040,<br>V. 0,857 |
| Antriebsübersetzung | 4,428 | 4,428 |
| **Fahrwerk** | | |
| Vorderradaufhängung | Querlenker unten und Längsfederstäbe | |
| Hinterradaufhängung | Längslenker und Querfederstäbe | |
| Bremsanlage | Scheibenbremsen vorn und hinten | |
| Felgen | $5^1/_2$ J × 15 | |
| Reifen | 165 HR 15/165 VR 15 | |
| Lenkung | Zahnstangenlenkung | |
| **Weitere Daten** | | |
| Abmessungen (L × B × H) | 4163 × 1610 × 1320 mm | 4163 × 1610 × 1320 mm |
| Radstand | 2211 mm | 2211 mm |
| Spurweite vorn/hinten | 1367/1335 mm | 1353/1325 (ab Aug. 1967: 1367/1335) mm |
| Wendekreis | 10,3 m | 10,3 m |
| Leergewicht | 1095 kg | 1085 kg |
| Zuläss. Gesamtgewicht | 1400 kg | 1400 kg |
| Höchstgeschwindigkeit | 200 km/h | 220 km/h |
| Beschleunigung 0 – 100 km/h | 10 sec | 8 sec |
| Verbrauch auf 100 km | 14,5 Liter Super | 15,5 Liter Super |
| Tankinhalt | 62 Liter | 62 Liter |
| Ölwanneninhalt | 9 Liter (Trockensumpf) | 9 Liter (Trockensumpf) |
| Kühlsystem | Luftkühlung | Luftkühlung |

**Porsche 911 SC Targa 1981**

|  | Porsche 911 T Targa 1968–1969 | Porsche 911 E Targa 1968–1969 | Porsche 911 S Targa 1968–1969 |
|---|---|---|---|
| **Karosserie** | | Selbsttragende Ganzstahlkarosserie | |
| **Motor** | | Boxermotor im Heck | |
| Zylinder | | 6 | |
| Bohrung × Hub | | 80 × 66 mm | |
| Hubraum | | 1991 ccm | |
| Leistung | 110 PS bei 5800 U/min | 140 PS bei 6500 U/min | 170 PS bei 6800 U/min |
| Verdichtung | 1 : 8,6 | 1 : 9,1 | 1 : 9,9 |
| max. Drehmoment | 16,0 mkp bei 4200 U/min | 17,8 mkp bei 4500 U/min | 18,5 mkp bei 5500 U/min |
| Gemischaufbereitung | 2 Dreifach-Weber 40 IFS | Bosch-Einspritzpumpe | Bosch-Einspritzpumpe |
| Ventile | | hängend | |
| Nockenwelle | | 2 × 1 ohc | |
| Kurbelwellenlager | | 8 | |
| Batterie | | 2 × 12 V 36 Ah | |
| Lichtmaschine | | Drehstrom 770 W | |
| **Kraftübertragung** | | Heckantrieb | |
| Kupplung | | Einscheibentrockenkupplung | |
| Schaltung | | Knüppelschaltung | |
| Getriebe | 4 Gänge, voll-synchronisiert, auf Wunsch Halbautomatik | 4 od. 5 Gänge, voll-synchronisiert, auf Wunsch Halbautomatik | 5 Gänge, voll-synchronisiert, auf Wunsch Halbautomatik |
| Übersetzungen | I. 3,091, II. 1,632, III. 1,040, IV. 0,793 | I. 3,091, II. 1,632, III. 1,040, IV. 0,793 oder: I. 3,091, II. 1,889, III. 1,318, IV. 1,040, V. 0,793 | I. 3,091, II. 1,889, III. 1,318, IV. 1,040, V. 0,793 |
| Antriebsübersetzung | 4,428 | 4,428 | 4,428 |
| **Fahrwerk** | | | |
| Vorderradaufhängung | Querlenker unten mit Längsfederstäben | Hydropneumat. Federbeine | Querlenker unten mit Längsfederstäben |
| Hinterradaufhängung | Längslenker mit Querfederstäben | Längslenker mit Querfederstäben | Längslenker mit Querfederstäben |
| Bremsanlage | Scheibenbremsen vorn und hinten | Scheibenbremsen vorn und hinten | Scheibenbremsen vorn und hinten |
| Felgen | 5¹/₂ J × 15 | 6 J × 15 | 6 J × 15 |
| Reifen | 165 HR 15 | 185/70 VR 15 | 185/70 VR 15 |
| Lenkung | Zahnstangenlenkung | Zahnstangenlenkung | Zahnstangenlenkung |
| **Weitere Daten** | | | |
| Abmessungen (L × B × H) | 4163 × 1610 × 1320 mm | 4163 × 1610 × 1320 mm | 4163 × 1610 × 1320 mm |
| Radstand | 2268 mm | 2268 mm | 2268 mm |
| Spurweite vorn/hinten | 1362/1343 mm | 1374/1355 mm | 1374/1355 mm |
| Wendekreis | 10,7 m | 10,7 m | 10,7 m |
| Leergewicht | 1110 kg | 1110 kg | 1110 kg |
| Zuläss. Gesamtgewicht | 1400 kg | 1400 kg | 1400 kg |
| Höchstgeschwindigkeit | 200 km/h | 210 km/h | 220 km/h |
| Beschleunigung 0–100 km/h | 10 sec | 9 sec | 8 sec |
| Verbrauch auf 100 km | 14,5 Liter Super | 15,5 Liter Super | 16 Liter Super |
| Tankinhalt | 62 Liter | 62 Liter | 62 Liter |
| Ölwanneninhalt | 9 Liter (Trockensumpf) | 9 Liter (Trockensumpf) | 9 Liter (Trockensumpf) |
| Kühlsystem | Luftkühlung | Luftkühlung | Luftkühlung |

| | Porsche 911 T (2.2) 1969–1971 | Porsche 911 E (2.2) 1969–1971 | Porsche 911 S (2.2) 1969–1971 |
|---|---|---|---|
| **Karosserie** | Selbsttragende Ganzstahlkarosserie | | |
| **Motor** | Boxermotor im Heck | | |
| Zylinder | 6 | | |
| Bohrung × Hub | 84 × 66 mm | | |
| Hubraum | 2195 ccm | | |
| Leistung | 125 PS bei 5800 U/min | 155 PS bei 6200 U/min | 180 PS bei 6500 U/min |
| Verdichtung | 1 : 8,6 | 1 : 9,1 | 1 : 9,8 |
| max. Drehmoment | 18 mkp bei 4200 U/min | 19,5 mkp bei 4500 U/min | 20,3 mkp bei 5200 U/min |
| Gemischaufbereitung | 2 Solex/Zenith 40 TIN | Bosch-Einspritzanlage | Bosch-Einspritzanlage |
| Ventile | hängend | | |
| Nockenwelle | 2 × ohc | | |
| Kurbelwellenlager | 8 | | |
| Batterie | 2 × 12 V 36 Ah | | |
| Lichtmaschine | Drehstrom 770 W | | |
| **Kraftübertragung** | Heckantrieb | | |
| Kupplung | Einscheibentrockenkupplung | | |
| Schaltung | Knüppelschaltung | | |
| Getriebe | 4 od. 5 Gänge, voll-synchronisiert | 5 Gänge, vollsynchronisiert | |
| Übersetzungen | I. 3,091, II. 1,632, III. 1,040, IV. 0,759 oder: I. 3,091, II. 1,778, III. 1,218, IV. 0,926, V. 0,759 | I. 3,091, II. 1,778, III. 1,218, IV. 0,926, V. 0,759 | |
| Antriebsübersetzung | 4,429 | 4,429 | |
| **Fahrwerk** | | | |
| Vorderradaufhängung | Querlenker unten, Längsfederstäbe (911 S: Stabilisator) | | |
| Hinterradaufhängung | Längslenker, Querfederstäbe (911 S: Stabilisator) | | |
| Bremsanlage | Scheibenbremsen vorn und hinten, Zweikreis-System | | |
| Felgen | 5¹/₂ J × 15 | 6 J × 15 | 6 J × 15 |
| Reifen | 165 HR 15 | 185/70 VR 15 | 185/70 VR 15 |
| Lenkung | Zahnstangenlenkung | Zahnstangenlenkung | Zahnstangenlenkung |
| **Weitere Daten** | | | |
| Abmessungen (L × B × H) | 4163 × 1610 × 1320 mm | 4163 × 1610 × 1320 mm | 4163 × 1610 × 1320 mm |
| Radstand | 2268 mm | 2268 mm | 2268 mm |
| Spurweite vorn/hinten | 1362/1343 mm | 1374/1355 mm | 1374/1355 mm |
| Wendekreis | 10,7 m | 10,7 m | 10,7 m |
| Leergewicht | 1110 kg | 1110 kg | 1110 kg |
| Zuläss. Gesamtgewicht | 1400 kg | 1400 kg | 1400 kg |
| Höchstgeschwindigkeit | 205 km/h | 215 km/h | 225 km/h |
| Beschleunigung 0–100 km/h | 10 sec | 9 sec | 8 sec |
| Verbrauch auf 100 km | 14 Liter Super | 15 Liter Super | 16 Liter Super |
| Tankinhalt | 62 Liter | 62 Liter | 110 Liter |
| Ölwanneninhalt | 9 Liter (Trockensumpf) | 9 Liter (Trockensumpf) | 9 Liter (Trockensumpf) |
| Kühlsystem | Luftkühlung | Luftkühlung | Luftkühlung |

| | Porsche 911 T (2.4) 1971–1973 | Porsche 911 E (2.4) 1971–1973 | Porsche 911 S (2.4) 1971–1973 |
|---|---|---|---|
| **Karosserie** | | Selbsttragende Ganzstahlkarosserie | |
| **Motor** | | Boxermotor im Heck | |
| Zylinder | | 6 | |
| Bohrung × Hub | | 84 × 70,4 mm | |
| Hubraum | | 2341 ccm | |
| Leistung | 130 PS bei 5600 U/min | 165 PS bei 6200 U/min | 190 PS bei 6500 U/min |
| Verdichtung | 1 : 7,5 | 1 : 8,0 | 1 : 8,5 |
| max. Drehmoment | 20 mkp bei 4000 U/min | 21 mkp bei 4500 U/min | 22 mkp bei 5200 U/min |
| Gemischaufbereitung | 2 Solex/Zenith 40 TIN | Bosch-Einspritzanlage | Bosch-Einspritzanlage |
| Ventile | | hängend | |
| Nockenwelle | | 2 × ohc | |
| Kurbelwellenlager | | 8 | |
| Batterie | | 2 × 12 V 36 Ah | |
| Lichtmaschine | | Drehstrom 770 W | |
| **Kraftübertragung** | | Heckantrieb | |
| Kupplung | | Einscheibentrockenkupplung | |
| Schaltung | | Knüppelschaltung | |
| Getriebe | | 4 od. 5 Gänge, vollsynchronisiert | |
| Übersetzungen | | I. 3,18, II. 1,78, III. 1,13, IV. 0,82 oder I. 3,18, II. 1,83, III. 1,26, IV. 0,96, V. 0,76 | |
| Antriebsübersetzung | | 4,429 | |
| **Fahrwerk** | | | |
| Vorderradaufhängung | | Querlenker unten, Längsfederstäbe (911 S: Stabilisator) | |
| Hinterradaufhängung | | Längslenker, Querfederstäbe (911 S: Stabilisator) | |
| Bremsanlage | | Scheibenbremsen vorn und hinten, Zweikreis-System | |
| Felgen | 5¹/₂ J × 15 | 6 J × 15 | 6 J × 15 |
| Reifen | 165 HR 15 | 185/70 VR 15 | 185/70 VR 15 |
| Lenkung | Zahnstangenlenkung | Zahnstangenlenkung | Zahnstangenlenkung |
| **Weitere Daten** | | | |
| Abmessungen (L × B × H) | 4147 × 1610 × 1320 mm | 4147 × 1610 × 1320 mm | 4147 × 1610 × 1320 mm |
| Radstand | 2271 mm | 2271 mm | 2271 mm |
| Spurweite vorn/hinten | 1360/1342 mm | 1372/1354 mm | 1372/1354 mm |
| Wendekreis | 10,7 m | 10,7 m | 10,7 m |
| Leergewicht | 1110 kg | 1110 kg | 1110 kg |
| Zuläss. Gesamtgewicht | 1400 kg | 1400 kg | 1400 kg |
| Höchstgeschwindigkeit | 205 km/h | 220 km/h | 230 km/h |
| Beschleunigung 0–100 km/h | 10 sec | 8,5 sec | 7,5 sec |
| Verbrauch auf 100 km | 15 Liter Normal | 16 Liter Normal | 16,5 Liter Normal |
| Tankinhalt | 62 Liter | 62 (ab Aug. 72: 80) Liter | 62 (ab Aug. 72: 80) Liter |
| Ölwanneninhalt | 9 Liter (Trockensumpf) | 9 Liter (Trockensumpf) | 10 Liter (Trockensumpf) |
| Kühlsystem | Luftkühlung | Luftkühlung | Luftkühlung |

214

**Porsche-Studie eines 911-Cabriolets mit Turbomotor und Allradantrieb (IAA 1981)**

|  | Porsche 911 (2.7) 1973–1975 | Porsche 911 S (2.7) 1973–1975 | Porsche Carrera (2.7) 1973–1975 |
|---|---|---|---|
| **Karosserie** | Selbsttragende Ganzstahlkarosserie | | |
| **Motor** | Boxermotor im Heck | | |
| Zylinder | 6 | | |
| Bohrung × Hub | 90 × 70,4 mm | | |
| Hubraum | 2687 ccm | | |
| Leistung | 150 PS bei 5700 U/min | 175 PS bei 5800 U/min | 210 PS bei 6300 U/min |
| Verdichtung | 1 : 8,0 | 1 : 8,5 | 1 : 8,5 |
| max. Drehmoment | 24 mkp bei 3800 U/min | 24 mkp bei 4000 U/min | 26 mkp bei 5100 U/min |
| Gemischaufbereitung | Bosch K-Jetronic | Bosch K-Jetronic | Mechan. Saugrohrein- spritzung mit Bosch- Einspritzpumpe |
| Ventile | hängend | | |
| Nockenwelle | 2 × ohc | | |
| Kurbelwellenlager | 8 | | |
| Batterie | 12 V 66 Ah | | |
| Lichtmaschine | Drehstrom 770 W | | |
| **Kraftübertragung** | Heckantrieb | | |
| Kupplung | Einscheibentrockenkupplung | | |
| Schaltung | Knüppelschaltung | | |
| Getriebe | 4 oder 5 Gänge, vollsynchronisiert | | |
| Übersetzungen | I. 3,18, II. 1,60, III. 1,04, IV. 0,724 oder I. 3,18, II. 1,83, III. 1,26, IV. 0,925, V. 0,724 | | |
| Antriebsübersetzung | 4,429 | | |
| **Fahrwerk** | | | |
| Vorderradaufhängung | Querlenker unten, Längsfederstäbe, Stabilisator | | |
| Hinterradaufhängung | Längslenker, Querfederstäbe, auf Wunsch Stabilisator (Carrera serienmäßig) | | |
| Bremsanlage | Scheibenbremsen vorn und hinten, Zweikreis-System | | |
| Felgen | $5^1/_2$ J × 15 | 6 J × 15 | vorn 6 J × 15, hinten 7 J × 15 |
| Reifen | 165 HR 15 | 185/70 VR 15 | vorn 185/70 VR 15, hinten 215/60 VR 15 |
| Lenkung | Zahnstangenlenkung | Zahnstangenlenkung | Zahnstangenlenkung |
| **Weitere Daten** | | | |
| Abmessungen (L × B × H) | 4291 × 1610 × 1320 mm | 4291 × 1610 × 1320 mm | 4291 × 1652 × 1320 mm |
| Radstand | 2271 mm | 2271 mm | 2271 mm |
| Spurweite vorn/hinten | 1360/1342 mm | 1372/1354 mm | 1372/1380 mm |
| Wendekreis | 10,7 m | 10,7 m | 10,7 m |
| Leergewicht | 1110 kg | 1110 kg | 1110 kg |
| Zuläss. Gesamtgewicht | 1400 kg | 1400 kg | 1400 kg |
| Höchstgeschwindigkeit | 210 km/h | 225 km/h | 240 km/h |
| Beschleunigung 0–100 km/h | 9 sec | 8 sec | 6,5 sec |
| Verbrauch auf 100 km | 13 Liter Normal | 14 Liter Normal | 16 Liter Normal |
| Tankinhalt | 80 Liter | 80 Liter | 80 Liter |
| Ölwanneninhalt | 11 Liter (Trockensumpf) | 13 Liter (Trockensumpf) | 13 Liter (Trockensumpf) |
| Kühlsystem | Luftkühlung | Luftkühlung | Luftkühlung |

|  | Porsche 911 (2.7) 1975–1977 | Porsche Carrera (3.0) 1975–1977 | Porsche 911 SC Targa 1977–1979 |
|---|---|---|---|
| **Karosserie** | | Selbsttragende Ganzstahlkarosserie | |
| **Motor** | | Boxermotor im Heck | |
| Zylinder | | 6 | |
| Bohrung × Hub | 90 × 70,4 mm | 95 × 70,4 mm | 95 × 70,4 mm |
| Hubraum | 2687 ccm | 2994 ccm | 2994 ccm |
| Leistung | 165 PS bei 5800 U/min | 200 PS bei 6000 U/min | 180 PS bei 5500 U/min |
| Verdichtung | 1 : 8,5 | 1 : 8,5 | 1 : 8,5 |
| max. Drehmoment | 24 mkp bei 4000 U/min | 26 mkp bei 6200 U/min | 27 mkp bei 4100 U/min |
| Gemischaufbereitung | | Bosch K-Jetronic | |
| Ventile | | hängend | |
| Nockenwelle | | 2 × ohc | |
| Kurbelwellenlager | | 8 | |
| Batterie | | 12 V 66 Ah | |
| Lichtmaschine | | 980 W | |
| **Kraftübertragung** | | Heckantrieb | |
| Kupplung | | Einscheibentrockenkupplung | |
| Schaltung | | Knüppelschaltung | |
| Getriebe | | 4 oder 5 Gänge (SC: 5 Gänge), vollsynchronisiert | |
| Übersetzungen | I. 3,18, II. 1,60, III. 1,08, IV. 0,82 oder I. 3,18, II. 1,83, III. 1,26, IV. 1,00, V. 0,82 | I. 3,18, II. 1,60, III. 1,04, IV. 0,72 oder I. 3,18, II. 1,83, III. 1,26, IV. 0,92, V. 0,72 | I. 3,18, II. 1,83, III. 1,26, IV. 1,00, V. 0,82 |
| Antriebsübersetzung | | 3,875 | |
| **Fahrwerk** | | | |
| Vorderradaufhängung | | Querlenker unten, Längsfederstäbe, Stabilisator | |
| Hinterradaufhängung | | Längslenker, Querfederstäbe, Stabilisator | |
| Bremsanlage | | Scheibenbremsen vorn und hinten, Zweikreis-System | |
| Felgen | 6 J × 15 | vorn 6 J × 15, hinten 7 J × 15 | |
| Reifen | 185/70 VR 15 | vorn 185/70 VR 15, hinten 215/60 VR 15 | |
| Lenkung | Zahnstangenlenkung | Zahnstangenlenkung | |
| **Weitere Daten** | | | |
| Abmessungen (L × B × H) | 4291 × 1610 × 1320 mm | 4291 × 1652 × 1320 mm | |
| Radstand | 2271 mm | 2271 mm | |
| Spurweite vorn/hinten | 1372/1354 mm | 1372/1380 mm | |
| Wendekreis | 10,7 m | 10,7 m | |
| Leergewicht | 1120 kg | 1120 kg | 1160 kg |
| Zuläss. Gesamtgewicht | 1440 kg | 1440 kg | 1500 kg |
| Höchstgeschwindigkeit | 218 km/h | 235 km/h | 220 km/h |
| Beschleunigung 0–100 km/h | 8 sec | 7 sec | 7 sec |
| Verbrauch auf 100 km | 14 Liter Normal | 16 Liter Normal | 12 Liter Normal |
| Tankinhalt | 80 Liter | 80 Liter | 80 Liter |
| Ölwanneninhalt | 13 Liter (Trockensumpf) | 13 Liter (Trockensumpf) | 13 Liter (Trockensumpf) |
| Kühlsystem | Luftkühlung | Luftkühlung | Luftkühlung |

|  | Porsche 911 SC Targa 1979–1980 | Porsche 911 SC Targa ab 1980 | Porsche 911 SC Cabriolet ab 1982 |
|---|---|---|---|
| **Karosserie** | Selbsttragende Ganzstahlkarosserie | | |
| **Motor** | Boxermotor im Heck | | |
| Zylinder | 6 | | |
| Bohrung × Hub | 95 × 70,4 mm | | |
| Hubraum | 2994 ccm | | |
| Leistung | 188 PS bei 5500 U/min | 204 PS bei 5900 U/min | |
| Verdichtung | 1:8,6 | 1:9,8 | |
| max. Drehmoment | 27 mkp bei 4200 U/min | 27 mkp bei 4300 U/min | |
| Gemischaufbereitung | Bosch K-Jetronic | | |
| Ventile | hängend | | |
| Nockenwelle | 2 × ohc | | |
| Kurbelwellenlager | 8 | | |
| Batterie | 12 V 66 Ah | | |
| Lichtmaschine | 980 (ab 1982: 1050) W | | |
| **Kraftübertragung** | Heckantrieb | | |
| Kupplung | Einscheibentrockenkupplung | | |
| Schaltung | Knüppelschaltung | | |
| Getriebe | 5 Gänge, vollsynchronisiert | | |
| Übersetzungen | I. 3,18, II. 1,83, III. 1,26, IV. 1,00, V. 0,78 | | |
| Antriebsübersetzung | 3,875 | | |
| **Fahrwerk** | | | |
| Vorderradaufhängung | Querlenker unten, Längsfederstäbe, Stabilisator | | |
| Hinterradaufhängung | Längslenker, Querfederstäbe, Stabilisator | | |
| Bremsanlage | Scheibenbremsen vorn und hinten, Zweikreis-System, Servounterstützung | | |
| Felgen | vorn 6 J × 15, hinten 7 J × 15 | | |
| Reifen | vorn 185/70 VR 15, hinten 215/60 VR 15 | | |
| Lenkung | Zahnstangenlenkung | | |
| **Weitere Daten** | | | |
| Abmessungen (L × B × H) | 4291 × 1652 × 1320 mm | | |
| Radstand | 2271 mm | | |
| Spurweite vorn/hinten | 1369/1379 mm | | |
| Wendekreis | 10,9 m | | |
| Leergewicht | 1160 kg | | |
| Zuläss. Gesamtgewicht | 1500 kg | | |
| Höchstgeschwindigkeit | 225 km/h | 235 km/h | |
| Beschleunigung 0–100 km/h | 7 sec | 6,5 sec | |
| Verbrauch auf 100 km | 12,6 Liter Normal | 10,5 Liter Super | |
| Tankinhalt | 80 Liter | 80 Liter | |
| Ölwanneninhalt | 13 Liter (Trockensumpf) | 13 Liter (Trockensumpf) | |
| Kühlsystem | Luftkühlung | Luftkühlung | |

218

**Studie des 911 SC-Cabriolets, 1981**

**Endgültige Ausführung des 911 SC-Cabriolets, 1983**

Nach 18 Jahren Abstinenz endlich wieder ein klassisches Cabriolet: Porsche 911 SC, 1983

Bereits 1979 stellte der Frankfurter Autoveredler Rainer Buchmann diesen Porsche 928 Targa vor.

Ebenfalls von Buchmann stammt dieses Porsche 928-Cabriolet von 1981.

# VW-Porsche

Sowohl Porsche als auch das Volkswagenwerk arbeiteten in den sechziger Jahren unabhängig voneinander an der Entwicklung eines Mittelmotor-Sportwagens. Folgerichtig schloß man sich zu einer Entwicklungsgemeinschaft zusammen, in deren Rahmen Porsche die Konstruktion übernahm. Im April 1969 gründeten beide Unternehmen die VW-Porsche Vertriebs GmbH Stuttgart. Am Stammkapital von 5 Millionen DM waren beide Partner je zur Hälfte beteiligt. Am 1. Januar 1974 übernahm Porsche den 50-Prozent-Anteil von VW. In einem Vertrag wurde festgelegt, daß Porsche nach dem Rückzug von VW den Vertrieb des 914 übernahm.

Der damals mit Spannung erwartete ›Volksporsche‹ kam in Deutschland, vor allem wegen seiner nicht gerade attraktiven Karosserie, nie so recht an. Ungleich bessere Aufnahme fand er in den USA, wohin auch der größte Teil der Produktion exportiert wurde. Die Vierzylinder-Ausführung erhielt zunächst das Serienaggregat des VW 411 E, ab August 1973 das des 412 S. Im 914-6 sorgte der Sechszylinder-Boxer des 911 T für kräftigen Vortrieb. Trotz hervorragender Fahrleistungen und exzellenter Straßenlage kam der 914-6 aufgrund des überhöhten Preises nur auf bescheidene Stückzahlen. Seine Produktion wurde im August 1972 eingestellt. Das Nachfolgermodell 914-2.0 erhielt einen von Porsche auf der Basis des 411 E-Motors entwickelten Zweiliter-Vierzylinder mit 100 PS. Ende 1975 wurde die Produktion endgültig eingestellt.

Der Vollständigkeit halber soll noch der Typ 916 erwähnt werden, von dem lediglich elf Prototypen gebaut wurden. Er hatte verbreiterte Kotflügel, einen neukonstruierten Frontspoiler, vier innenbelüftete Scheibenbremsen und das 190 PS starke 2,4 Liter-Aggregat des 911 S. Der 916 beschleunigte von 0 auf 100 km/h in weniger als 7 Sekunden und lief 230 km/h. Im Gegensatz zu den 914er-Typen besaß er ein fest mit der Karosserie verschweißtes Stahldach.

### VW-Porsche 914, 914-6 (1969–1975)

Der von VW und Porsche gemeinsam entwickelte Mittelmotorsportwagen konnte sich auf dem deutschen Markt nie recht durchsetzen. Wie die Porsche-Targa-Modelle hatte der 914 serienmäßig ein abnehmbares Kunststoffdach, das im Kofferraum verstaut wurde. Die unkonventionelle, kantige Karosserieform fand in der Bundesrepublik verhältnismäßig wenige, in den USA dagegen zahlreiche Liebhaber. Sämtliche 914-Karosserien wurden bei Karmann produziert, wo der Vierzylinder-Typ auch montiert wurde. Der 914-6 wurde bei Porsche zusammengebaut.

Neben den drei Leistungsvarianten des Vierzylinders (80, 85 und 100 PS) gab es den 914-6 serienmäßig mit 110 PS und in Rallye-Ausführung sogar mit 210 PS zu kaufen. Der 914 kostete bei seiner Vorstellung DM 12560,–, bei Produktionseinstellung DM 19200,–. Der nur drei Jahre lang gebaute 914-6 kam zunächst auf DM 19000,–, später auf DM 20000,–. Die Gesamtproduktion aller 914-Typen belief sich auf 119300 Stück, davon 3300 Sechszylinder.

222

| | 1,7 l-Motor 1969–1973 | VW-Porsche 914 1,8 l-Motor 1973–1975 | 2 l-Motor 1972–1975 |
|---|---|---|---|
| **Karosserie** | | Selbsttragende Ganzstahlkarosserie | |
| **Motor** | | Boxermotor in Mittelmotoranordnung | |
| Zylinder | 4 | 4 | 4 |
| Bohrung × Hub | 90 × 66 mm | 93 × 66 mm | 94 × 71 mm |
| Hubraum | 1679 ccm | 1795 ccm | 1971 ccm |
| Leistung | 80 PS bei 4900 U/min | 85 PS bei 5000 U/min | 100 PS bei 5000 U/min |
| Verdichtung | 1 : 8,2 | 1 : 8,6 | 1 : 8 |
| max. Drehmoment | 13,6 mkp bei 2700 U/min | 13,8 mkp bei 3400 U/min | 16 mkp bei 3500 U/min |
| Gemischaufbereitung | Bosch L-Jetronic | 2 Solex 40 PDSIT | Bosch L-Jetronic |
| Ventile | | hängend | |
| Nockenwelle | | ohv | |
| Kurbelwellenlager | | 4 | |
| Batterie | | 12 V 45 Ah | |
| Lichtmaschine | | 700 W (Drehstrom) | |
| **Kraftübertragung** | | Heckantrieb | |
| Kupplung | | Einscheibentrockenkupplung | |
| Schaltung | | Knüppelschaltung | |
| Getriebe | | 5 Gänge, vollsynchronisiert | |
| Übersetzungen | | I. 3,091, II. 1,889, III. 1,261, IV. 0,926, V. 0,710 | |
| Antriebsübersetzung | | 4,429 | |
| **Fahrwerk** | | | |
| Vorderradaufhängung | | Querlenker unten und Längs-Federstäbe | |
| Hinterradaufhängung | | Schräglenker mit Schraubenfedern | |
| Bremsanlage | | Scheibenbremsen vorn und hinten, Zweikreis-System | |
| Felgen | | 5½ J × 15 (1,7 Liter auch 4½ J × 15) | |
| Reifen | | 165 SR 15 (2 Liter: 165 HR 15) | |
| Lenkung | | Zahnstangenlenkung | |
| **Weitere Daten** | | | |
| Abmessungen (L × B × H) | | 3985 × 1650 × 1230 mm | |
| Radstand | | 2450 mm | |
| Spurweite vorn/hinten | 4½″-Felgen: 1337/1374 mm 5½″-Felgen: 1339/1380 mm | 1343/1383 mm | 1343/1383 mm |
| Wendekreis | 11 m | 11 m | 11 m |
| Leergewicht | 940 kg | 970 kg | 970 kg |
| Zuläss. Gesamtgewicht | 1220 kg | 1220 kg | 1220 kg |
| Höchstgeschwindigkeit | 175 km/h | 180 km/h | 190 km/h |
| Beschleunigung 0–100 km/h | 13,5 sec | 12,5 sec | 10,5 sec |
| Verbrauch auf 100 km | 12 Liter Super | 12 Liter Super | 13 Liter Super |
| Tankinhalt | | 62 Liter | |
| Ölwanneninhalt | | 3,5 Liter | |
| Kühlsystem | | Luftkühlung | |

**Karosserie**                                      Selbsttragende Ganzstahlkarosserie

**Motor**                                           Boxermotor in Mittelmotoranordnung
Zylinder                                            6
Bohrung × Hub                                       80 × 66 mm
Hubraum                                             1991 ccm
Leistung                                            110 PS bei 5800 U/min
Verdichtung                                         1 : 8,6
max. Drehmoment                                     16 mkp bei 4200 U/min
Gemischaufbereitung                                 2 Weber 40 IDT
Ventile                                             hängend
Nockenwelle                                         2 × ohc
Kurbelwellenlager                                   8
Batterie                                            12 V 45 Ah
Lichtmaschine                                       700 W (Drehstrom)

**Kraftübertragung**                                Heckantrieb
Kupplung                                            Einscheibentrockenkupplung
Schaltung                                           Knüppelschaltung
Getriebe                                            5 Gänge, vollsynchronisiert
Übersetzungen                                       I. 3,091, II. 1,778, III. 1,218, IV. 0,926, V. 0,759
Antriebsübersetzung                                 4,429

**Fahrwerk**
Vorderradaufhängung                                 Querlenker unten und Längs-Federstäbe
Hinterradaufhängung                                 Schräglenker mit Schraubenfedern
Bremsanlage                                         Scheibenbremsen vorn und hinten, Zweikreis-System
Felgen                                              $5^1/_2$ J × 15 oder $5^1/_2$ J × 14
Reifen                                              165 HR 15 oder 185 HR 14
Lenkung                                             Zahnstangenlenkung

**Weitere Daten**
Abmessungen (L × B × H)                             3985 × 1650 × 1230 mm
Radstand                                            2450 mm
Spurweite vorn/hinten                               1361/1382 mm
Wendekreis                                          11 m
Leergewicht                                         980 kg
Zuläss. Gesamtgewicht                               1260 kg
Höchstgeschwindigkeit                               201 km/h
Beschleunigung 0–100 km/h                           10 sec
Verbrauch auf 100 km                                13 Liter Super
Tankinhalt                                          62 Liter
Ölwanneninhalt                                      9 Liter (Trockensumpf)
Kühlsystem                                          Luftkühlung

**VW-Porsche 914, hier die Ausführung mit dem Porsche-Sechszylindermotor, 1969–1972**

# Veritas

Der ehemalige BMW-Rennleiter Ernst Loof baute nach dem Krieg auf der Basis des BMW 328 unter der Bezeichnung Veritas einige Rennwagen, die ab 1948 recht bemerkenswerte Erfolge einfuhren. In der Formel 2 errangen Veritas-Rennwagen bis 1953 sieben Siege, zehn zweite und neun dritte Plätze. 1949 gründete Loof gemeinsam mit Lorenz Dietrich in Meßkirch/Baden die Veritas Automobil GmbH und baute dort Straßensportwagen mit Motor und Fahrwerk des BMW 328. 1950 übernahm man ein Heinkel-Werk in Muggensturm bei Rastatt, wo noch im selben Jahr neue Modelle mit einem gemeinsam mit Heinkel entwickelten Leichtmetallmotor entstanden. Die Karosserien lieferte die Firma Spohn in Ravensburg.
Veritas-Wagen waren für die damalige Zeit ungewöhnlich leistungsfähig, aber auch extrem teuer, so daß das Ende des kapitalschwachen Unternehmens programmiert war: Bereits im November 1950 ging die junge Firma nach der Fertigstellung von rund 80 Wagen in Konkurs.
Aber Loof gab nicht auf. Als Ableger entstand in Baden-Baden die Firma Dyna, die unter Leitung von Lorenz Dietrich das hübsche kleine Dyna-Veritas-Cabriolet vertrieb. Die Montage erfolgte bei Baur in Stuttgart.
Im Herbst 1951 mietete Loof die ehemaligen Auto Union-Boxen am Nürburgring, um dort in Einzelanfertigung den 2 Liter-Veritas weiterzubauen. In knapp zwei Jahren wurden 18 Wagen fertiggestellt, dann war Loof wiederum am Ende. Im August 1953 übernahm BMW die Werkstatt am Nürburgring samt Personal und technischen Unterlagen. Wieder bei seinem alten Arbeitgeber, baute Loof 1954 einen vielbeachteten Prototyp des BMW 507 mit einer selbstentworfenen Aluminiumkarosserie, die er auf das Chassis des 502 montiert hatte. In Serie ging dann allerdings der Entwurf von Graf Goertz. Loof starb 1956, erst 49 Jahre alt.

### Veritas Scorpion (1950)

Der von Mai bis November 1950 gebaute Scorpion besaß das in Zusammenarbeit mit Heinkel entwickelte neue Leichtmetalltriebwerk. Die Karosserie des 2/2-sitzigen Cabriolets wurde von der renommierten Karosseriefabrik Spohn in Ravensburg gebaut, die Montage erfolgte im ehemaligen Heinkel-Werk in Muggensturm bei Rastatt. Die Produktionszahl erreichte nur eine zweistellige Größenordnung. Der Preis betrug DM 18350,–.

### Veritas Nürburgring (1951–1953)

Nach dem Veritas-Konkurs baute Ernst Loof in den ehemaligen Auto Union-Boxen am Nürburgring gemeinsam mit einigen Mitarbeitern ab Herbst 1951 Coupés und Cabriolets mit dem unveränderten Heinkel-Aggregat und wahlweise kurzem oder langem Fahrgestell. Die Karosserien stammten wieder von Spohn. Auch einige Sportwagen mit leistungsgesteigerten Motoren bis zu 150 PS entstanden dort. Insgesamt wurden 18 Wagen hergestellt.

Preise: Veritas Nürburgring Cabriolet Typ 3/52 (kurzer Radstand) DM 21000,–
Veritas Nürburgring Cabriolet Typ 5/52 (langer Radstand) ca. DM 23000,–

### Dyna-Veritas (1950–1952)

Unter dem Namen Dyna-Veritas hatte die Veritas GmbH 1950 ein kleines 2/2-sitziges Cabriolet auf Basis des französischen Dyna-Panhard vorgestellt, von dem auch die Antriebsaggregate übernommen wurden. Die Karosserie baute Baur in Stuttgart. Nach dem Veritas-Konkurs ließ die neugegründete Firma Dyna (Geschäftsführer: Lorenz Dietrich) den Wagen komplett bei Baur montieren. Bis 1952 wurden 176 Exemplare gebaut. Der Preis betrug DM 8300,–.

Veritas Scorpion, 1950

Veritas Nürburgring, 1952

|  | Veritas Scorpion Cabriolet 1950 | Veritas Nürburgring Cabriolet 1951–1953 |
|---|---|---|
| **Karosserie** | Leichtbaukarosserie mit Gitterrohrgerippe | Ganzstahlkarosserie |
| **Motor** | Reihenmotor (Heinkel) | |
| Zylinder | 6 | |
| Bohrung × Hub | 75 × 75 mm | |
| Hubraum | 1988 ccm | |
| Leistung | 100 PS bei 5000 U/min | |
| Verdichtung | 1 : 7,7 (ab 1951 : 1 : 7,2) | |
| max. Drehmoment | 14,5 mkp bei 3000 U/min | |
| Gemischaufbereitung | 3 Solex 35 APJ (ab 1951 : 32 PBI) | |
| Ventile | hängend | |
| Nockenwelle | ohc | |
| Kurbelwellenlager | 7 | |
| Batterie | 12 V | |
| Lichtmaschine | 130 (ab 1951 : 150) W | |
| **Kraftübertragung** | Hinterradantrieb | |
| Kupplung | Einscheibentrockenkupplung | |
| Schaltung | Lenkradschaltung (ab 1951 wahlweise Knüppelschaltung) | |
| Getriebe | 5 Gänge, II.–V. synchronisiert | |
| Übersetzungen | I. 2,75, II. 1,93, III. 1,51, IV. 1,18, V. 1,00 | |
| Antriebsübersetzung | 4,35 | |
| **Fahrwerk** | | |
| Vorderradaufhängung | Doppelte Querlenker mit Längsfederstäben | |
| Hinterradaufhängung | De Dion-Doppelgelenkachse mit Längsfederstäben | |
| Bremsanlage | Trommelbremsen vorn und hinten, Zweikreis-System | |
| Felgen | nicht bekannt | |
| Reifen | 5,50 – 16 (ab 1951 auch 6,00 – 16) | |
| Lenkung | Zahnstangenlenkung | |
| **Weitere Daten** | | |
| Abmessungen (L × B × H) | 4250 × 1515 × 1350 mm | Langer Radstand: 4900 × 1700 × 1460 mm<br>Kurzer Radstand: 4350 × 1700 × 1460 mm |
| Radstand | 2600 mm | 2900 bzw. 2500 mm |
| Spurweite vorn/hinten | 1280/1300 mm | 1280/1300 mm |
| Wendekreis | 12,5 m | 12,5 bzw. 12 m |
| Leergewicht | 1100 kg | 1250 bzw. 1050 kg |
| Zuläss. Gesamtgewicht | 1390 kg | 1550 bzw. 1450 kg |
| Höchstgeschwindigkeit | 165 km/h | 150 bzw. 165 km/h |
| Beschleunigung 0–100 km/h | nicht bekannt | nicht bekannt |
| Verbrauch auf 100 km | 13 Liter Normal | 13 – 14 Liter Normal |
| Tankinhalt | 80 Liter | 80 bzw. 65 Liter |
| Ölwanneninhalt | 7 Liter (Trockensumpf) | 7 Liter (Trockensumpf) |
| Kühlsystem | 14 Liter | 14 Liter |

|                          | **Dyna-Veritas** 1950–1952 |
|--------------------------|----------------------------------------------|
| **Karosserie**           | Ganzstahlkarosserie                          |
|                          |                                              |
| **Motor**                | Boxermotor                                   |
| Zylinder                 | 2                                            |
| Bohrung × Hub            | 79,5 × 75 mm                                 |
| Hubraum                  | 744 ccm                                      |
| Leistung                 | 32 PS bei 5000 U/min                         |
| Verdichtung              | 1 : 7,5                                      |
| max. Drehmoment          | 5,5 mkp bei 3200 U/min                       |
| Gemischaufbereitung      | Solex 32 PBI                                 |
| Ventile                  | hängend                                      |
| Nockenwelle              | ohv                                          |
| Kurbelwellenlager        | 2                                            |
| Batterie                 | 12 V 40 Ah                                   |
| Lichtmaschine            | 185 W                                        |
|                          |                                              |
| **Kraftübertragung**     | Frontantrieb                                 |
| Kupplung                 | Einscheibentrockenkupplung                   |
| Schaltung                | unterhalb des Armaturenbretts                |
| Getriebe                 | 4 Gänge, III. + IV. synchronisiert           |
| Übersetzungen            | I. 2,59, II. 1,66, III. 1,00, IV. 0,68       |
| Antriebsübersetzung      | 6,93                                         |
|                          |                                              |
| **Fahrwerk**             |                                              |
| Vorderradaufhängung      | 2 Querfedern                                 |
| Hinterradaufhängung      | Halbstarre Rohrachse, V-Strebe, Querfederstäbe |
| Bremsanlage              | Trommelbremsen vorn und hinten               |
| Felgen                   | nicht bekannt                                |
| Reifen                   | 4,50 – 16                                    |
| Lenkung                  | Zahnstangenlenkung                           |
|                          |                                              |
| **Weitere Daten**        |                                              |
| Abmessungen (L × B × H)  | 3900 × 1450 × 1380 mm                        |
| Radstand                 | 2180 mm                                      |
| Spurweite vorn/hinten    | 1220/1220 mm                                 |
| Wendekreis               | 9,5 m                                        |
| Leergewicht              | 720 kg                                       |
| Zuläss. Gesamtgewicht    | 1100 kg                                      |
| Höchstgeschwindigkeit    | 115 km/h                                     |
| Beschleunigung 0 – 100 km/h | 41 sec                                    |
| Verbrauch auf 100 km     | 7,5 Liter Normal                             |
| Tankinhalt               | 44 Liter                                     |
| Ölwanneninhalt           | 3 Liter                                      |
| Kühlsystem               | Luftkühlung                                  |

**Dyna-Veritas,
1950—1952**

**Die Stuttgarter Karos-
seriefirma Baur fertig-
te den Aufbau für das
kleine Sportcabriolet**

230

# Victoria

Als brennbarer Roadster ging der ›Spatz‹ in die Kleinwagengeschichte der Nachkriegszeit ein. Wenig bekannt ist allerdings, daß nur knapp die Hälfte der insgesamt über 1500 Spatzen von den Nürnberger Victoria-Werken, einem renommierten Motorradhersteller, gebaut wurde, der Rest dagegen von der Bayerischen Autowerke GmbH (BAG) in Nürnberg.

Begonnen hatte die Sache auf dem Pariser Automobilsalon 1954, wo der Stuttgarter Egon Brütsch sein dreirädriges Kunststoffmobil Brütsch 200 ›Spatz‹ ausstellte. Harald Friedrich, ein Werkzeugmaschinenfabrikant aus Bayern, war von dem ›Spatz‹ derart angetan, daß er ihn sogleich in Lizenz zu bauen beschloß. Material- und Konstruktionsmängel verzögerten jedoch den Serienanlauf. Schließlich heuerte Friedrich den berühmten früheren Tatra-Konstrukteur Prof. Hans Ledwinka an, der das Plastikdreirad zu einem vierrädrigen Mittelmotor-Roadster umfunktionierte. Aus dem Primitivmobil war ein vollwertiges kleines Auto geworden.

Um sich geeignete Vertriebswege zu erschließen, gründete Friedrich im Juli 1956 gemeinsam mit der Victoria-Werke AG die Bayerische Autowerke GmbH. Produziert wurde der Spatz im Traunreuter BAG-Werk, der Vertrieb erfolgte über das Victoria-Händlernetz. Lizenzrechtliche Auseinandersetzungen mit Brütsch führten dazu, daß Friedrich Ende 1956 aus der BAG ausstieg. In der Folgezeit wurde der Spatz von den Victoria-Technikern gründlich überarbeitet und verbessert. Im Juni 1957 erschien er als Victoria 250 in äußerlich kaum veränderter Gestalt. Großer Erfolg war ihm freilich nicht mehr beschieden. Im Februar 1958 lief das letzte Exemplar vom Band. Ein Jahr später verkaufte Victoria die Produktionseinrichtungen an die Firma Burgfalke im Bayerischen Wald, wo der ehemalige Spatz als ›Burgfalke 250 Export‹ auferstehen sollte. Es blieb bei der guten Absicht und einigen wenigen handgefertigten Exemplaren.

## Victoria Spatz (1956–1957)

Dreisitziger Roadster mit Kunststoffkarosserie und Mittelmotor. Einige Exemplare wurden auch mit einem Flügeltüren-Hardtop versehen. Hübsch gestylte, aber leider brennbare Karosserie aus Polyesterharz. Von Februar 1956 bis Mai 1957 wurden 859 Stück gebaut. Der Preis betrug DM 2975,–.

## Victoria 250 (1957–1958)

Technisch weiterentwickelter Nachfolgertyp mit stärkerem Motor und ausreichenden Fahrleistungen. Besonderheit: Elektromagnetisches Vorwählgetriebe mit Drucktasten und Wählhebel am Armaturenbrett, 5 Gänge. Von Juni 1957 bis Februar 1958 wurden 729 Exemplare produziert. Der Preis betrug unverändert DM 2975,–.

| | Victoria Spatz 1956–1957 | Victoria 250 1957–1958 |
|---|---|---|
| **Karosserie** | Kunststoffkarosserie | |
| **Motor** | Zweitaktmotor | |
| Zylinder | 1 | 1 |
| Bohrung × Hub | 65 × 58 mm | 67 × 70 mm |
| Hubraum | 192 ccm | 248 ccm |
| Leistung | 10,2 PS bei 5250 U/min | 14 PS bei 5200 U/min |
| Verdichtung | 1 : 6,6 | 1 : 7,5 |
| max. Drehmoment | 2,3 mkp bei 4250 U/min | 2,03 mkp bei 4650 U/min |
| Gemischaufbereitung | Bing-Vergaser | Bing 1/26/60 |
| Ventile | – | – |
| Nockenwelle | – | – |
| Kurbelwellenlager | 2 | 2 |
| Batterie | 12 V 14 Ah | 12 V 24 Ah |
| Lichtmaschine | 90 W | 90 W |
| **Kraftübertragung** | Heckantrieb | Heckantrieb |
| Kupplung | Vierscheiben-Lamellenkupplung im Ölbad | Einscheibentrockenkupplung |
| Schaltung | Ratschenschaltung am Lenkrad | Vorwahlhebel am Armaturenbrett |
| Getriebe | 4 Gänge | 5 Gänge mit elektromagnetischer Vorwahl |
| Übersetzungen | I. 3,62, II. 1,85, III. 1,24, IV. 0,86 | I. 3,020, II. 1,588, III. 0,957, IV. 0,700, V. 0,552 |
| Antriebsübersetzung | 4,56 | 4,125 |
| **Fahrwerk** | | |
| Vorderradaufhängung | Einzelradaufhängung mit Kurbellenkern, Federbeine | |
| Hinterradaufhängung | Pendelachse mit Dreieckslenkern, Federbeine | |
| Bremsanlage | Trommelbremsen vorn und hinten | |
| Felgen | 3,00 D × 12 | |
| Reifen | 4,40 – 12 | |
| Lenkung | Zahnstangenlenkung | |
| **Weitere Daten** | | |
| Abmessungen (L × B × H) | 3300 × 1400 × 1240 mm | 3360 × 1450 × 1240 mm |
| Radstand | 1950 mm | 1950 mm |
| Spurweite vorn/hinten | 1160/1160 mm | 1160/1200 mm |
| Wendekreis | 9,5 m | 9,5 m |
| Leergewicht | 290 kg | 425 kg |
| Zuläss. Gesamtgewicht | 410 kg | 690 kg |
| Höchstgeschwindigkeit | 75 km/h | 97 km/h |
| Beschleunigung 0 – 100 km/h | – | – |
| Verbrauch auf 100 km | 4,5 Liter Gemisch | 5,3 Liter Gemisch |
| Tankinhalt | 15 Liter | 23 Liter |
| Ölwanneninhalt | – | – |
| Kühlsystem | Luftkühlung | Luftkühlung |

Dieser dreirädrige Brütsch-Roadster von 1954 war ein Vorläufer des vierrädrigen ›Spatz‹

In dieser Version wurde der ›Spatz‹ 1956/57 von den Bayerischen Autowerken in Traunreut gebaut.

Die letzte Ausführung des ›Spatz‹. Unter der offiziellen Bezeichnung ›Victoria 250‹ lief er ab Juni 1957 bei dem renommierten Nürnberger Motorradwerk vom Band.

233

# VW

Die Entstehungsgeschichte des Wolfsburger Volkswagenwerkes geht auf die Synthese zweier Ideen zurück, einer technischen und einer politischen. Die technische stammte von Ferdinand Porsche, der 1934 dem Reichsverkehrsministerium ein »Exposé, betreffend den Bau eines deutschen Volkswagens« überreicht hatte, in dem alle wesentlichen Konstruktionsmerkmale des Käfers enthalten waren. Die politische Idee steuerte Adolf Hitler bei, der von der Massenmotorisierung des deutsches Volkes träumte. Noch im selben Jahr schloß der Reichsverband der Automobilindustrie (RDA) mit der Dr.-Ing. h.c. F. Porsche GmbH in Stuttgart einen Vertrag, in dem Porsche sich verpflichtete, innerhalb von zehn Monaten den ersten Volkswagen-Prototyp fertigzustellen. Vorgegeben war ein Verkaufspreis von 1000 Reichsmark.

Porsche, der sich 1931 mit einem Konstruktions- und Entwicklungsbüro in Stuttgart selbständig gemacht hatte, konnte auf frühere Entwürfe zurückgreifen. 1932 hatte er für Zündapp drei Versuchsfahrzeuge (Porsche Typ 12) – darunter ein Cabriolet – bei Reutter bauen lassen, die bereits stromlinienförmige Karosserie und Heckmotor (allerdings einen wassergekühlten Fünfzylinder-Sternmotor) besaßen. Ein Jahr später wurden im Auftrag von NSU drei weitere Prototypen (Porsche Typ 32) fertiggestellt, die bereits verblüffende Ähnlichkeit mit dem späteren Käfer aufwiesen. Die drei Limousinen – zwei waren bei Reutter, eine bei Drauz gebaut worden – hatten schon einen luftgekühlten Boxermotor im Heck und Drehstabfederung. Eine Serienproduktion kam allerdings auch diesmal nicht zustande.

Trotz dieser Basis war der vereinbarte Termin nicht zu halten. Die beiden ersten Volkswagen, eine Limousine und ein Cabriolet, wurden erst im Februar 1936 fertiggestellt. Vom 10. Oktober bis 22. Dezember 1936 absolvierten dann drei Prototypen der sogenannten VW 3-Serie (Porsche Typ 60) unter der Kontrolle des RDA sowie der Technischen Hochschulen Berlin und Stuttgart einen Großversuch über je 50000 Kilometer. Nach dem überwiegend positiven Ergebnis dieses Dauertests baute Porsche in Zusammenarbeit mit Daimler-Benz und Reutter eine Vorserie von 30 Fahrzeugen (VW 30), die insgesamt 2,4 Millionen Versuchskilometer ohne wesentliche Beanstandungen zurücklegten.

1937 erteilte die Reichsregierung dem Leiter der Deutschen Arbeitsfront nicht nur den Auftrag zum Großserienbau des Volkswagens, sondern auch zur Errichtung des dazugehörigen Werkes sowie einer Stadt für die Betriebsangehörigen. Der manchen Zeitgenossen leicht größenwahnsinnig erscheinende Plan wurde rasch vorangetrieben. Am 26. Mai 1938 wurde in der Nähe von Fallersleben der Grundstein zum Volkswagenwerk gelegt. An den Feierlichkeiten nahm Adolf Hitler persönlich in einer offenen Sonderanfertigung des ›KdF-Wagens‹ teil. KdF war die Abkürzung für die nationalsozialistische Organisation ›Kraft durch Freude‹, die den potentiellen Volkswagenfahrern das Ansparen des Kaufpreises von 990 Reichsmark in Wochenraten zu je 5 Reichsmark ermöglichte. Bis Ende 1939 waren bereits 170000 SpARaträge gestellt worden.

1938 begann auch der Aufbau der ›Stadt des KdF-Wagens‹ auf der grünen Wiese.

(Den Namen Wolfsburg erhielt sie erst nach Kriegsende.) Mit der Gesamtplanung des Volkswagenswerks wurde Ferdinand Porsche beauftragt, der bis 1945 dessen Leiter blieb. Bis Kriegsende wurden allerdings lediglich 630 KdF-Wagen, aber dafür rund 52000 Kübelwagen (Typ 82) und 14276 Schwimmwagen (Typ 166) fertiggestellt.

Nach Kriegsende dienten die 1944 zu zwei Dritteln zerstörten Werksanlagen zunächst als Reparaturbetrieb für britische Militärfahrzeuge. Mit dem Auftrag zum Bau von 20000 Volkswagen, den die britische Militärregierung im September 1945 erteilte, fiel der Startschuß zu einem bislang unerreichten Produktionsrekord: Bis 1981 liefen 20 Millionen Käfer vom Band – und noch ist kein Ende abzusehen, wenn auch die Stückzahlen immer mehr zurückgehen. Schon 1947 wurden die ersten Volkswagen in die Niederlande exportiert, ein Jahr später entstand – wenn man von dem erwähnten KdF-Sondermodell und den frühen Porsche-Prototypen einmal absieht – das erste VW-Cabriolet. Es handelte sich um einen Polizeikübelwagen, der nicht nur oben, sondern auch an den Seiten offen war, um schnellstmögliches Aus- und Einsteigen zu gewährleisten. Bei schlechtem Wetter konnten sich die darin sitzenden Polizisten mit einknüpfbaren Segeltuchvorhängen notdürftig gegen Spritzwasser schützen. VW-Cabriolets dienten in mehreren Bundesländern bis weit in die fünfziger Jahre hinein als Streifenwagen – seit 1949, als bei Karmann die Produktion anlief, allerdings mit richtigen Türen wie das zivile Pendant.

Am 1. Januar 1948 übernahm Dipl.-Ing. Heinrich Nordhoff (1899–1968) die Leitung des Volkswagenwerkes. Unter seiner Ägide nahm es zwar einen beispielhaften Aufschwung, sein starres Festhalten am Heckmotor-Dogma war jedoch in späteren Jahren die Hauptursache für die immer deutlicher zutage tretenden strukturellen Probleme. Erst die unter Rudolf Leiding energisch vorangetriebene Erneuerung der Modellpalette (Passat 1973, Golf und Scirocco 1974) führte das zweitgrößte deutsche Industrieunternehmen wieder aus der wirtschaftlichen Talsohle heraus. Vor allem der Golf trat im In- und Ausland ziemlich rasch an die Stelle des Käfers als sparsamer, robuster Allerweltswagen. Das 1979 präsentierte Golf-Cabriolet hatte zunächst gegen das damals in höchster nostalgischer Gunst stehende Käfer-Cabriolet kaum eine Chance. Aber langfristig hatten die Wolfsburger Marketing-Strategen doch auf das richtige Pferd gesetzt, wie sich schon bald zeigte. Bereits kurze Zeit nach der endgültigen Produktionseinstellung des offenen Käfers kletterten die Absatzzahlen des als ›Henkelkorb‹ geschmähten Golf-Cabriolets steil in die Höhe.

### Volkswagen Polizei-Cabriolet (Typ 18 A) (1948–1951)

Die Polizeistreifenwagen der ersten Nachkriegsjahre – einerlei ob von VW, Daimler-Benz oder Ford – gaben sich recht martialisch und erinnerten in ihrer Konzeption stark an die ehemaligen Wehrmacht-Kübelwagen. Stoffverdeck und Segeltuchvorhänge statt Türen waren obligatorisch. Das Volkswagenwerk baute von 1948 bis 1951 immerhin 482 Stück jener spartanischen Einsatzfahrzeuge, die zunächst DM 5900,–, später nur noch DM 5600,– kosteten.

### Volkswagen Cabriolet (Karosserie Hebmüller/Typ 14) (1949–1950)

Die ersten drei Prototypen des zweisitzigen Hebmüller-Cabriolets (VW Typ 14) wurden Ende 1948 der Wolfsburger Konzernleitung vorgestellt. (Die beiden hinteren Notsitze waren übrigens nur bei geschlossenem Verdeck zugänglich). Sie fanden soviel Anklang, daß VW einen Lieferauftrag über 2000 Exemplare erteilte. Schon bald nach Produktionsbeginn im Frühjahr 1949 wurde das Wülfrather Hebmüller-Werk von einem verheerenden Großbrand heimgesucht, so daß die Tagesproduktion von 17 auf 3 Einheiten absank. Das Hebmüller-Cabriolet war ausschließlich in Zweifarbenlackierung lieferbar: rot/schwarz oder elfenbein/schwarz. Von März 1949 bis April 1950 wurden insgesamt 696 Stück gebaut. Der Preis betrug DM 7500,–. Rund drei Jahre nach Produktionsende wurde bei Karmann nochmals etwa ein Dutzend Cabriolets des Typs 14 montiert.

### Volkswagen Cabriolet (Typ 1) – Sonderkarosserien (1949–1961)

Der Erfolg des bei Karmann gebauten viersitzigen Käfer-Cabriolets rief schon bald Konkurrenten auf den Plan. Die Wuppertaler Karosseriefirma Drews brachte 1949 ein ziemlich klobig wirkendes zweisitziges Cabriolet heraus. Mangels Nachfrage wurde die Produktion schon 1950 wieder eingestellt.
Erfolgreicher war das stilistisch gelungene Cabriolet von Dannenhauer & Stauss in Stuttgart, das deutliche Anklänge an den Porsche 356 zeigte. Zwischen 1951 und 1955 wurden 135 Stück gebaut und zum Preis von rund DM 9000,– verkauft.
Formal recht ansprechend war auch das zweisitzige Rometsch-Cabriolet, von dem zwischen 1951 und 1954 rund 500 Stück entstanden. 1959 und 1960 stellte Rometsch nochmals Cabriolets auf VW-Basis vor, von denen jeweils nur geringe Stückzahlen gebaut wurden. 1961 gab die Berliner Firma den Karosseriebau auf.

### Volkswagen Cabriolet (Karosserie Karmann/Typ 15) (1949–1980)

Die offene Version des legendären VW Käfers ist bis heute das meistgebaute Cabriolet der Welt: 331847 Exemplare liefen von März 1949 bis Januar 1980 in Osnabrück vom Band. Obwohl technisch und konstruktiv veraltet, nahm gerade in den letzten Produktionsjahren der Absatz wieder zu – trotz des überzogenen Preises.

Die Produktionszeit des Dauerbrenners läßt sich in sieben Perioden unterteilen:

| | | |
|---|---|---|
| 1949 – 1953 | Volkswagen Cabriolet | 25 PS |
| 1954 – 1960 | Volkswagen Cabriolet | 30 PS |
| 1960 – 1965 | Volkswagen 1200 Cabriolet | 34 PS |
| 1965 – 1966 | Volkswagen 1300 Cabriolet | 40 PS |
| 1966 – 1970 | Volkswagen 1500 Cabriolet | 44 PS |
| 1970 – 1972 | Volkswagen 1302 LS Cabriolet | 50 PS |
| 1972 – 1980 | Volkswagen 1303 LS Cabriolet | 50 PS |

Zu Beginn seiner Karriere kostete das Volkswagen-Cabriolet DM 7 500,–. Am billigsten war es zwischen August 1955 und März 1962 mit einem Preis von DM 5 990,–. In den letzten Produktionsmonaten kostete es DM 14 423,–. Spekulanten, die auf Vorrat gekauft oder sich eines der zuletzt nur noch für den US-Markt produzierten Exemplare gesichert hatten, forderten und erhielten Preise von DM 20 000,– und mehr.

### Volkswagen Karmann Ghia Cabriolet (Typ 14) (1957–1974)

Zwei Jahre nach der Präsentation des von Ghia entworfenen und bei Karmann produzierten Coupés wurde auf der IAA 1957 die offene Version vorgestellt. Die unkomplizierte, anspruchslose Mechanik und die hübsche, etwas verspielt wirkende Karosserie des Karmann Ghia rief Freund und Feind gleichermaßen auf den Plan. Während die ersten – darunter vor allem die Damen – ihn wegen seiner problemlosen Technik schätzten und mit dem bescheidenen Leistungsangebot zufrieden waren, taten ihn die Puristen als Talmi-Sportwagen ab. Die Stückzahlen sprechen jedoch eine deutliche Sprache: Von September 1957 bis Juli 1974 wurden 80 899 Cabriolets gebaut.

Preise: Karmann Ghia 1200 Cabriolet    DM 8 250,– bis  7 635,–
       Karmann Ghia 1300 Cabriolet    DM 7 690,– bis  7 880,–
       Karmann Ghia 1500 Cabriolet    DM 7 995,– bis  8 190,–
       Karmann Ghia Cabriolet (1600)   DM 8 790,– bis 10 780,–

### Volkswagen 1500 Cabriolet (Karosserie Karmann/Typ 3) (1961–1963)

Nur zwölf Prototypen dieses Fahrzeugs entstanden zwischen 1961 und 1963. Kurze Zeit vor dem geplanten Serienanlauf – die Prospekte waren bereits gedruckt – stoppte die Konzernleitung das Projekt in letzter Minute, nachdem sich herausgestellt hatte, daß der Aufbau ziemlich verwindungsfreudig war.

### Volkswagen 1500 Karmann Ghia Cabriolet (Typ 34) (1961–1963)

Wie das geplante viersitzige Cabriolet auf Basis des VW 1500 fiel auch das entsprechende Karmann-Ghia-Modell 1963 der Konzernvernunft zum Opfer. Dabei wäre dieses Cabriolet sicherlich eine interessante Alternative zum etwas kleineren Schwestermodell gewesen. Bemerkenswert die verbesserte Verdeckkonstruktion, bei der das zurückgeklappte Dach völlig hinter den Sitzen verschwand, im Gegensatz zur ›Sofalehnen‹-Konstruktion z. B. des Käfer-Cabriolets. Von 1961 bis 1963 wurden 17 Prototypen gebaut.

**VW 181 (1969–1978)**

Der VW 181 war in erster Linie für militärische Zwecke entwickelt worden, da die Bundeswehr nach dem Auslaufen des Auto Union-Geländewagens ein geländetaugliches Kurierfahrzeug benötigte. Der 181 besaß zwar keinen Allradantrieb, konnte aber auf Wunsch mit Sperrdifferential geliefert werden. Ähnlich wie der berühmte VW-Kübelwagen Typ 82 der deutschen Wehrmacht zeichnete er sich durch beachtliche Geländegängigkeit aus. Nur unter ganz extremen Bedingungen mußte er sich allradgetriebenen Konkurrenten geschlagen geben.
Der viertürige Wagen hatte ein Klappverdeck und Steckfenster, die Windschutzscheibe konnte nach vorne umgelegt werden. Eine Standheizung gehörte bis 1973 zum serienmäßigen Lieferumfang. Von August 1969 bis Ende 1978 wurden 70395 Stück gebaut. Die Preise lagen zwischen DM 8500,– und DM 14760,–.

**VW Iltis (1978–1981)**

Der bei Audi in Ingolstadt entwickelte Iltis war ein kompromißloser Geländewagen mit spartanischer Ausstattung. Seine wahren Qualitäten offenbarte er erst im harten Off-Road-Betrieb. Als kleines Zugeständnis an das gestiegene Sicherheitsbewußtsein war er serienmäßig mit einem Überrollbügel aus Leichtmetall ausgestattet.
Der ab November 1978 gebaute Iltis wurde ab 1980 auch an zivile Kunden geliefert und fand bis zur Produktionseinstellung Ende 1981 insgesamt 1957 Käufer. Weitere 8000 Exemplare wurden an die Bundeswehr geliefert. Möglicherweise wird der Iltis demnächst von der kanadischen Firma Bombardier weitergebaut, die im Winter 1982/83 entsprechende Verhandlungen mit dem Volkswagenwerk aufgenommen hat.

Preis: DM 33000,– bis 38955,–

**VW Golf GLS/GL/GLI Cabriolet (ab 1979)**

Das 1979 herausgekommene Golf-Cabriolet wird – wie zuvor der offene Käfer – bei Karmann gebaut. Obwohl formal nicht gerade begeisternd, fand es doch rasch seinen Kundenstamm. Optisch ist es zweifellos weit weniger originell als sein Vorgänger, von dem es die einfache Bedienung des gepolsterten Verdecks und die hervorragende Wetterfestigkeit geerbt hat. Technisch dagegen überzeugt es durch angemessene Leistungen und problemloses Fahrverhalten. Auch das Platzangebot mag bei der Kaufmotivation eine Rolle spielen. Der Golf gehört immerhin zu der verschwindend kleinen Gruppe von Cabriolets mit vier vollwertigen Sitzen.
Das GLS-Cabriolet (Typenbezeichnung ab Juni 1981: GL) wird ab April 1979, die GLI-Version seit September 1979 gebaut. Bis zum Jahresende 1981 liefen insgesamt 59137 Stück vom Band.

Preise: Golf GLS bzw. GL Cabriolet   DM 17235,– bis 20905,– (Ende 1982)
       Golf GLI Cabriolet         DM 20052,– bis 24610,– (Ende 1982)

**Volkswagen Polizei-Cabriolet (Typ 18 A) 1948–1951**

**Volkswagen Cabriolet zweisitzig (Typ 14/Karosserie Hebmüller), 1949–1950**

## VW Cabriolet (Typ 15)
## 1949 – 1953

| | |
|---|---|
| **Karosserie** | Ganzstahlkarosserie |
| | |
| **Motor** | Boxermotor im Heck |
| Zylinder | 4 |
| Bohrung × Hub | 75 × 64 mm |
| Hubraum | 1131 ccm |
| Leistung | 25 PS bei 3300 U/min |
| Verdichtung | 1 : 5,8 |
| max. Drehmoment | 6,8 mkp bei 2000 U/min |
| Gemischaufbereitung | Solex 26 VFJ (bis April 1950) Solex 26 VFJS (ab April 1950) |
| | Solex 28 PCI (ab Oktober 1952) |
| Ventile | hängend |
| Nockenwelle | ohv |
| Kurbelwellenlager | 4 |
| Batterie | 6 V 75 Ah |
| Lichtmaschine | 130 W |
| | |
| **Kraftübertragung** | Heckantrieb |
| Kupplung | Einscheibentrockenkupplung |
| Schaltung | Knüppelschaltung |
| Getriebe | 4 Gänge, unsynchronisiert (ab Okt. 1952: 2.–4. Gang synchronisiert) |
| Übersetzungen | I. 3,60, II. 2,07, III. 1,25, IV. 0,80 (ab Okt. 1952: I. 3,60, II. 1,88, III. 1,22, IV. 0,79) |
| Antriebsübersetzung | 4,43 |
| | |
| **Fahrwerk** | |
| Vorderradaufhängung | Kurbellenker oben und unten, 2 Federstäbe quer |
| Hinterradaufhängung | Pendelachse mit Längslenkern, Federstäbe quer |
| Bremsanlage | Seilzug-Trommelbremsen vorn und hinten, ab Mai 1950 hydraulisch |
| Felgen | 3,00 D × 16 (ab Okt. 1952: 4,00 J × 15) |
| Reifen | 5,00 – 16 (ab Okt. 1952: 5,60 – 15) |
| Lenkung | Spindellenkung |
| | |
| **Weitere Daten** | |
| Abmessungen (L × B × H) | 4050 × 1540 × 1500 mm |
| Radstand | 2400 mm |
| Spurweite vorn/hinten | 1290 / 1250 mm |
| Wendekreis | 11,5 m |
| Leergewicht | 800 kg (Hebmüller-Cabriolet: 775 kg) |
| Zuläss. Gesamtgewicht | 1160 kg (Hebmüller-Cabriolet: 1110 kg) |
| Höchstgeschwindigkeit | 105 km/h |
| Beschleunigung 0 – 100 km/h | ca. 50 sec |
| Verbrauch auf 100 km | 7,5 Liter Normal |
| Tankinhalt | 40 Liter |
| Ölwanneninhalt | 2,5 Liter |
| Kühlsystem | Luftkühlung |

| | VW 1200 Cabriolet 1954–1960 | VW 1200 Cabriolet 1960–1965 |
|---|---|---|
| **Karosserie** | Ganzstahlkarosserie | |
| **Motor** | Boxermotor im Heck | |
| Zylinder | 4 | 4 |
| Bohrung × Hub | 77 × 64 mm | 77 × 64 mm |
| Hubraum | 1192 ccm | 1192 ccm |
| Leistung | 30 PS bei 3400 U/min | 34 PS bei 3600 U/min |
| Verdichtung | 1:6,6 | 1:7 |
| max. Drehmoment | 7,7 mkp bei 2000 U/min | 8,4 mkp bei 2000 U/min |
| Gemischaufbereitung | Solex 28 PCI | Solex 28 PICT |
| Ventile | hängend | hängend |
| Nockenwelle | ohv | ohv |
| Kurbelwellenlager | 4 | 4 |
| Batterie | 6 V 66 Ah | 6 V 66 Ah |
| Lichtmaschine | 160 (ab Aug. 1959: 180) W | 180 W |
| **Kraftübertragung** | Heckantrieb | Heckantrieb |
| Kupplung | Einscheibentrockenkupplung | Einscheibentrockenkupplung |
| Schaltung | Knüppelschaltung | Knüppelschaltung |
| Getriebe | 4 Gänge, II.–IV. synchronisiert | 4 Gänge, vollsynchronisiert |
| Übersetzungen | I. 3,60, II. 1,88, III. 1,23, IV. 0,82 | I. 3,80, II. 2,06, III. 1,32, IV. 0,89 |
| Antriebsübersetzung | 4,43 oder 4,375 | 4,375 |
| **Fahrwerk** | | |
| Vorderradaufhängung | Kurbellenker oben und unten, 2 Federstäbe quer | |
| Hinterradaufhängung | Pendelachse mit Längslenkern, Federstäbe quer | |
| Bremsanlage | Trommelbremsen vorn und hinten | |
| Felgen | 4 J × 15 | |
| Reifen | 5,60–15 | |
| Lenkung | Spindellenkung, ab August 1961: Schneckenlenkung | |
| **Weitere Daten** | | |
| Abmessungen (L × B × H) | 4070 × 1540 × 1500 mm | 4070 × 1540 × 1500 mm |
| Radstand | 2400 mm | 2400 mm |
| Spurweite vorn/hinten | 1290/1250 (ab Okt. 57: 1305/1250) mm | 1305/1288 mm |
| Wendekreis | 11,5 m | 11,2 m |
| Leergewicht | 800 kg | 810 kg |
| Zuläss. Gesamtgewicht | 1160 kg | 1170 kg |
| Höchstgeschwindigkeit | 110 km/h | 115 km/h |
| Beschleunigung 0–100 km/h | 38 sec | 33 sec |
| Verbrauch auf 100 km | 8 Liter Normal | 8,5 Liter Normal |
| Tankinhalt | 40 Liter | 40 Liter |
| Ölwanneninhalt | 2,5 Liter | 2,5 Liter |
| Kühlsystem | Luftkühlung | Luftkühlung |

| | VW 1300 Cabriolet 1965–1966 | VW 1500 Cabriolet 1966–1970 |
|---|---|---|
| **Karosserie** | Ganzstahlkarosserie ||
| **Motor** | Boxermotor im Heck ||
| Zylinder | 4 | 4 |
| Bohrung × Hub | 77 × 69 mm | 83 × 69 mm |
| Hubraum | 1285 ccm | 1493 ccm |
| Leistung | 40 PS bei 4000 U/min | 44 PS bei 4000 U/min |
| Verdichtung | 1:7,3 | 1:7,5 |
| max. Drehmoment | 8,9 mkp bei 2000 U/min | 10,2 mkp bei 2000 U/min |
| Gemischaufbereitung | Solex 30 PICT | Solex 30 PICT |
| Ventile | hängend | hängend |
| Nockenwelle | ohv | ohv |
| Kurbelwellenlager | 4 | 4 |
| Batterie | 6 V 66 Ah | 6 V 66 Ah (ab Aug. 1967: 12 V 36 Ah) |
| Lichtmaschine | 180 W | 180 (ab Aug. 1967: 360) W |
| **Kraftübertragung** | Heckantrieb ||
| Kupplung | Einscheibentrockenkupplung ||
| Schaltung | Knüppelschaltung ||
| Getriebe | 4 Gänge, vollsynchronisiert ||
| Übersetzungen | I. 3,80, II. 2,06, III. 1,32, IV. 0,89 (ab September 1967 auf Wunsch Automatik) ||
| Antriebsübersetzung | 4,375 ||
| **Fahrwerk** | | |
| Vorderradaufhängung | Kurbellenker oben und unten | Kurbellenker oben und unten |
| Hinterradaufhängung | Pendelachse mit Längslenkern | Pendelachse mit Längslenkern (Automatik-Modell: Doppelgelenkachse mit Schräglenkern) |
| Bremsanlage | Trommelbremsen vorn und hinten | Scheibenbremsen vorn, Trommelbremsen hinten |
| Felgen | 4 J × 15 | 4 J × 15 |
| Reifen | 5,60 – 15 | 5,60 – 15 |
| Lenkung | Schneckenlenkung | Schneckenlenkung |
| **Weitere Daten** | | |
| Abmessungen (L × B × H) | 4070 × 1540 × 1500 mm | 4030 × 1550 × 1500 mm |
| Radstand | 2400 mm | 2400 mm |
| Spurweite vorn/hinten | 1305/1300 mm | 1316/1350 mm |
| Wendekreis | 11,2 m | 11,1 m |
| Leergewicht | 820 kg | 870 kg |
| Zuläss. Gesamtgewicht | 1180 kg | 1230 kg |
| Höchstgeschwindigkeit | 122 km/h | 128 km/h |
| Beschleunigung 0 – 100 km/h | 28 sec | 23 sec |
| Verbrauch auf 100 km | 9,5 Liter Normal | 10 Liter Normal |
| Tankinhalt | 40 Liter | 40 Liter |
| Ölwanneninhalt | 2,5 Liter | 2,5 Liter |
| Kühlsystem | Luftkühlung | Luftkühlung |

Volkswagen Cabriolet viersitzig (Karosserie Karmann), 1949

Volkswagen Cabriolet viersitzig (Karosserie Karmann), 1969

Das Volkswagen-Cabriolet in seiner letzten Ausführung: VW 1303 LS von 1979

|  | VW 1302 LS Cabriolet 1970–1972 | VW 1303 LS Cabriolet 1972–1980 |
|---|---|---|
| **Karosserie** | Ganzstahlkarosserie | |
| **Motor** | Boxermotor im Heck | |
| Zylinder | 4 | |
| Bohrung × Hub | 85,5 × 69 mm | |
| Hubraum | 1584 ccm | |
| Leistung | 50 PS bei 4000 U/min | |
| Verdichtung | 1 : 7,5 | |
| max. Drehmoment | 10,8 mkp bei 2800 U/min | |
| Gemischaufbereitung | Solex 34 PICT-3 | |
| Ventile | hängend | |
| Nockenwelle | ohv | |
| Kurbelwellenlager | 4 | |
| Batterie | 12 V 36 Ah oder 45 Ah | |
| Lichtmaschine | 360 W (ab September 1973: Drehstrom 700 W) | |
| **Kraftübertragung** | Heckantrieb | |
| Kupplung | Einscheibentrockenkupplung | |
| Schaltung | Knüppelschaltung | |
| Getriebe | 4 Gänge, vollsynchronisiert, auf Wunsch Halbautomatik | |
| Übersetzungen | I. 3,78, II. 2,06, III. 1,26, IV. 0,93 | |
| Antriebsübersetzung | 3, 875 (Automatik: 4,125) | |
| **Fahrwerk** | | |
| Vorderradaufhängung | McPherson-Federbeine | |
| Hinterradaufhängung | Doppelgelenkachse mit Schräglenkern | |
| Bremsanlage | Scheibenbremsen vorne, Trommelbremsen hinten, Zweikreis-System | |
| Felgen | 4 J × 15 | $4^1/_2$ J × 15 (auf Wunsch: $5^1/_2$ J × 15) |
| Reifen | 5,60 – 15 | 6,00 – 15 (175/70 SR 15) |
| Lenkung | Schneckenlenkung | Schneckenlenkung (ab August 1979 Zahnstangenlenkung) |
| **Weitere Daten** | | |
| Abmessungen (L × B × H) | 4080 × 1585 × 1500 mm | 4140 × 1585 × 1500 mm |
| Radstand | 2420 mm | 2420 mm |
| Spurweite vorn/hinten | 1379/1352 mm | 1394/1349 mm |
| Wendekreis | 10,5 m | 10,5 m |
| Leergewicht | 920 kg | 940 kg |
| Zuläss. Gesamtgewicht | 1280 kg | 1300 kg |
| Höchstgeschwindigkeit | 132 km/h | 132 km/h |
| Beschleunigung 0–100 km/h | 20 sec | 20 sec |
| Verbrauch auf 100 km | 11,5 Liter Normal | 11,5 Liter Normal |
| Tankinhalt | 41,5 Liter | 41,5 Liter |
| Ölwanneninhalt | 2,5 Liter | 2,5 Liter |
| Kühlsystem | Luftkühlung | Luftkühlung |

| | VW Karmann-Ghia Cabriolet 1957–1960 | VW 1200 Karmann-Ghia Cabriolet 1960–1965 |
|---|:---:|:---:|
| **Karosserie** | Ganzstahlkarosserie | |
| **Motor** | Boxermotor im Heck | |
| Zylinder | 4 | 4 |
| Bohrung × Hub | 77 × 64 mm | 77 × 64 mm |
| Hubraum | 1192 ccm | 1192 ccm |
| Leistung | 30 PS bei 3400 U/min | 34 PS bei 3600 U/min |
| Verdichtung | 1 : 6,6 | 1 : 7 |
| max. Drehmoment | 7,7 mkp bei 2000 U/min | 9,4 mkp bei 2000 U/min |
| Gemischaufbereitung | Solex 28 PCI | Solex 28 PICT |
| Ventile | hängend | hängend |
| Nockenwelle | ohv | ohv |
| Kurbelwellenlager | 4 | 4 |
| Batterie | 6 V 66 Ah | 6 V 66 Ah |
| Lichtmaschine | 160 (ab Aug. 1959: 180) W | 180 W |
| **Kraftübertragung** | Heckantrieb | Heckantrieb |
| Kupplung | Einscheibentrockenkupplung | Einscheibentrockenkupplung (auf Wunsch Saxomat) |
| Schaltung | Knüppelschaltung | Knüppelschaltung |
| Getriebe | 4 Gänge, II.–IV. synchronisiert | 4 Gänge, vollsynchronisiert |
| Übersetzungen | I. 3,60, II. 1,88, III. 1,23, IV. 0,82 | I. 3,80, II. 2,06, III. 1,32, IV. 0,89 |
| Antriebsübersetzung | 4,43 oder 4,37 | 4,375 |
| **Fahrwerk** | | |
| Vorderradaufhängung | Kurbellenker oben und unten, 2 Federstäbe quer | |
| Hinterradaufhängung | Pendelachse mit Längslenkern | |
| Bremsanlage | Trommelbremsen vorn und hinten | |
| Felgen | 4 J × 15 | |
| Reifen | 5,60–15 | |
| Lenkung | Spindellenkung (ab August 1961: Schneckenlenkung) | |
| **Weitere Daten** | | |
| Abmessungen (L × B × H) | 4140 × 1634 × 1330 mm | 4140 × 1634 × 1330 mm |
| Radstand | 2400 mm | 2400 mm |
| Spurweite vorn/hinten | 1305/1250 mm | 1305/1288 mm |
| Wendekreis | 11,3 m | 11,3 m |
| Leergewicht | 810 kg | 810 kg |
| Zuläss. Gesamtgewicht | 1110 kg | 1110 kg |
| Höchstgeschwindigkeit | 118 km/h | 122 km/h |
| Beschleunigung 0–100 km/h | 33 sec | 31 sec |
| Verbrauch auf 100 km | 8 Liter Normal | 8,5 Liter Normal |
| Tankinhalt | 40 Liter | 40 Liter |
| Ölwanneninhalt | 2,5 Liter | 2,5 Liter |
| Kühlsystem | Luftkühlung | Luftkühlung |

Der Prototyp des Karmann-Cabriolets hatte eine Heckscheibe aus Hartglas. In Serie ging der Wagen dann jedoch 1957 mit flexiblem Kunststoff-Heckfenster (darunter).

Volkswagen Karmann Ghia Cabriolet, 1964

Dieses ebenfalls von Karmann gebaute Cabriolet auf Basis des Volkswagens Typ 3 stand 1961 auf der IAA. Nach dem Bau von zwölf Prototypen wurde die Serienfertigung vom VW-Vorstand verworfen.

246

| | VW 1300 Karmann-Ghia Cabriolet 1965–1966 | VW 1500 Karmann-Ghia Cabriolet 1966–1970 | VW Karmann-Ghia Cabriolet 1970–1974 |
|---|---|---|---|
| **Karosserie** | | Ganzstahlkarosserie | |
| **Motor** | | Boxermotor im Heck | |
| Zylinder | 4 | 4 | 4 |
| Bohrung × Hub | 77 × 69 mm | 83 × 69 mm | 85,5 × 69 mm |
| Hubraum | 1285 ccm | 1493 ccm | 1584 ccm |
| Leistung | 40 PS bei 4000 U/min | 44 PS bei 4000 U/min | 50 PS bei 4000 U/min |
| Verdichtung | 1 : 7,3 | 1 : 7,5 | 1 : 7,5 |
| max. Drehmoment | 8,9 mkp bei 2000 U/min | 10,2 mkp bei 2000 U/min | 10,8 mkp bei 2800 U/min |
| Gemischaufbereitung | Solex 30 PICT-1 | Solex 30 PICT-1 (ab Sept. 1967: Solex 30 PICT-2) | Solex 34 PICT-3 |
| Ventile | hängend | hängend | hängend |
| Nockenwelle | ohv | ohv | ohv |
| Kurbelwellenlager | 4 | 4 | 4 |
| Batterie | 6 V 66 Ah | 6 V 66 Ah (ab Sept. 1967: 12 V 36 Ah) | 12 V 36 Ah (wahlweise 45 Ah) |
| Lichtmaschine | 180 W | 180 W (ab Sept. 1967: 360 W) | 360 W |
| **Kraftübertragung** | | Heckantrieb | |
| Kupplung | | Einscheibentrockenkupplung | |
| Schaltung | | Knüppelschaltung | |
| Getriebe | | 4 Gänge, vollsynchronisiert (ab 1970 auf Wunsch Halbautomatik) | |
| Übersetzungen | | I. 3,80, II. 2,06, III. 1,32 (1500 und 1600 : 1,26), IV. 0,89 | |
| Antriebsübersetzung | 4,375 | 4,125 | 3,875 |
| **Fahrwerk** | | | |
| Vorderradaufhängung | | Kurbellenker oben und unten, 2 Federstäbe quer | |
| Hinterradaufhängung | | Pendelachse mit Längslenkern (1600 Automatik: Doppelgelenkachse mit Schräglenkern) | |
| Bremsanlage | | Trommelbremsen vorn und hinten (ab 1966: Scheibenbremsen vorn, Zweikreis-System) | |
| Felgen | 4 J × 15 | | 4¹/₂ J × 15 |
| Reifen | 5,60 – 15 | | 5,60 S 15 (ab August 1972: 6,00 S 15) |
| Lenkung | | Schneckenlenkung | |
| **Weitere Daten** | | | |
| Abmessungen (L x B x H) | 4140 × 1634 × 1330 mm | 4140 × 1634 × 1330 mm | 4140 × 1634 × 1330 mm |
| Radstand | 2400 mm | 2400 mm | 2400 mm |
| Spurweite vorn/hinten | 1305/1300 mm | 1305 (ab Sept. 1967: 1316)/1350 mm | 1316/1350 mm |
| Wendekreis | 11,3 m | 11,3 m | 11,3 m |
| Leergewicht | 830 kg | 850 (ab Sept. 1967: 870) kg | 870 kg |
| Zuläss. Gesamtgewicht | 1160 kg | 1170 (ab Sept. 1967: 1200) kg | 1200 kg |
| Höchstgeschwindigkeit | 128 km/h | 136 km/h | 140 km/h |
| Beschleunigung 0 – 100 km/h | 27 sec | 23 sec | 21 sec |
| Verbrauch auf 100 km | 9,5 Liter Normal | 10 Liter Normal | 11,5 Liter Normal |
| Tankinhalt | 40 Liter | 40 Liter | 40 Liter |
| Ölwanneninhalt | 2,5 Liter | 2,5 Liter | 2,5 Liter |
| Kühlsystem | Luftkühlung | Luftkühlung | Luftkühlung |

## VW 1500 Cabriolet (Typ 3) Prototyp
## 1961 – 1963

**Karosserie**                             Ganzstahlkarosserie

**Motor**                                  Boxermotor im Heck
Zylinder                                   4
Bohrung × Hub                              83 × 69 mm
Hubraum                                    1493 ccm
Leistung                                   45 PS bei 3800 U/min
Verdichtung                                1 : 7,8
max. Drehmoment                            10,8 mkp bei 2000 U/min
Gemischaufbereitung                        Solex 32 PHN
Ventile                                    hängend
Nockenwelle                                ohv
Kurbelwellenlager                          4
Batterie                                   6 V 77 Ah
Lichtmaschine                              200 W

**Kraftübertragung**                       Heckantrieb
Kupplung                                   Einscheibentrockenkupplung
Schaltung                                  Knüppelschaltung
Getriebe                                   4 Gänge, vollsynchronisiert
Übersetzungen                              I. 3,80, II. 2,06, III. 1,32, IV. 0,89
Antriebsübersetzung                        4,125

**Fahrwerk**
Vorderradaufhängung      Kurbellenker oben und unten, 2 gekreuzte Federstäbe quer, Drehstab-Stabilisator
Hinterradaufhängung                Pendelachse mit Längslenkern, 2 Federstäbe quer
Bremsanlage                            Trommelbremsen vorn und hinten
Felgen                                     $4^{1}/_{2}$ J × 15
Reifen                                     6,00 – 15
Lenkung                                    Schneckenlenkung

**Weitere Daten**
Abmessungen (L × B × H)                    4225 × 1605 × 1475 mm
Radstand                                   2400 mm
Spurweite vorn/hinten                      1310/1346 mm
Wendekreis                                 11,1 m
Leergewicht                                930 kg
Zuläss. Gesamtgewicht                      1280 kg
Höchstgeschwindigkeit                      125 km/h
Beschleunigung 0 – 100 km/h                25 sec
Verbrauch auf 100 km                       9 Liter Normal
Tankinhalt                                 40 Liter
Ölwanneninhalt                             2,5 Liter
Kühlsystem                                 Luftkühlung

248

Auch auf Basis des VW 1500 (Typ 3) baute Karmann 1961 ein Cabriolet. Zur Serienfertigung kam es jedoch nicht. Bemerkenswert die große Panorama-Heckscheibe und das im Gegensatz zum VW-Käfer vollständig versenkbare Verdeck.

Wie der VW-Käfer bot auch der VW 1500 (Typ 3) vier bis fünf Personen Platz.

| | **1969–1970** | **VW 181**<br>**1970–1973** | **1973–1978** |
|---|---|---|---|
| **Karosserie** | | Ganzstahlkarosserie | |
| **Motor** | | Boxermotor im Heck | |
| Zylinder | 4 | 4 | 4 |
| Bohrung × Hub | 83 × 69 mm | 85,5 × 69 mm | 85,5 × 69 mm |
| Hubraum | 1493 ccm | 1584 ccm | 1584 ccm |
| Leistung | 44 PS bei 4000 U/min | 44 PS bei 3800 U/min | 48 PS bei 4000 U/min |
| Verdichtung | 1 : 7,5 | 1 : 6,6 | 1 : 7,3 |
| max. Drehmoment | 10,2 mkp bei 2000 U/min | 10,0 mkp bei 2000 U/min | 10,2 mkp bei 2000 U/min |
| Gemischaufbereitung | Solex 30 PICT-2 | Solex 34 PICT-3 | Solex 34 PICT-3 |
| Ventile | | hängend | |
| Nockenwelle | | ohv | |
| Kurbelwellenlager | | 4 | |
| Batterie | | 12 V 36 Ah oder 45 Ah | |
| Lichtmaschine | | 280 W (auf Wunsch mit 2 Batterien und 2 Lichtmaschinen lieferbar) | |
| **Kraftübertragung** | | Heckantrieb (auf Wunsch Sperrdifferential) | |
| Kupplung | | Einscheibentrockenkupplung | |
| Schaltung | | Knüppelschaltung | |
| Getriebe | | 4 Gänge, vollsynchronisiert | |
| Übersetzungen | | I. 3,80, II. 2,06, III. 1,22, IV. 0,82 (ab August 1974: I. 3,78, II. 2,25, III. 1,26, IV. 0,88) | |
| Antriebsübersetzung | | 3,975 + Vorgelege 1,39 (ab März 1971: 1,26) | |
| **Fahrwerk** | | | |
| Vorderradaufhängung | | Kurbellenker oben und unten, 2 Federstäbe quer | |
| Hinterradaufhängung | | Pendelachse mit Längslenkern<br>(ab März 1973: Doppelgelenkachse mit Schräglenkern) | |
| Bremsanlage | | Trommelbremsen vorn und hinten, Zweikreis-System | |
| Felgen | | 4½ K × 15 (ab März 1971: 5 JK × 14) | |
| Reifen | | 165 SR 15 M + S (ab März 1971: 185 SR 14 M + S) | |
| Lenkung | | Schneckenlenkung | |
| **Weitere Daten** | | | |
| Abmessungen (L × B × H) | | 3780 × 1640 × 1620 mm | |
| Radstand | | 2400 mm | |
| Spurweite vorn/hinten | | 1324/1346 (ab März 1971: 1354/1385) mm | |
| Wendekreis | | 11,1 m | |
| Leergewicht | | 910 kg | |
| Zuläss. Gesamtgewicht | | 1340 kg | |
| Höchstgeschwindigkeit | | 115 km/h (mit 48 PS-Motor: 120 km/h) | |
| Beschleunigung 0–100 km/h | | 34 sec (mit 48 PS-Motor: 30 sec) | |
| Verbrauch auf 100 km | | 12 Liter Normal | |
| Tankinhalt | | 40 Liter | |
| Ölwanneninhalt | | 2,5 Liter | |
| Kühlsystem | | Luftkühlung | |

Die Firma Auto-Technik stellte 1950 dieses Cabriolet auf VW-Fahrgestell vor.

Volkwagen Cabriolet 2/2sitzig (Karosserie Dannenhauer & Stauss), 1951–1955

Volkswagen Cabriolet (Karosserie Rometsch), 1951–1954

Volkswagen Cabriolet (Karosserie Rometsch), 1960

251

Luigi Colani entwarf 1964 diesen Sportwagen auf VW-Fahrgestell

Die Firma Alpi baute in den sechziger Jahren diesen Roadster mit Kunststoffkarosserie auf VW-Käfer-Chassis.

Im Auftrag der Reifenfirma Metzeler baute das Delta Design Team 1969 den Prototyp ›Delta V‹ auf VW-Käfer-Fahrgestell.

Der VW Country, ein offenes Mehrzweckfahrzeug, war vor allem zum Einsatz in Entwicklungsländern vorgesehen.

252

|  | **VW Iltis**<br>**1978 – 1981** |
|---|---|
| **Karosserie** | Selbsttragende Ganzstahlkarosserie |
| **Motor** | Reihenmotor |
| Zylinder | 4 |
| Bohrung × Hub | 79,5 × 86,4 mm |
| Hubraum | 1714 ccm |
| Leistung | 75 PS bei 5500 U/min |
| Verdichtung | 1 : 8,2 |
| max. Drehmoment | 13,5 mkp bei 2800 U/min |
| Gemischaufbereitung | Solex-Geländevergaser 1 B1 |
| Ventile | hängend |
| Nockenwelle | ohc |
| Kurbelwellenlager | |
| Batterie | 12 V 45 Ah (2 Stück) |
| Lichtmaschine | 770 W |
| **Kraftübertragung** | Allradantrieb, Frontantrieb abschaltbar |
| Kupplung | Einscheibentrockenkupplung |
| Schaltung | Knüppelschaltung |
| Getriebe | 5 Gänge, vollsynchronisiert |
| Übersetzungen | I. 7,603, II. 3,909, III. 2,277, IV. 1,458, V. 1,086 |
| Antriebsübersetzung | 5,286 |
| **Fahrwerk** | |
| Vorderradaufhängung | vorn und hinten Einzelradaufhängung an |
| Hinterradaufhängung | Querlenkern und Querblattfedern |
| Bremsanlage | Trommelbremsen vorn und hinten, Servo, Zweikreis-System |
| Felgen | 5$^1/_2$ F × 16 |
| Reifen | 7,50 R 16 |
| Lenkung | Zahnstangenlenkung |
| **Weitere Daten** | |
| Abmessungen (L × B × H) | 3885 × 1520 × 1835 mm |
| Radstand | 2017 mm |
| Spurweite vorn/hinten | 1230/1260 mm |
| Wendekreis | 11 m |
| Leergewicht | 1300 kg |
| Zuläss. Gesamtgewicht | 2000 kg |
| Höchstgeschwindigkeit | 130 km/h |
| Beschleunigung 0 – 100 km/h | 24 sec |
| Verbrauch auf 100 km | ca. 15 Liter Normal |
| Tankinhalt | 85 Liter |
| Ölwanneninhalt | 4 Liter |
| Kühlsystem | 8 Liter |

**VW 181, 1969–1978**

**VW Iltis (Militäraus-
führung), 1978–1981**

254

| | VW Golf GLS Cabriolet<br>ab 1979 | VW Golf GLI Cabriolet<br>ab 1979 | |
|---|---|---|---|
| **Karosserie** | Selbsttragende Ganzstahlkarosserie | | |
| **Motor** | Reihenmotor | | |
| Zylinder | 4 | 4 | |
| Bohrung × Hub | 79,5 × 73,4 mm | 79,5 × 80 mm | ab September 1982:<br>81 × 86,4 mm |
| Hubraum | 1457 ccm | 1588 ccm | 1781 ccm |
| Leistung | 70 PS bei 5600 U/min | 110 PS bei 6100 U/min | 112 PS bei 5800 U/min |
| Verdichtung | 1:8,2 | 1:9,5 | 1:10 |
| max. Drehmoment | 11 mkp bei 2500 U/min | 14 mkp bei 5000 U/min | 15,6 mkp bei 3500 U/min |
| Gemischaufbereitung | Solex 34 PICT-5 | Bosch-K-Jetronic | |
| Ventile | hängend | hängend | |
| Nockenwelle | ohc | ohc | |
| Kurbelwellenlager | 5 | 5 | |
| Batterie | 12 V 36 Ah | 12 V 36 Ah | |
| Lichtmaschine | 630 W | 630 W | |
| **Kraftübertragung** | Frontantrieb | | |
| Kupplung | Einscheibentrockenkupplung | | |
| Schaltung | Knüppelschaltung | | |
| Getriebe | 4 Gänge, vollsynchronisiert | 5 Gänge, vollsynchronisiert | |
| Übersetzungen | I. 3,45, II. 1,94, III. 1,28,<br>IV. 0,96 | I. 3,45, II. 2,12, III. 1,44, IV. 1,13, V. 0,91 | |
| Antriebsübersetzung | 3,89 | 3,89 (ab September 1982: 3,65) | |
| **Fahrwerk** | | | |
| Vorderradaufhängung | Dreiecksquerlenker, Federbeine, Schraubenfedern | | |
| Hinterradaufhängung | Längslenker, Querträger mit Stabilisatorwirkung, Schraubenfedern | | |
| Bremsanlage | vorne Scheiben-, hinten Trommelbremsen, Zweikreis-Sysem, Servo | | |
| Felgen | 5 J × 13 (GLI: 5½ J × 13) | | |
| Reifen | 155 SR 13 (GLI: 175/70 HR 13) | | |
| Lenkung | Zahnstangenlenkung | | |
| **Weitere Daten** | | | |
| Abmessungen (L × B × H) | 3815 × 1610 × 1410 mm | 3815 × 1630 × 1395 mm | |
| Radstand | 2398 mm | 2398 mm | |
| Spurweite vorn/hinten | 1390/1358 mm | 1404/1372 mm | |
| Wendekreis | 10,5 m | 10,5 m | |
| Leergewicht | 910 kg | 910 kg | |
| Zuläss. Gesamtgewicht | 1270 kg | 1270 kg | ab Sept. 1982: 1300 kg |
| Höchstgeschwindigkeit | 150 km/h | 172 km/h | 178 km/h |
| Beschleunigung 0–100 km/h | 14,3 sec | 10,2 sec | 9,2 sec |
| Verbrauch auf 100 km | 9,5 Liter Normal | 10 Liter Super | 9,5 Liter Super |
| Tankinhalt | 40 Liter | 40 Liter | |
| Ölwanneninhalt | 3,5 Liter | 3,5 Liter | |
| Kühlsystem | 6,5 Liter | 6,5 Liter | |

Unter der Bezeichnung ›Tempest‹
baut die britische Firma Wolfe in
Westerham/Kent den Volkswagen
Scirocco zum Cabriolet um.

Ein Einzelstück blieb dieses VW-
Bus-›Cabriolet‹, das in Wolfsburg
vor allem für Werbezwecke eingesetzt wurde.

VW Golf GL Cabriolet 1982

256

# Karosseriefirmen

## Autenrieth

Der Name Autenrieth hat noch heute, fast zwei Jahrzehnte, nachdem die Darmstädter Firma ihre Tore schloß, einen guten Klang. Autenrieth-Cabriolets gehören zu den großen Raritäten, sind sie doch durchweg handgearbeitete Einzelstücke. Die Firma wurde 1921 von Georg Autenrieth unter dem Namen Erste Darmstädter Karosseriewerke gegründet. Zu ihren Kunden zählten NSU, Audi und Priamus, später auch Daimler-Benz und vor allem Röhr im benachbarten Ober-Ramstadt. Ab 1934 baute Autenrieth in kleiner Stückzahl Cabriolets für Adler, BMW und Opel.

Nach dem Krieg wurde das renommierte Karosseriewerk vor allem durch seine BMW-Cabriolets auf Basis der Typen 501 und 502 bekannt. Im Auftrag von Opel entstanden Cabriolet-Kleinserien der Rekord-Modelle P, P II und A. Vom letztgenannten Typ wurden zusätzlich auch etwa zehn Cabrio-Limousinen gebaut. Weniger bekannt ist, daß bei Autenrieth auch einige Cabriolets des Opel-Kapitän von 1953 und 1956 entstanden. Jeweils ein oder zwei Cabriolets auf Basis des Borgward Isabella-Coupés und des Citroen DS 19 sowie ein Porsche 550 Spyder, ein Polizeikübelwagen auf dem Fahrgestell des Mercedes-Benz 170 V und eine Handvoll Trippel-Schwimmwagen ergänzen die bunte Palette.

Autenrieth fertigte jeden Wagen exakt nach den Wünschen des Kunden an und benannte jedes Modell nach dessen Wohnort, z. B. Typ ›Bochum‹ oder ›Marburg‹. Selbst die Windschutzscheiben waren nicht austauschbare Einzelanfertigungen. Daß solche Exklusiv-Umbauten nicht billig sein konnten, liegt auf der Hand. Bei angelieferter Karosserie – bei den BMW V 8 nur Fahrgestell mit Stirnwand und Motorhaube – schlug der Cabriolet-Umbau mit rund DM 4000,– (Opel) bis DM 15000,– (BMW) zu Buche. 1964 lief die Fertigung der handgearbeiteten Cabriolets und Coupés aus. Als letztes Modell verließ ein Rekord A-Cabriolet das Darmstädter Werk.

# Baur

Der Stellmacher Karl Baur (1883–1978) gründete 1910 in der Stuttgarter Neckarstraße einen kleinen Karosseriebetrieb. Schon bald machte er sich durch erstklassige Qualität und verschiedene technische Eigenentwicklungen einen Namen. Bereits 1914 baute er ein Cabriolet mit abnehmbarem Hardtop. Der von ihm konstruierte und später patentierte Verdeckmechanismus wird noch heute im Cabrioletbau verwendet.

1917 erwarb er das Grundstück in Stuttgart-Berg, wo heute die BMW 3er-Cabrios entstehen. In den zwanziger und dreißiger Jahren baute Baur unter anderem 200 Pullman-Cabriolets für Horch, die Karosserien für den Kompressor-Roadster W 25 K von Wanderer, Taxis auf Wanderer- und Mercedes-Benz-Fahrgestellen, BMW-Cabriolets sowie diverse Kleinserien und Einzelstücke. Ein Großauftrag lief 1936 an: Auf Basis der DKW-Typen F 5, F 7 und F 8 stellte Baur bis 1941 insgesamt 15 000 zwei- und viersitzige Cabriolets her.

1948, nachdem die stark zerstörten Werksanlagen notdürftig instandgesetzt waren, präsentierte Baur sein erstes Nachkriegsmodell. Der Baur-DKW war nichts anderes als eine neue Ganzstahlkarosserie auf noch vorhandenen DKW-Vorkriegs-Fahrgestellen. Der viersitzige Wagen, als Limousine oder als Cabriolet lieferbar, sah recht hübsch aus. 1949 orderte die in Ingolstadt wiedererstandene Auto Union 250 Stück. Ab 1950 bot Baur auch ein zweisitziges Cabriolet an, kollidierte jedoch mit dem im DKW-Auftrag bei Hebmüller gebauten F 89 P-Zweisitzer. Neuen Ärger gab es, als Baur seine Karosserien auch auf IFA-Chassis montierte. (Die IFA war der Auto Union-Nachfolger in der DDR). Bis 1952 entstanden insgesamt 1 460 Limousinen und Cabriolets auf DKW- bzw. IFA-Chassis. Parallel dazu lief die Karosseriefertigung für den Dyna-Veritas.

Im Auftrag von BMW baute Baur 1951 die Nullserie des Typs 501 und ab 1953 auch einen Teil der Limousinenkarosserien. Daneben entstanden bis 1956 in kleiner Stückzahl die bildschönen Coupés und Cabriolets auf Basis des 501 und später des 502. Von 1957 bis 1965 stellte Baur die Karosserien für den Auto Union 1000 Sp her, von 1961 bis 1964 wurde in Stuttgart das BMW 700 Cabriolet gebaut. Die jüngere Vergangenheit ist durch die zunehmende Konzentration auf BMW-Modelle gekennzeichnet. Nach Auslaufen der 1600- und 2002-Vollcabriolets spezialisierte sich Baur auf die – immer noch als Cabriolet apostrophierten – Targa-Ausführungen zunächst der 02er-Serie und ab 1978 der 3er-Reihe. Auch die Endmontage des M 1 erfolgte in Stuttgart. Unterbrochen wurde die Symbiose mit BMW lediglich zwischen 1976 und 1978, als bei Baur der Opel Kadett Aero in einer Auflage von 1 400 Exemplaren entstand. Daneben wurde ab 1974 der Bitter CD montiert.

Trotz der engen Bindung an BMW, die sich auch in einer Vertretung der Münchener Marke dokumentiert, hat sich das Stuttgarter Unternehmen bis heute seine Selbständigkeit bewahrt. Traditionelle Aufträge, wie der Bau von Prototypen für verschiedene Automobilhersteller, werden nach wie vor mit gewohnter Präzision neben dem Serienbau erledigt.

DKW Cabriolet zweisitzig
Karosserie Baur), 1948

Auf dem Fahrgestell eines Vor-
kriegs-Mercedes 230 baute Baur
um 1949 dieses Cabriolet.

DKW Cabriolet zweisitzig
(Karosserie Baur), 1950

DKW Cabriolet viersitzig
(Karosserie Baur), 1950

259

## Dannenhauer & Stauss

Gottfried Dannenhauer, ein ehemaliger Mitarbeiter der Stuttgarter Karosseriefabrik Reutter, und sein Schwiegersohn Kurt Stauss gründeten Anfang 1950 in der Schwabenmetropole eine Karosseriewerkstatt. Im Frühjahr 1951 stellten sie ihre erste Eigenentwicklung vor, ein 2/2sitziges Sport-Cabriolet auf VW-Basis. Der Entwurf stammte von den Konstrukteuren Oswald und Wagner, zwei früheren Mitarbeitern des bekannten Aerodynamikers Prof. Wunibald Kamm. Der Prototyp und seine Nachfolger wurden Stück für Stück von Hand gefertigt, indem man Stahlblech über einem Hartholzmodell formte. Zwischen 1951 und 1955 entstanden insgesamt 135 handgearbeitete Cabriolets. Fünf davon existieren noch heute. Neben den Cabriolets wurden auch zwei verschiedene Coupé-Versionen gebaut.
Weniger bekannt ist, daß 1956 bei Dannenhauer & Stauss auch der erste deutsche Serienwagen mit Kunststoffkarosserie entstand, nämlich das DKW-Monza-Coupé. Insgesamt dürften etwa zehn Monza hergestellt worden sein. Später erfolgte die Produktion bei der DKW-Vertretung Fritz Wenk in Heidelberg.

## Deutsch

Die enge Geschäftsverbindung zu den benachbarten Ford-Werken war für das Karosseriewerk Karl Deutsch in Köln-Braunsfeld noch lange kein Grund, sich nicht auch nach anderen umbauwürdigen Limousinen und Coupés umzuschauen. Auf diese Weise entstand bis in die siebziger Jahre hinein eine bunte Palette von Cabriolets für Individualisten.
Firmengründer Karl Deutsch (1881–1957) hatte 1913 die Karosserie- und Wagenfabrik J. W. Utermöhle in Braunsfeld übernommen und sich drei Jahre später mit einer eigenen Firma etabliert, die Lastwagenanhänger für militärische Zwecke baute. Ab 1919 wandte er sich dann dem Personenwagenbau zu und stellte Einzelaufbauten und kleine Serien für verschiedene deutsche Marken her, mit denen er zahlreiche Schönheitswettbewerbe gewann. 1931 begann die Zusammenarbeit mit Ford, in deren Verlauf die Karl Deutsch GmbH rasch expandierte. 1938 waren in Braunsfeld an die 3000 Mitarbeiter beschäftigt, der Tagesausstoß lag bei 100 Karosserien.
In den ersten Nachkriegsjahren hatte man alle Hände voll mit der Beseitigung der schweren Schäden zu tun. 1951 lieferte Deutsch wieder die ersten Karosserien an die Ford-Werke. Später, als Ford ein eigenes Karosseriewerk in Betrieb nahm, spezialisierte Deutsch sich auf die Produktion von Coupés und vor allem Cabriolets auf der Basis von Serienlimousinen. Rund zwei Jahrzehnte lang gab es kaum ein Ford-Modell, das bei Deutsch nicht auch als Cabriolet erhältlich war: vom Buckel-Taunus über 12 M, 15 M, 17 M und 20 M bis zum Capri.
Daneben entstanden Einzelanfertigungen und Kleinserien anderer deutscher Mar-

ken, z. B. Cabriolets auf Basis des DKW Junior, Audi 100 LS, Opel Kadett, Rekord und Commodore, BMW 2800 CS, Borgward Isabella u. a. 1972 stellte Deutsch den Karosseriebau ein. Die Cabriolets aus Braunsfeld sind wegen ihrer soliden, handwerklich sauberen Verarbeitung und attraktiven Form heute gesuchte Liebhaberobjekte.

# Drauz

Die Karosseriefabrik Gustav Drauz & Cie. verstand sich nicht nur auf die Fertigung bildschöner Cabriolets, sondern hatte auch von jeher im Werkzeug- und Maschinenbau einen guten Namen. Das 1900 von dem Wagnermeister Gustav Drauz (1872–1951) in Heilbronn gegründete Unternehmen lieferte zunächst Karosserien an NSU, später auch an Daimler-Benz und Adler. 1909 konstruierte Drauz eine Spezialmaschine, mit der man Lenkräder aus einem Stück fertigen konnte. Zwei Jahre später gewann ein Drauz-Cabriolet bei der Internationalen Kraftwagen-Konkurrenz in Monaco den Schönheitspreis.

1929 avancierte das Heilbronner Unternehmen, das inzwischen als Karosseriewerke Drauz AG firmierte, zum Hauptlieferanten der Ford Motor Company in Berlin. Nach Verlegung des Ford-Firmensitzes an den Rhein gründete Drauz 1932 ein Zweigwerk in Köln zur Montage und Instandsetzung von Ford-Karosserien. Der Transport der in Heilbronn produzierten Karosserien erfolgte auf dem Wasserweg. 1933 wurde in Heilbronn die Fließbandfertigung eingeführt. Der Tagesausstoß betrug jetzt 25 Ford-Cabriolets und 40 Fahrerhäuser für Liefer- und Lastwagen. Von 1934 bis 1941 baute Drauz auch die Cabriolet-Modelle von NSU-Fiat. 1936 führte man die damals neuartige Kunstharzlackierung für Personenwagen-Karosserien serienmäßig ein.

Die enge Beziehung zu Ford hielt auch nach Beendigung des Krieges an. 1951 stellte Drauz einige Exemplare eines viersitzigen Taunus-Cabriolets her, ein Jahr später entwickelte man für die Prototypen des Kastenwagens FK 1000 eine selbsttragende Karosserie in Schalenbauweise. Auch die Serienfertigung der Transporterkarosserien erfolgte bei Drauz. Bis Juli 1965 wurden 250 000 Stück gebaut. Die Karosserien für den DKW-Schnellaster F 89 L kamen ebenfalls von Drauz.

Im Personenwagenbau setzte sich Drauz mit dem von 1958 bis 1959 gebauten Porsche 356 A Convertible D (D stand für Drauz) ein Denkmal. Weniger bekannt ist, daß in Heilbronn auch die Karosserien des Champion 400 und 400 H gefertigt wurden.

1965 übernahm NSU die traditionsreiche Karosserieschmiede. Der Werkzeug- und Vorrichtungsbau verblieb bei Drauz und existiert noch heute.

# Hebmüller

Wie die meisten Karosseriebaufirmen entstand auch die Firma Hebmüller in Wuppertal-Barmen aus einer Werkstatt für Kutschwagenbau, die Joseph Hebmüller bereits 1889 gegründet hatte. Nach seinem Tod im Jahre 1919 begannen seine Söhne mit der Fertigung von Automobilkarosserien und eröffneten 1925 in Wülfrath bei Wuppertal einen Zweigbetrieb. Ford, Opel, Hanomag und Hansa-Lloyd zählten in den nächsten Jahren zu den Auftraggebern des aufstrebenden Unternehmens. Eine Spezialität von Hebmüller waren zwei- und viersitzige Cabriolets sowie Pullman-Limousinen auf Ford- und Opel-Fahrgestellen.

Nach 1945 entstand in Wülfrath unter anderem ein rundes Dutzend Cabriolets auf Humber-Basis für die englischen Besatzungsbehörden. Große Hoffnungen setzte man auf das zweisitzige VW-Cabriolet, das im März 1949 in Produktion ging. Schon kurz darauf zerstörte jedoch ein verheerender Großbrand alle Zukunftsträume. Die VW-Produktion sank von vormals 17 auf drei Exemplare pro Tag und lief im Frühjahr 1950 ganz aus. Im selben Jahr begann Hebmüller mit dem Bau des viersitzigen Hansa 1500-Cabriolets, im Frühjahr 1951 kam die Fertigung des zweisitzigen DKW-Meisterklasse-Cabriolets und -Coupés hinzu. Auch für Veritas entstanden einige Sonderkarosserien.

1952 geriet das Wülfrather Unternehmen, das sich nach dem Großbrand nie mehr richtig erholt hatte, zunehmend in Schwierigkeiten und stellte zum Jahresende die Produktion ein. Sein Name lebt vor allem in den offenen VW-Zweisitzern fort, die längst gesuchte Sammlerstücke sind.

# Karmann

Die Wilhelm Karmann GmbH ist nicht nur die größte deutsche Karosseriefabrik, sondern gleichzeitig auch eines der ältesten und renommiertesten Unternehmen dieser Branche. Firmengründer Wilhelm Karmann sen. (1871–1952) übernahm im Jahr 1901 die Osnabrücker Wagenbaufirma Christian Klages. 1902 baute er die erste Automobilkarosserie für Dürkopp. Ab 1921 entstanden bei Karmann Aufbauten für Aga, NAG und FN, fünf Jahre später begann die sehr erfolgreiche Zusammenarbeit mit Adler. Von Karmann karossierte Adler-Cabriolets gewannen in der Folgezeit zahlreiche internationale Schönheitspreise. In den dreißiger Jahren gab das Osnabrücker Unternehmen die Fertigung von Halbstahlkarosserien zugunsten der Ganzstahlkarosserien auf. Auch die Herstellung von Preßwerkzeugen übernahm man nun selbst und legte damit den Grundstein für das spätere zweite Bein der Firma, den Werkzeugbau.

Nach Kriegsende produzierte Karmann zunächst Karosserieteile für Hanomag und Büssing. Der Aufschwung kam mit dem Prototyp eines viersitzigen VW-Cabriolets, das der greise Firmengründer im Mai 1949 eigenhändig dem damaligen

Zwei von zahlreichen offenen Karmann-Prototypen: Oben: VW Gipsy, ein Strandwagen auf VW-Käfer-Fahrgestell. Unten: In Zusammenarbeit mit Ital Design (Giugiaro) in Turin baute Karmann den ›Cheetah‹, ebenfalls auf VW-Fahrgestell.

VW-Chef Nordhoff präsentierte. Dieser orderte sofort 1 000 Stück – und dachte sicher nicht im Traum daran, daß dieses Modell in den nächsten drei Jahrzehnten zum meistgekauften Cabriolet aller Zeiten avancieren würde.

1951 erteilte die Auto Union einen Großauftrag über 5 000 viersitzige DKW-Cabriolets. Im selben Jahr begann man, den Werkzeugbau stärker voranzutreiben. Heute liefert Karmann an fast alle deutschen und zahlreiche ausländische Automobilhersteller Preßteile und Großwerkzeuge.

1955 landete das Osnabrücker Haus mit dem Karmann-Ghia-Coupé, dem 1957 das Cabriolet folgte, erneut einen großen Coup. 1961 begann die Karosseriefertigung für den Porsche 356 B, ab 1965 baute Karmann das BMW-Coupé 2000 CS, seit 1969 lief der VW-Porsche 914 von den Osnabrücker Bändern. Später kamen verschiedene Porsche-Modelle, BMW-Coupés und vor allem der VW Scirocco sowie das Golf-Cabriolet hinzu.

Neben dieser Großserienfertigung wurden immer wieder interessante Prototypen oder Kleinserien gebaut, z. B. einige Opel Commodore-Cabriolets, ein Manta A-Cabriolet, ein Cabriolet auf Basis des Opel Diplomat V 8-Coupé oder die Buggies Karmann GF und AHS Imp. Man darf gespannt sein, ob das traditionsreiche Osnabrücker Unternehmen den gegenwärtigen Trend zum offenen Wagen vielleicht eines Tages wieder mit einer Eigenentwicklung bereichert. An einschlägiger Erfahrung auf diesem Gebiet mangelt es wahrlich nicht.


## Karosseriewerke Weinsberg


Im Gegensatz zu den meisten Unternehmern dieser Branche kamen die Gründer der Karosseriewerke Weinsberg aus einem völlig artfremden Gewerbe. Der Gipsermeister Gustav Alt und der Maurermeister Wilhelm Schuhmacher, beide aus Weinsberg bei Heilbronn, gründeten 1912 mit 80 000 Mark Stammkapital eine Firma mit 35 Mitarbeitern, die Einzelkarosserien aus Holz herstellte. Schon zwei Jahre später übernahm der Hoteliersohn Franz Eisenlohr das Unternehmen, das während des Ersten Weltkrieges Pferdewagen für das Heer baute.

Ab 1920 begann die eigenständige Entwicklung von Karosserien, die von 1925 an in Stahlblech gefertigt wurden. Eine Vielzahl deutscher und ausländischer Autobauer zählte in den zwanziger und dreißiger Jahren zu den Kunden des aufblühenden Weinsberger Unternehmens: NSU, Adler, Hansa, Horch, Röhr, Ford, BMW, DKW, Citroën und vor allem die deutsche Fiat-Tochter in Heilbronn, die 1930 den ersten Großauftrag erteilte. Für die Berliner Kraftag, damals das größte Taxiunternehmen der Welt, wurden in Weinsberg 1 500 Kraftdroschken auf Fiat-Basis gebaut. 1938 verkaufte Eisenlohr seine Firma an die Fiat-Tochter NSU Automobil AG, die während des Krieges in Heilbronn Auto- und Flugzeugteile produzierte.

Nach Kriegsende begann man in Weinsberg zunächst mit dem Bau von Fahrerhäusern und Aufbauten für Nutzfahrzeuge, z. B. Ford und Büssing. Als erste

Ein amerikanischer Soldat ließ sich 1946 bei den Karosseriewerken Weinsberg dieses Cabriolet auf einem Jeep-Chassis bauen.

Komplettfahrzeuge entstanden 1946 zehn Krankenwagen auf Steyr-Fahrgestellen aus alten Wehrmachtsbeständen. 1947 knüpfte man mit einem Cabriolet auf verlängertem Jeep-Chassis an die Vorkriegstradition der offenen Wagen an. Im selben Jahr entstand der Prototyp eines Adler-Sportcabriolets. 1950 begann die Fertigung der Gutbrod-Superior-Karosserien, die bis zur Produktionseinstellung im Jahr 1954 in Weinsberg hergestellt wurden. Eine ausgesprochene Rarität waren jene 15 Porsche-Spyder 550, die die Zuffenhausener Firma 1953 in Weinsberg bauen ließ.

1955 kam als neuer Geschäftszweig die Schiebedachfertigung hinzu, 1958 der Werkzeugbau. 1959 wurden zwei Eigenentwicklungen auf Basis des Fiat 500 vorgestellt: das Weinsberg-Coupé und die -Limousette, beide mit serienmäßigem Schiebedach. Bis 1963 wurden insgesamt 6 190 Wagen produziert. Seit 1960 lief in Weinsberg außerdem der Fiat Neckar vom Band. 1970 verkaufte die Deutsche Fiat AG ihre Weinsberger Tochter an eine Bielefelder Treuhandfirma. Die Schiebedachfertigung und der Werkzeugbau wurden unverändert weitergeführt. Als neuer Zweig kam 1969 der Bau von Wohnmobilen auf Basis von Fiat-, Mercedes-Benz-, Opel- und Peugeot-Transportern sowie Kleinserien von Notarzt- und Spezialrettungsfahrzeugen hinzu. Die Anfertigung von Präzisionsteilen sowie Versuche und Modellbau für verschiedene Autohersteller runden heute das Produktionsprogramm ab.

265

# Reutter

1907 gründete der Sattler und Wagenschmied Wilhelm Reutter in der Stuttgarter Augustenstraße eine Karosserie- und Radfabrik. Zunächst wurden dort Limousinen und Phaetons auf Opel- und Benz-Basis gebaut. Zwei Jahre später trat Wilhelms Bruder Albert als kaufmännischer Geschäftsführer in das Unternehmen ein, das ab 1910 als Stuttgarter Karosseriefabrik Reutter & Co. firmierte. Bekannt wurde Reutter durch seine sportlichen ›Torpedo‹-Karosserien, aber auch durch zahlreiche Einzelanfertigungen von Sportlimousinen, Phaetons und Landaulets und vor allem durch die selbstentwickelte ›Reform-Karosserie‹. Hinter dieser Bezeichnung verbarg sich nichts anderes als das erste deutsche Cabriolet.

Von 1921 an wurde als Werkstoff ausschließlich Aluminium verwendet. Reutters Spezialität waren unlackierte Aluminiumkarosserien, teilweise mit eingeätzten Ornamenten. In den nächsten 15 Jahren entstanden Kleinserien von Wanderer-, BMW- und Opel-Cabriolets. 1937 eröffnete Reutter ein Zweigwerk in Zuffenhausen, wo 1937 im Auftrag von Porsche die ersten 30 VW-Prototypen hergestellt wurden. 1944 wurde dieses Werk bei einem Bombenangriff zerstört. Unter den Opfern befanden sich Albert Reutter und sein Schwiegersohn.

Nach dem Krieg begann eine enge Zusammenarbeit mit dem benachbarten Porsche-Werk. In Ermangelung eigener Produktionsanlagen mietete Porsche die Reutter-Werkhallen an. Ab Mai 1950 entstanden dort zunächst die Cabriolet-Karosserien, später auch Coupés und Speedster. Bis 1955 stellte man insgesamt rund 13000 Karosserien für den Typ 356 her. Auch die ersten Musterkarosserien für den neuen BMW 501 wurden 1951 bei Reutter gefertigt.

1964 schluckte Porsche seinen Karosserielieferanten. Aus der Stuttgarter Karosseriefabrik Reutter & Co. wurde das Karosseriewerk Porsche GmbH. Ausgespart von der Übernahme blieb das Stammwerk in der Augustenstraße, wo Reutter bis 1973 unter dem Namen Recaro Fahrzeugsitze und Liegesitzbeschläge herstellte. Recaro, inzwischen zur Keiper-Gruppe gehörend und nach Kirchheim/Teck umgezogen, liefert noch heute die Seriensitze für sämtliche Porsche-Modelle und ist einer der führenden Hersteller von Spezialsitzen.

# Rometsch

Als Friedrich Rometsch (1880–1959) im Jahr 1924 seine Karosseriewerkstatt in Berlin-Halensee eröffnete, bestand die Kundschaft in erster Linie aus Kraftdroschkenbesitzern, deren Gefährte er instandsetzte oder neu aufbaute. Nach dem Zweiten Weltkrieg öffnete die Firma Rometsch 1946 als Reparaturbetrieb für Personenwagen wieder ihre Tore, später kam die Herstellung von Nutzfahrzeugaufbauten hinzu. Ab 1950 entstanden zweisitzige Coupés und Cabriolets auf Basis des VW Käfers (›Banane‹) sowie ein gutes Dutzend Sportcoupés des Goliath GP 700 und einige Hansa 1500-Coupés für Borgward.

Größere Stückzahlen (einige hundert) erreichte nur das bis 1954 gebaute VW-Rometsch-Cabriolet, das zahlreiche Schönheitskonkurrenzen gewann. 1951 versuchte sich die Berliner Firma auch an einer viertürigen Käfer-Limousine, die als Taxi vorgesehen war. Ein 1951 vorgestelltes Fiat 1400-Cabriolet wies große Ähnlichkeit mit dem Turiner Serienpendant auf. 1960 erregte nochmals ein völlig neugestaltetes zweisitziges VW-Cabriolet Aufsehen, das aber nicht mehr in Serie ging. 1961 stellte Rometsch den Karosseriebau ein. Der Taxifahrerzunft blieb man bis heute durch einen Schnellreparaturbetrieb verbunden.

# Tropic

Die Tropic Automobildesign GmbH in Crailsheim wurde im Januar 1981 von dem Werbekaufmann Jürgen G. Weber aus Sindelfingen gegründet. Schon zuvor – im Herbst 1979 – hatten Weber und sein Team auf der Frankfurter IAA mit dem Entwurf eines Ford Fiesta-Cabriolets von sich reden gemacht. Anstelle des Fiesta ging dann im Sommer 1981 der Toyota Celica in drei verschiedenen Offen-Versionen in Serie. Innerhalb eines Jahres wurden rund 450 Stück gebaut.
Im Mai 1982 trat der Honda Prelude als Vollcabriolet an die Stelle des auslaufenden Toyota Celica. Im Herbst 1982 sollte eine kleine Exklusivserie des Opel Ascona-Cabriolets sowie die Produktion des bereits 1981 in Genf präsentierten BMW

**Im Auftrag eines Opel-Großhändlers sollte Tropic eine Kleinserie des Opel Ascona-Cabriolets bauen.**

**1981 stellte Tropic den BMW 635 CSi als Vollcabriolet vor.**

635 CSi-Cabriolets mit elektrischem Verdeck anlaufen. Dazu kam es jedoch nicht mehr, weil die Crailsheimer Firma im Oktober 1982 Konkurs anmelden mußte. Ihrem Gründer kommt zumindest das Verdienst zu, mit seinen Creationen die Wiedergeburt des Cabriolets in Deutschland beschleunigt und einigen großen Herstellern gewissermaßen als Katalysator gedient zu haben.


# Wendler


Die 1840 von Erhard Wendler gegründete Reutlinger Karosseriefabrik ist wahrscheinlich das älteste deutsche Unternehmen dieser Branche. Der Übergang vom Kutschen- zum Karosseriebau erfolgte relativ spät – zu Beginn der zwanziger Jahre –, aber die formschönen und eleganten Wendler-Aufbauten erwarben sich sehr schnell einen ausgezeichneten Ruf. Großen Anteil daran hatte der Zeichner Helmut Schwandner, der jahrzehntelang als Designer und Betriebsleiter bei Wendler beschäftigt war. Noch heute schätzt man dort den Rat des agilen 85jährigen.

In den dreißiger Jahren waren im Reutlinger Werk bereits über 100 Mitarbeiter beschäftigt. Berühmt wurden die 1937 von Wendler karossierten Stromlinienwagen auf Basis des BMW 328 und Ford V 8 sowie der Hanomag-Diesel-Rekordwagen, alle drei konstruiert von Paul Jaray unter Mitwirkung von Helmut Schwandner und Reinhard Freiherr von König-Fachsenfeld. Daneben entstanden prachtvolle Cabriolets, Coupés und Roadster auf Adler-, BMW-, Mercedes-Benz-, Maybach-, NAG- und Wanderer-Fahrgestellen. Auch für Bugatti, Alfa Romeo, Fiat, Lancia und andere ausländische Marken baute Wendler Sondermodelle und spezielle Kleinserien.

In der Nachkriegszeit fertigte das Reutlinger Unternehmen zahlreiche Prototypen für bekannte Automobilhersteller, unter anderem 1946 den Prototyp einer Adler Trumpf Junior-Limousine. Zu Beginn der fünfziger Jahre entstanden auch etliche Einzelstücke, meist hübsch gestylte Roadster, und Kleinserien, z. B. der NSU-Fiat 1100 als Coupé und Cabriolet sowie mehrere Versionen des Porsche Spyder. Wenig bekannt ist, daß neben Baur und Autenrieth auch Wendler 1954 ein zweitüriges BMW V 8-Cabriolet aufbaute. Im Auftrag wohlhabender Privatkunden entstanden ferner diverse Sondermodelle – teilweise mit Aluminiumkarosserie – auf Basis der Mercedes-Typen 220 und 300.

Kein Erfolg beschieden war einer in jenen frühen Jahren eigentlich recht naheliegenden Idee, nämlich dem Umbau des VW Käfers und des Mercedes 170 V zum Kastenwagen. Die mit einem geschlossenen Holzaufbau versehenen Fahrzeuge fanden jedoch keinen Anklang. Vermutlich waren sie damals ihrer Zeit zu weit voraus. Ende der fünfziger Jahre stellte Wendler den normalen Karosseriebau ein. Heute ist das Reutlinger Unternehmen einer der wenigen deutschen Spezialbetriebe für den Bau gepanzerter Limousinen. Außerdem führt man Karosseriereparaturen durch und widmet sich der fachgerechten Restaurierung von Oldtimern.

Auf dem Fahrgestell eines Mercedes-Benz 230 aus der Vorkriegszeit entstand 1949 bei Wendler dieses Cabriolet. Hinter der Abdeckung vor der Fahrertür befand sich das Reserverad.

Ähnlichkeit mit dem Porsche 356 hatte dieses Cabriolet auf VW-Fahrgestell, von dem Wendler 1952 eine Kleinserie für den USA-Export herstellte.

Brütsch 400 von 1952. Der Motor stammte vom Lloyd LP 400, die Karosserie von Wendler.

Im Auftrag eines Augsburger Textilfabrikanten baute Wendler 1953 dieses viersitzige Cabriolet auf VW-Fahrgestell.

269

# Literatur

Automobil- und Motorrad-Chronik, München (verschiedene Jahrgänge)
auto motor und sport, Stuttgart (verschiedene Jahrgänge)
autosalon, Bonn (verschiedene Jahrgänge)
VDA-Kraftfahrzeug-Typenblätter
Lothar Boschen und Jürgen Barth: »Das große Buch der Porsche-Typen«,
    Stuttgart
H. C. Graf von Seherr-Thoss: »Die deutsche Automobil-Industrie«, Stuttgart
Werner Oswald: »Deutsche Autos 1920–1945«, Stuttgart
Werner Oswald: »Deutsche Autos 1945–1966«, Stuttgart
Werner Oswald: »Deutsche Autos 1945–1975«, Stuttgart
Werner Oswald: »Kraftfahrzeuge und Panzer der Reichswehr, Wehrmacht
    und Bundeswehr«, Stuttgart
Hanns-Peter Rosellen: »BMW – Portrait einer großen Marke«, Gerlingen
Hanns-Peter Rosellen: »Deutsche Kleinwagen«, Gerlingen
Claus Benter und Halwart Schrader: »Deutsche Automobil-Karosserien«,
    München
Karl E. Ludvigsen/Paul Frère: »Opel – Räder für die Welt«

**Fotos:**
Autenrieth, Auto-Union, Baur, Bitter, BMW, Borgward, Buchmann, Daimler-Benz,
Deutsch, Fiat, Ford, Glas, Karmann, Karosseriewerke Weinsberg, NSU, Opel, Por-
sche, Styling-Garage, Tropic, VW, Wendler

Helmut Auschra, Karl-Heinz Bädeker, Eckhart Bartels, Reinhard Bogena, Carsten
Dietrich Brink, Heinz-Otto Bruchhäuser, Udo Hall, Manfred Helmstetter, Fritz Jütt-
ner, Karl E. Ludvigsen, Siegfried Maier, Erich Reckel, Wolfgang Reimann, Hanns-
Peter-Rosellen, Heinz Schramm, Helmut Schwandner, Hans Thudt, Hans-Martin
Weber, Henning Zaiss.

# Deutsche Automobil-Geschichte 1920 – 1975

## Von Werner Oswald

### Deutsche Autos 1920–1945

Dieses Buch registriert alle deutschen Personenwagen, die von 1920–1945 gebaut wurden, lückenlos mit Bildern und genauen Daten. Außerdem werden die wichtigsten Karosserie-Hersteller – die damals ihre eigene Rolle im Autobau spielten – in Erinnerung gerufen.

**544 Seiten,
889 Abbildungen.
Geb. DM 58,–**

### Deutsche Autos 1945–1975

Sämtliche Personenwagenmodelle, mit genauen Daten und Bildern, die von der Automobil-Industrie der Bundesrepublik seit 1945 auf den Markt gebracht wurden, sind hier aufgeführt. Eine Dokumentation von umfassender Reife und Weitläufigkeit.

**464 Seiten,
611 Abbildungen.
Geb. DM 48,–**

## MOTORBUCH VERLAG · POSTFACH 1370 · 7000 STUTTGART 1

Erdölkrise. Tempolimit. Indivi-
dualverkehr. Benzinpreis-
erhöhung. Fahrverbot. Modellwechsel. Dieselboom.
Japanoffensive. Turbolader.
Promillegrenze. Härtetests.
Trendwende. Ein Dutzend Reiz-
und Stichworte von hunderten,
die Autofahrer beschäftigen.
mot bezieht Stellung. mot testet
anders, mot schreibt anders,
mot ist anders. mot ist für den
Spaß am Auto. Mit Vernunft.
Lesen Sie mal die Autozeit-
schrift, die den Sachen auf den
Grund geht. Alle 2 Wochen.
Mittwochs.

# mot
# Die Auto-Zeitschrift